JN227529

Creating **Mathematics**

斎藤 毅・河東泰之・小林俊行 編

数学の現在

i

東京大学出版会

Creating Mathematics i
Takeshi SAITO, Yasuyuki KAWAHIGASHI and Toshiyuki KOBAYASHI, Editors
University of Tokyo Press, 2016
ISBN978-4-13-065311-4

はじめに

　数学はいま，どこへ向かっているのでしょう．数学には，すでに完成した学問という印象があるかもしれませんが，そんなことはありません．数学それ自身の中で，あるいはほかの分野との関わりの中で，新しい世界がきょうも広がりつづけています．

　数学者とよばれる数学の研究を仕事とする人たちは，日々定理を証明し，未解決の問題にとりくみ，新しい理論を創っています．この人たちが実際には何をしているのか想像できるでしょうか？　これから数学を本格的に勉強してみようという大学生や高校生のみなさんも，教科書のなかの数学の先に何が待っているのか，なかなか見えてこないと思うことはないでしょうか？

　小説の中の数学者は，来る日も来る日も研究室にこもって分厚いノートかコンピューターに向かって難しい計算を続け，ある日の一瞬のひらめきで宇宙の謎を秘めた方程式を解いているかもしれません．現実の数学者の生活は外からは単調にも見えるでしょうが，頭の中では自由な想像力で創造的なドラマが繰り広げられています．

　東京大学駒場キャンパスにある大学院数理科学研究科では，100人を超える現役の研究者と将来の研究者が，きょうも数学を新しく創ろうとしています．その研究の現場と同じ建物の中で，教員は理学部数学科の学生に数学を教えています．その必修の講義に「数学講究XB」という名前のものがあります．これは，教員がそれぞれの専門分野を1人ずつ1時間で紹介する講義です．数学の力を生かして社会で活躍しようという人にも，大学院に進んでさらに数学の勉強を続けようという人にも，数学の現在のすがたを紹介し，そのほんとうのおもしろさを伝えるためのものです．

　講義を担当する教員1人1人に，それぞれの専門分野ではどんなものを扱うのか，何がいまおもしろいのか，そしてそれはどこへ向かっているのか，講義の内容を書いてもらいました．数学の現在の生き生きとしたようすを，ぜひ感じてみてください．

すらすらと読めてしまうものも，何度読んでもなかなかわからないものもあるでしょう．実際の講義でも，わかりやすいものから難しいものまでいろいろのようです．ここでもあえてレベルをそろえることはしませんでした．

見慣れない用語や記号があっても読み続けられるように，全巻をとおしてよく使われる記号は，巻頭の記号表にまとめました．それぞれの講義のおわりには基本的な用語の解説も加えてあります．内容をくわしく理解したい人，さらに勉強を進めたい人のためには，参考書もあげてあります．これらをうまく使って読み進めていけば，きっと講義の現場の雰囲気を味わえることでしょう．

読みやすさも考えて近い分野の講義は同じ巻にまとめましたが，ぜひ3冊とおして読んでください．一見かけ離れて見える分野でもよく読むと同じ話題を扱っていたり，1つの分野での発見がほかの分野に影響を及ぼしていたりすることに気がつくかもしれません．代数，幾何，解析，応用という諸分野にまたがる数学の幅とそれぞれの奥行きだけでなく，その一体としての有機的なつながりを体験してください．

読み終えたときには，数学ではいま何がおきているのかもっと身近に感じられることと思います．現在の数学の世界の広がりと同時に生き生きとしたようすを実感してください．ではさっそく，数学科の教室をのぞいてみましょう．

編者を代表して
斎藤　毅

目次

はじめに ………………………………………………………… iii

記号表 …………………………………………………………… vii

第1講　数論幾何学──リーマン予想からエタール・コホモロジーへ
　　　　　　　　　　　　　　　　　　　　　斎藤　毅　　1

第2講　代数幾何──リーマン面とヤコビアン
　　　　　　　　　　　　　　　　　　　　　寺杣友秀　　18

第3講　代数幾何──数え上げ幾何学
　　　　　　　　　　　　　　　　　　　　　戸田幸伸　　35

第4講　無限次元リー環と有限群──頂点作用素代数とムーンシャイン
　　　　　　　　　　　　　　　　　　　　　松尾　厚　　52

第5講　リー群の表現論──表現の指標をめぐって
　　　　　　　　　　　　　　　　　　　　　松本久義　　71

第6講　整数論──モジュラー曲線の背後に潜む数論的現象
　　　　　　　　　　　　　　　　　　　　　三枝洋一　　87

第7講　整数論──ラングランズ対応に向かって
　　　　　　　　　　　　　　　　　　　　　今井直毅　　103

第 8 講　代数幾何――代数多様体の分類理論
　　　　　　　　　　　　　　　　　　川又雄二郎　117

第 9 講　代数幾何――特異点への弧空間からのアプローチ
　　　　　　　　　　　　　　　　　　石井志保子　138

第 10 講　代数幾何――特異点論における正標数の手法
　　　　　　　　　　　　　　　　　　髙木俊輔　155

第 11 講　量子可積分系――Lassalle の予想と Askey-Wilson 多項式
　　　　　　　　　　　　　　　　　　白石潤一　171

第 12 講　数論幾何学――p 進微分方程式とアイソクリスタル
　　　　　　　　　　　　　　　　　　志甫　淳　190

索引 ……………………………………………………… 207

よこがお ………………………………………………… 212

記号表

本書では次の記号を断りなく使う場合がある．

$\mathbf{N}, \boldsymbol{N}, \mathbb{N}$：自然数全体の集合
$\mathbf{Z}, \boldsymbol{Z}, \mathbb{Z}$：整数全体の集合
$\mathbf{Q}, \boldsymbol{Q}, \mathbb{Q}$：有理数全体の集合
$\mathbf{R}, \boldsymbol{R}, \mathbb{R}$：実数全体の集合
$\mathbf{C}, \boldsymbol{C}, \mathbb{C}$：複素数全体の集合
$\mathbb{Z}_+, \mathbb{Z}_{>0}, \mathbb{R}_+$：正の整数全体の集合，正の実数全体の集合
$\mathbb{Z}_{\geq 0}, \mathbb{R}_{\geq 0}$：$0$ 以上の整数全体の集合，0 以上の実数全体の集合
$\lfloor \cdot \rfloor$：切り下げ
$\inf$：下限
$\sup$：上限
$\min$：最小値
$\max$：最大値
$\mathrm{sign}, \mathrm{sgn}$：符号関数
Re, re：実部
Im, im：虚部
$|\cdot|$：絶対値
$\bar{a}$：a の複素共役
$\arg$：偏角
δ_{ij}：クロネッカーのデルタ
$O(\cdot), o(\cdot)$：ランダウの記号
Γ：ガンマ関数
$\wp$：ワイエルストラスのペー関数
div：発散
rot：回転
$\partial_t, \partial_{xx}, \nabla_{xx}$：偏微分作用素
$\Delta, \triangle$：ラプラス作用素，ラプラシアン
$\mathrm{Vol}, \mathrm{vol}, vol$：体積
$\langle \cdot, \cdot \rangle$：内積
$\|\cdot\|$：ノルム
$\mathrm{Tr}, \mathrm{tr}, \mathrm{trace}$：トレース
$\det$：行列式

rank：階数
t：転置
I：単位行列
dim：次元
span$\{e_1,\cdots,e_n\}$：$e_1,\cdots,e_n$ で張られるベクトル空間
ker：線形写像の核
$\oplus$：直和
$\otimes$：テンソル積
$V^{\otimes n}$：n 重テンソル積
$\wedge$：外積
$\sharp$：元の個数
$\varnothing, \emptyset$：空集合
$\bigcup, \bigcap, \coprod$：集合族の合併，共通部分，直和
$-, \setminus$：集合の差，補集合
$\setminus, /$：商空間，商集合
$\sqcup$：集合の直和
$\hookrightarrow$：包合写像
$\mapsto$：写像による元の対応
$\mathbb{N}^{\mathbb{Z}}$：自然数列全体の集合
$\mathbb{R}^{\times}, \mathbb{C}^{\times}, \mathbb{C}^{*}$：$\mathbb{R} \setminus \{0\}, \mathbb{C} \setminus \{0\}$
$M_n(\cdot), M(n,\cdot)$：n 次正方行列のなす線形空間，環
$\mathfrak{sl}_n, \mathfrak{sl}(n,\cdot)$：トレースが 0 の n 次正方行列のなすリー環
$\mathrm{GL}(n,\cdot), GL(n,\cdot), GL_n(\cdot), \mathrm{GL}_n(\cdot)$：$n$ 次一般線形群
$\mathrm{SL}(n,\cdot), SL(n,\cdot), SL(n;\cdot), SL_n(\cdot), \mathrm{SL}_n(\cdot)$：$n$ 次特殊線形群
$PSL_n(\cdot)$：n 次射影特殊線形群
$O_n(\cdot), O(n)$：n 次直交群
$\mathrm{SO}_n(\cdot), SO_n(\cdot), SO(n,\cdot), SO(n)$：$n$ 次特殊直交群
$\mathrm{U}_n, U_n, U(n)$：n 次ユニタリ群
$\mathrm{SU}_n, SU_n, SU(n)$：$n$ 次特殊ユニタリ群
$\mathrm{Sp}_n(\cdot), Sp_n(\cdot), Sp(n,\cdot)$：$n$ 次シンプレクティック群
$S_n, \mathfrak{S}_n$：n 次対称群
Alt_n, Alt_n：n 次交代群
$C_n, \mathbb{Z}_n, \mathbf{Z}/(m)$：巡回群
Id, id, id：恒等写像
$\cong$：同型
$\simeq$：ホモトピー同値
mod：剰余
$d \mid n, d \nmid n$：d が n をわりきる，わりきらない

$\ltimes$：半直積
$\mathrm{Aut}(X)$：X の自己同型群
Gal：ガロワ（ア）群
$\mathrm{End}(X)$：X の自己準同型の集合，環
Hom：準同型全体のなす空間，加群
$T^\vee, T^*$：T の双対
$k[\ ]$：多項式環
$k[[\ ]]$：形式的冪級数環
$\mathbf{F}_p, \mathbb{F}_p$：$p$ 元体
$\mathbb{F}_p^\times$：$\mathbb{F}_p \setminus \{0\}$
$\mathbb{Z}_p$：p 進整数環
$\mathbf{Q}_p, \mathbb{Q}_p$：$p$ 進体
$A^\times, D^\times$：A, D の乗法群
S^n：n 次元球面
$\mathbf{T}^n, \mathbb{T}^n$：$n$ 次元トーラス
$\mathbf{P}^n, \mathbb{P}^n, \boldsymbol{C}P^n, \mathbf{P}^n(\mathbf{C})$：$n$ 次元（複素）射影空間
$\mathbf{A}^n$：n 次元アフィン空間
$\bar{A}$：A の閉包
∂D：D の境界
π_1：基本群
$H_n(\cdot,\cdot)$：ホモロジー群
$H^n(\cdot,\cdot)$：コホモロジー群
$C(\cdot)$：連続関数の空間
$C^k(\cdot)$：k 回連続微分可能な関数の空間
$C^\infty(\cdot)$：無限回連続微分可能な関数の空間
$C_c(\cdot)$：台がコンパクトな連続関数の空間
$C_0^2(\cdot)$：台がコンパクトな 2 回連続微分可能関数の空間
$C_0^\infty(\cdot), C_c^\infty(\cdot)$：台がコンパクトな無限回連続微分可能関数の空間
$L^p(\cdot)$：p 乗可積分な関数のなすバナッハ空間
$L_{\mathrm{loc}}^p, L_{loc}^p$：局所 p 乗可積分な関数の空間
ℓ^2：2 乗総和可能な数列のなすヒルベルト空間
$E[\cdot]$：期待値
$N(\cdot,\cdot)$：正規分布

第1講 数論幾何学
—— リーマン予想からエタール・コホモロジーへ

斎藤　毅

きょうは数論と幾何という題で話します．3年生の科目でいうと数論は代数に分けられるので，多様体やそのホモロジーをあつかう幾何とは関係ないような気がするかもしれません．しかし，その2つが一体となるのが数学のおもしろいところです．

現代数学は抽象的な基礎のうえに創られていますが，この傾向は19世紀のリーマンのころからはっきりしてきました．ここでも，数論と幾何についてそれぞれ，リーマンから話をはじめます．

1　リーマン予想

まず，リーマンの**ゼータ関数** (zeta function) の定義からはじめます．リーマンのゼータ関数は**ディリクレ級数** (Dirichlet series) として定義されます

$$\zeta(s) = \sum_{n=1}^{\infty} \frac{1}{n^s}. \tag{1}$$

これは s の実部が >1 の範囲で絶対収束し，**正則関数**を定めます．素因数分解の一意性を使うとこれを**オイラー積** (Euler product) で表すこともできます

$$\zeta(s) = \prod_{p:\text{素数}} \left(1 - \frac{1}{p^s}\right)^{-1}. \tag{2}$$

ゼータ関数 $\zeta(s)$ は複素平面全体に有理形関数として**解析接続**され，$s=1$ で1位の**極**をもつ以外は正則です．**零点**については，実部が >1 の範囲ではオイラー積が収束することから，零点がないことがわかります．このことと関数等式を使うと，実部が <0 の範囲では零点は負の偶数での1位の零点し

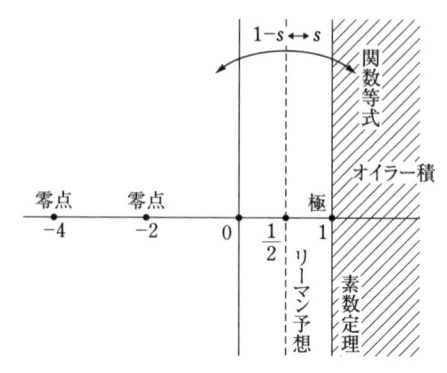

図1 ゼータ関数の零点

かないこともわかります．

自然数 n 以下の素数の個数 $\pi(n)$ がおよそ $\dfrac{n}{\log n}$ であるという素数定理は，実部が 1 の $\zeta(s)$ の零点がないことを示すことで証明されました．実部が 0 と 1 の間の零点はすべて実部が $\dfrac{1}{2}$ であるというのが有名な**リーマン予想** (Riemann hypothesis) で，未解決の問題です．これが証明されれば，素数の分布についてもっと精密なことがわかることになります．ここまでをまとめると図 1 のようになります．

2　代数体と関数体の類似

古典的な代数的整数論は，**代数体** (number field) とよばれる有理数体の有限次拡大の理論です．有限体上の 1 変数有理関数体の有限次拡大は，有限体上の 1 変数**関数体** (function field) とよばれますが，このような体と代数体はとてもよく似ています．これを代数体と関数体の類似といいます．数学ではこのようによく似たものをみつけてその類似を調べることで，両方のものの理解が進むことがよくあります．代数体と関数体の類似を考えると，1 つ 1 つの素数を 1 つの曲線上の点の類似と考えることができるようになります．

リーマンのゼータ関数は有理数体のゼータ関数と考えることができます．こう考えると有限体上の 1 変数関数体のゼータ関数も定義することができます．これについてはリーマン予想の類似が証明されています．

まず，有理関数体の場合からはじめます．p を素数とし，$\mathbf{F}_p$ を位数が p の

有限体とします．1 変数の多項式環 $A = \mathbf{F}_p[T]$ には，**単項イデアル整域**であるだけでなく，**極大イデアル** $\mathfrak{m}$ による剰余体 $A/\mathfrak{m}$ がすべて有限体であるという整数環 $\mathbf{Z}$ とよく似た性質があります．このことを使うと $A = \mathbf{F}_p[T]$ のゼータ関数を (2) と同様にオイラー積として定義できます．

$$\zeta_A(s) = \prod_{\mathfrak{m}:\, A \text{ の極大イデアル}} \left(1 - \frac{1}{N\mathfrak{m}^s}\right)^{-1}. \tag{3}$$

ここで $N\mathfrak{m}$ は有限体 $A/\mathfrak{m}$ の元の個数を表す記号です．

A として整数環 $\mathbf{Z}$ を考えて (3) にあてはめると，リーマンのゼータ関数をオイラー積で表す式 (2) になります．$A = \mathbf{F}_p[T]$ に話をもどすと，多項式環でも**素元分解**の一意性がなりたつので，(1) のように A のゼータ関数 $\zeta_A(s)$ をディリクレ級数で表すこともできます．

$A = \mathbf{F}_p[T]$ のゼータ関数 $\zeta_A(s)$ とリーマンのゼータ関数 $\zeta(s)$ の大きな違いは，$\zeta_A(s)$ は $\frac{1}{1-p^{1-s}}$ という簡単な関数であるということです．このことから $\zeta_A(s)$ は $s = 1 + \frac{2\pi\sqrt{-1}}{\log p} \cdot n$（$n$ は整数）で 1 位の極をもつこともわかります．

問題 1 $A = \mathbf{F}_p[T]$ に対し，$\zeta_A(s) = \dfrac{1}{1-p^{1-s}}$ を示せ．

ここまで A は多項式環 $\mathbf{F}_p[T]$ としていましたが，A が整数環 $\mathbf{Z}$ 上**有限生成**ならどんな可換環でも，(3) でそのゼータ関数を定義することができます．ここでは，整数環 $\mathbf{Z}$ 上の環として有限生成な体はすべて有限体であるという，可換環の定理を使います．

多項式環 $\mathbf{F}_p[T]$ の次に調べられたのが，

$$\mathbf{F}_p[X, Y]/(Y^2 - f(X)) \tag{4}$$

のような環でした．ここで p は 3 以上の素数とし，$f(X) \in \mathbf{F}_p[X]$ は重根のない 3 次式とします．このときのゼータ関数 $\zeta_A(s)$ を調べるのは，問題 1 よりはだいぶ難しくなりますがそれでもリーマンのゼータ関数とはくらべものにならないほど簡単で，

$$\zeta_A(s) = \frac{1 - ap^{-s} + p^{1-2s}}{1 - p^{1-s}} \tag{5}$$

のようになることがわかっています．それだけでなく，a は整数で，$|a| < 2\sqrt{p}$ をみたすことまでわかっています．

この不等式は，分子の $1 - ap^{-s} + p^{1-2s}$ が $(1 - \alpha p^{-s})(1 - \bar{\alpha} p^{-s})$ のように分解し，複素数 α の絶対値が $p^{\frac{1}{2}}$ ということと同値です．したがって $\zeta_A(s)$ の零点の実部は $\frac{1}{2}$ で，$\zeta_A(s)$ についてはリーマン予想の類似がなりたつことになります．

リーマン予想の類似についてはもっといろんなことがわかっているのですが，その話にはあとでもどってくることにして，分子の式がなぜ p^{-s} の 2 次式なのか考えることにしましょう．ここで数論と幾何がつながってくるのです．

3　リーマン面の種数

リーマンの名前がついたものはリーマンのゼータ関数やリーマン予想などいろいろありますが，なかでもよく聞くのが**リーマン面** (Riemann surface) でしょう．コンパクトな連結リーマン面は，複素数体上の射影非特異連結**代数曲線** (algebraic curve) の別名と思うこともでき，$\mathbf{C}$ 上の 1 変数関数体で定まります．

コンパクトな連結リーマン面 X の形を表す数が**種数** (genus) です．種数はいろいろなしかたで定義できますが，ここでは**特異コホモロジー** (singular cohomology) $H^1(X, \mathbf{Z})$ の $\mathbf{Z}$ 加群としての**階数の半分**と考えることにします．種数の説明として図 2 のような図をよくみますが，コンパクトなリーマン面について，この図から得られる情報は種数だけです．この図をみればリーマン面の形がわかった気がするわけですから，コンパクトなリーマン面の形を知るとは，コホモロジー $H^1(X, \mathbf{Z})$ を知ることだと考えることもできます．

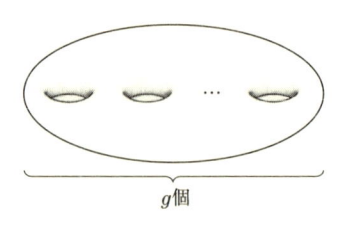

図 2　種数 g のリーマン面

たとえば，**楕円曲線** (elliptic curve) のときは次のようになります．**C** の **R** 線形空間としての基底 ω_1, ω_2 で生成される部分加群 $L = \mathbf{Z}\omega_1 + \mathbf{Z}\omega_2$ を **C** の**格子** (lattice) とよびますが，商として得られるコンパクトなリーマン面 $E = \mathbf{C}/L$ の $H^1(E, \mathbf{Z})$ は L の**双対** $L^\vee = \mathrm{Hom}_\mathbf{Z}(L, \mathbf{Z})$ なので，楕円曲線の種数は 1 です．

複素解析ではワイエルストラスの $\wp$ 関数 ($\wp$-function)

$$\wp_L(z) = \frac{1}{z^2} + \sum_{\omega \in L, \omega \neq 0} \left(\frac{1}{(z-\omega)^2} - \frac{1}{\omega^2} \right)$$

がでてきますが，これを使うと解析的に構成したリーマン面 $E = \mathbf{C}/L$ を方程式

$$Y^2 = 4X^3 - g_2(L)X - g_3(L), \tag{6}$$

$g_2(L) = 60 \sum_{\omega \in L, \omega \neq 0} \dfrac{1}{\omega^4}$, $g_3(L) = 140 \sum_{\omega \in L, \omega \neq 0} \dfrac{1}{\omega^6}$ で定義される代数曲線として，代数的にとらえることができます．

前節の式 (4) と式 (6) は，係数が有限体 $\mathbf{F}_p$ の元か複素数かという違いはありますが，$Y^2 = f(X)$ で $f(X)$ は重根をもたない 3 次式という同じ形をしています．これが，ゼータ関数の分子 $1 - ap^{-s} + p^{1-2s}$ の p^{-s} の多項式としての次数と，コホモロジー $H^1(E, \mathbf{Z}) = L^\vee$ の階数に，2 という同じ数がでてくる理由です．なぜこれが理由となるのかは，またあとでつづけます．

問題 2　$f(x) \in \mathbf{C}[x]$ を重根をもたない $2n+1$ 次多項式とする．$Y = \{(x, y) \in \mathbf{C} \mid y^2 = f(x)\}$ をコンパクト化して得られるリーマン面 X の種数を求めよ．

4　種数と有理点

19 世紀に代数曲線のリーマン面としての幾何的な理論が発展したのをうけて，20 世紀にはそれを数論に応用しようという流れになりました．

有理数係数の方程式 $f(x, y) = 0$ の有理数解 $(x, y) = (a, b)$ を，$f(x, y) = 0$ で定義される代数曲線 C の**有理点** (rational point) といいます．たとえば，**フェルマーの最終定理** (Fermat's last theorem) は，自然数 $n \geqq 3$ に対し方程式 $x^n + y^n = 1$ で定まる代数曲線の有理点は，n が奇数なら $(x, y) = (1, 0), (0, 1)$

の 2 つだけであり n が偶数なら $(x,y) = (\pm 1, 0), (0, \pm 1)$ の 4 つだけであるという，代数曲線の有理点についての定理です．

代数曲線 C のリーマン面としての形という幾何的な性質が，$f(x,y) = 0$ の有理数解という数論的な性質を統制する，というとちょっと不思議に思えるかもしれません．幾何的な性質を使うと有理点が組織的に構成できる場合があり，そうでないときには有理点が少ないことが証明できるというぐあいです．フェルマーの最終定理も，種数が 1 の代数曲線だけを使って証明できる $n = 3, 4$ の場合と，種数が 2 以上の代数曲線になる $n \geqq 5$ の場合では，証明の方法が違います．

種数が 0 の場合からはじめます．種数が 0 の代数曲線は 2 次の方程式

$$ax^2 + by^2 = 1 \tag{7}$$

(a, b は 0 でない有理数) で定義される **2 次曲線** (conic curve) になります．この曲線 C に 1 つ有理点 $P = (p, q)$ があれば，ほかの有理点はすべて P をとおる傾きが有理数の直線と C の交点として幾何的に求めることができます．

たとえば，C が $x^2 + y^2 = 1$ で定義されるとすると，点 $(-1, 0)$ をとおる傾き t の直線と C の交点の座標は $\left(\dfrac{1-t^2}{1+t^2}, \dfrac{2t}{1+t^2}\right)$ です (図 3 参照)．こうして C と**射影直線** (projective line)$\mathbf{P}_{\mathbf{Q}}^1$ との同形が得られます．t を既約分数 $\dfrac{n}{m}$ とおいて分母をはらうと，次の問題が解けます．

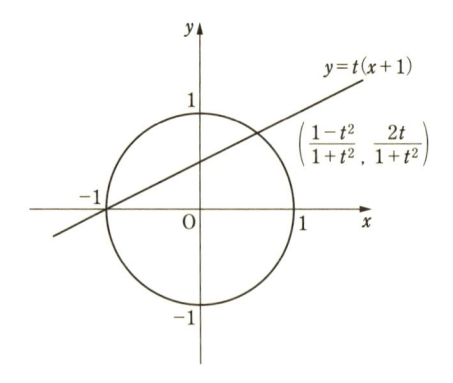

図 3　2 次曲線 $x^2 + y^2 = 1$ の有理点

問題 3 (A, B, C) を方程式 $X^2 + Y^2 = Z^2$ の整数解で，A, B, C の最大公約数は 1 であるとする．

1. A と B の一方は偶数であることを示せ．
2. B が偶数とする．たがいに素な整数 m, n で $(A, B, C) = (m^2 - n^2, 2mn, m^2 + n^2)$ となるものがあることを示せ．

有理点があるときには上のように射影直線 $\mathbf{P}_{\mathbf{Q}}^1$ との同形が得られますが，有理点のあるなしも比較的簡単に判定できます．たとえば，$p \neq 5$ を素数とすると，$px^2 + 5y^2 = 1$ に有理点があるかどうかは，p を 5 でわったあまりで判定できます．p を 5 でわったあまりが 1 か 4 のときは有理点があり，2 か 3 のときは有理点がないことがわかります．ないことを示すのはそれほど難しくないですが，あることを示すほうはそう簡単ではありません．

一般には次のことがわかっています．有理数体 $\mathbf{Q}$ は実数体 $\mathbf{R}$ の部分体ですが，素数 p ごとに定まる p **進体** $\mathbf{Q}_p$(p-adic field) の部分体と考えることもできます．有理点があれば，有理数は実数でもあるし p 進数でもあるわけですから，座標が実数の点や p 進数の点もあることになります．逆に 2 次曲線 C に座標が実数の点や p 進数の点がすべての素数 p に対し存在するならば，C の有理点が存在することがわかっています．

このことを，2 次曲線の有理点に対しては**局所大域原理** (local-global principle) がなりたつといいます．1 変数関数体が代数曲線上の関数のなす体であるように，有理数体を Spec $\mathbf{Z}$ とよばれる幾何的な対象上の関数のなす体と考えると，Spec $\mathbf{Z}$ の点は素数に対応します．さらに Spec $\mathbf{Z}$ に，有理数体の実数体へのうめこみに対応する無限素点とよばれる点をつけくわえてコンパクト化したものを考えます（図 4）．この対象のすべての点で 2 次曲線 C の点があれば C の有理点があるというように，局所的な性質から大域的な性質が導かれると考えるわけです．

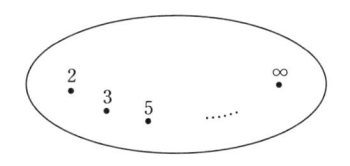

図 4 Spec $\mathbf{Z}$ と無限素点

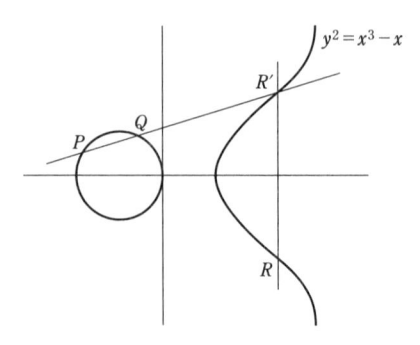

図5 楕円曲線の加法 $P+Q=R$

種数が 1 の場合に進みます．この場合，有理点が 1 つあればその点を無限遠点 O として座標をうまくとることにより，方程式

$$y^2 = f(x) \tag{8}$$

($f(x)$ は重根をもたない有理数係数の 3 次式）で定義される楕円曲線になります．**C** 上の楕円曲線には格子 L による商 $\mathbf{C}/L$ と考えることで定まる**加法群** (additive group) の構造がありましたが，この構造は実は代数的に定義されます．

(8) で定義される楕円曲線 E の 3 点 P, Q, R に対し，P, Q, R が同一直線上にあるときに $P+Q+R=0$ となるように，E の有理点全体の集合 $E(\mathbf{Q})$ に加法群の構造を幾何的に定義でき，無限遠点 O が原点となります．上の図 5 は，この加法を表しています．このとき，$E(\mathbf{Q})$ は有限生成なアーベル群であることがわかっています．これは**モーデルの定理** (Mordell's theorem) とよばれています．

有理点がない種数 1 の曲線には未解決の大きな問題があります．種数 1 の場合には有理点の有無について，局所大域原理はなりたたないことがわかっています．なりたたないようなものがどのくらいあるかというのが問題で，それは**バーチ–スウィンナートン=ダイアー予想** (Birch-Swinnerton=Dyer conjecture) とよばれる未解決問題の一部です．くわしく説明するには準備がたいへんなので，ここではこれ以上たちいらないことにします．

種数が 2 以上の場合は種数が 0 や 1 の場合と異なり，有理点を次々に構成する幾何的な手段がありません．そしてこの場合には有理点が有限個しかな

いことが証明されています．これは**モーデル予想** (Mordell's conjecture) とよばれた問題で，ファルティングスが解決しました．

5 ヴェイユ予想

ゼータ関数の話にもどります．だんだん話が核心にせまってきたので難しくなってきますが，代数幾何の用語を少し使います．X を有限体 $\mathbf{F}_p$ 上定義された射影**代数多様体** (algebraic variety) とします．

この辺のことばをよく知らない人は，X は射影空間 $\mathbf{P}^N_{\mathbf{F}_p}$ のなかで同次多項式系 $f_1, \ldots, f_m \in \mathbf{F}_p[T_0, \ldots, T_N]$ によって定義されていると考えて，自然数 $n \geqq 1$ に対し有限集合

$$X(\mathbf{F}_{p^n}) = \{(t_0 : \ldots : t_N) \in \mathbf{P}^N(\mathbf{F}_{p^n}) \mid f_i(t_0, \ldots, t_N) = 0 \ (i = 1, \ldots, m)\}$$

が定まっていると考えればとりあえずは十分です．ここで，$\mathbf{P}^N(\mathbf{F}_{p^n})$ は有限体 $k = \mathbf{F}_{p^n}$ 上の $N+1$ 次元線形空間 k^{N+1} から 0 を除いた集合を，同じ 1 次元部分空間を生成するという同値関係でわった商集合です．

X のゼータ関数を (3) のようにオイラー積で定義することもできますが，ここでは有限集合 $X(\mathbf{F}_{p^n})$ の元の個数 $\sharp X(\mathbf{F}_{p^n})$ を使って記述します．形式巾級数 $Z(X/\mathbf{F}_p, t)$ を

$$Z(X/\mathbf{F}_p, t) = \exp\left(\sum_{n=1}^{\infty} \frac{\sharp X(\mathbf{F}_{p^n})}{n} t^n\right) \tag{9}$$

で定義します．これに $t = p^{-s}$ を代入してゼータ関数 $\zeta_X(s)$ を $\zeta_X(s) = Z(X/\mathbf{F}_p, p^{-s})$ で定義します．

オイラー積で書きたければ，問題 1 の解答のようにするとできます．A が $\mathbf{F}_p$ 上有限生成な環なら，$\sharp X(\mathbf{F}_{p^n})$ を環の射 $A \to \mathbf{F}_{p^n}$ の個数でおきかえると，(3) で定義したゼータ関数 $\zeta_A(s)$ になることも，問題 1 の解答のようにするとわかります．

問題 4 射影空間 $\mathbf{P}^N_{\mathbf{F}_p}$ のゼータ関数について，

$$Z(\mathbf{P}^N_{\mathbf{F}_p}/\mathbf{F}_p, t) = \frac{1}{(1-t)(1-pt)\cdots(1-p^N t)}$$

を示せ.

(4) で定義される環 $A = \mathbf{F}_p[X,Y]/(Y^2 - f(X))$ に対し, $Y^2 - f(X)$ の同次化 $Y^2Z = F(X,Z)$ で定義される楕円曲線を $E \subset \mathbf{P}^2_{\mathbf{F}_p}$ とすると, そのゼータ関数 $\zeta_E(s)$ は (5) の整数 a を使って

$$\zeta_E(s) = \frac{1 - ap^{-s} + p^{1-2s}}{(1-p^{-s})(1-p^{1-s})} \tag{10}$$

となります.

有限体上の代数曲線のゼータ関数についてリーマン予想の類似を証明したヴェイユは, その高次元化もなりたつことを予想しました. ヴェイユは有限体上の代数多様体に対してもよい性質をもつコホモロジー理論があれば, それからこの予想がしたがうことを示唆しました. グロタンディークはそれを**エタール・コホモロジー** (étale cohomology) として構成し, これを使って**ヴェイユ予想** (Weil conjecture) のかなりの部分を証明したのでした.

ヴェイユ予想の証明に使えるようなよいコホモロジー理論で $\mathbf{Q}$ 係数のものはありえないことがわかっていたので, グロタンディークは p とは異なる素数 ℓ を 1 つとり, ℓ 進体 $\mathbf{Q}_\ell$ を係数とする **ℓ 進コホモロジー** (ℓ-adic cohomology) $H^q(X_{\bar{\mathbf{F}}_p}, \mathbf{Q}_\ell)$ を構成しました. これは有限次元の $\mathbf{Q}_\ell$ 線形空間で, d を X の次元 $\dim X$ とすると $0 \leq q \leq 2d$ 以外では 0 になります.

座標の p 乗が定める**フロベニウス作用素** (Frobenius operator) F の固有多項式を

$$P_q(X,t) = \det(1 - Ft : H^q(X_{\bar{\mathbf{F}}_p}, \mathbf{Q}_\ell)) \tag{11}$$

で定義すれば, **レフシェッツ跡公式** (Lefschetz trace formula) から

$$Z(X/\mathbf{F}_p, t) = \frac{P_1(X,t) \cdots P_{2d-1}(X,t)}{P_0(X,t) \cdot P_2(X,t) \cdots P_{2d}(X,t)} \tag{12}$$

となることがわかります.

さらに X には**特異点** (singular point) がないと仮定し, X が整数係数の方程式で定義される射影非特異多様体 Y の**法 p 還元** (mod-p reduction) として得られるとすると, 複素多様体 $Y(\mathbf{C})$ の特異コホモロジーとの間に比較同形とよばれる同形 $H^q(X_{\bar{\mathbf{F}}_p}, \mathbf{Q}_\ell) \to H^q(Y(\mathbf{C}), \mathbf{Q}) \otimes_{\mathbf{Q}} \mathbf{Q}_\ell$ があります. ゼータ関数 (5) の分子の次数と楕円曲線のコホモロジーの階数がどちらも 2 である理

由は，この同形にあったことになります．

リーマン予想の類似は，X に特異点がないとして $P_q(X,t) = \prod_{i=1}^{b_q}(1-\alpha_i t)$ とおくと，α_i の複素数としての絶対値は $p^{\frac{q}{2}}$ である，となります．ドリーニュはこれを証明し，ヴェイユ予想の証明を完成しました．多様体の形を知るにはコホモロジーがわかればよいと考えれば，ヴェイユ予想とそのエタール・コホモロジーによる解決により，点の個数を数えれば多様体の形がわかるということになります．

6　エタール・コホモロジー

エタール・コホモロジーの導入とヴェイユ予想の解決は，その後の数論幾何の発展のみちをひらくものとなりました．ここでは，その数論的側面と幾何的側面について現在進行中の話題を 1 つずつ簡単に紹介します．

数論的側面でのエタール・コホモロジーの重要な応用は，**ガロワ表現** (Galois representation) の構成です．前節ではヴェイユ予想の話だったので定数体は有限体にしましたが，エタール・コホモロジーはどんな体上の代数多様体に対しても定義されます．有理数体の場合には，比較同形 $H^q(X_{\bar{\mathbf{Q}}}, \mathbf{Q}_\ell) \to H^q(X(\mathbf{C}), \mathbf{Q}) \otimes_{\mathbf{Q}} \mathbf{Q}_\ell$ があるので線形空間としては目新しいものではありません．しかし，エタール・コホモロジーは代数的に定義されるので，そこに**絶対ガロワ群** $G_{\mathbf{Q}}$ (absolute Galois group) が自然に作用します．これを研究対象とする数論幾何の新しい世界がひらけていったのです．

ラマヌジャンのデルタ関数 (Ramanujan's delta function) とよばれる**保型形式** (modular form)

$$\Delta = q \prod_{n=1}^{\infty}(1-q^n)^{24} = \sum_{n=1}^{\infty} \tau(n)q^n \tag{13}$$

があります．$q = \exp(2\pi\sqrt{-1}z)$ とおいてこれを**上半平面** (upper half plane)$\{z \in \mathbf{C} \mid z$ の虚部は $> 0\}$ 上の正則関数と考えます．Δ は (6) の右辺の 3 次式の判別式 $g_2(L)^3 - 27g_3(L)^2$ として，楕円曲線とも結びついています．**ラマヌジャン予想** (Ramanujan's conjecture) とは，p が素数なら $|\tau(p)| < 2p^{\frac{11}{2}}$ であるという命題です．

佐藤幹夫は久賀–佐藤多様体とよばれる**モジュラー曲線** (modular curve) 上

の普遍楕円曲線族のファイバー積を考察していましたが，ドリーニュはそのエタール・コホモロジーを使ってラマヌジャンのデルタ関数にともなうガロワ表現を構成し，ラマヌジャン予想をヴェイユ予想に帰着させました．そしてヴェイユ予想を証明すると同時に，ラマヌジャン予想も証明しました．

このような保型形式とガロワ表現の結びつきは**ラングランズ対応** (Langlands correspondence) とよばれ，**類体論** (class field theory) の高次元化として現在の数論の中心的な研究課題となっています．ラマヌジャン予想の解決では，保型形式からガロワ表現を構成するという方向でしたが，逆にガロワ表現にむすびつく保型形式の存在を証明することでワイルスによって解決されたのが，フェルマーの最終定理でした．

ℓ を 5 以上の素数とし方程式 $X^\ell + Y^\ell = Z^\ell$ の自明でない整数解があったと仮定して，それを使って構成される楕円曲線 E から構成されるガロワ表現 $H^1(E_{\bar{\mathbf{Q}}}, \mathbf{Q}_\ell)$ を調べて矛盾を導く，というのが証明の流れです．この証明の核心部分が，ガロワ表現 $H^1(E_{\bar{\mathbf{Q}}}, \mathbf{Q}_\ell)$ にむすびつく保型形式の存在を証明するところになります．

フェルマーの最終定理の証明でワイルスが導入した手法はそれから 20 年の間に大きく拡張され，それ以前には夢とも思われたガロワ表現の保型性がどんどん証明できるようになりました．ここではくわしい紹介はしませんが，ラマヌジャンのデルタ関数についての**佐藤–テイト予想** (Sato-Tate conjecture) もこうして証明された定理の 1 つです．

幾何的側面の話にうつります．エタール・コホモロジーの理論は，単に個々の代数多様体 X に対しその ℓ 進コホモロジー $H^q(X_{\bar{k}}, \mathbf{Q}_\ell)$ が定義されるというものではなく，各多様体上に ℓ 進層の圏やその**導来圏** (derived category) が構成され，それらが順像や逆像などの関手でむすびつけられるというものです．グロタンディークはこれを加減乗除の四則演算にちなんで，**六則演算** (six operations) とよびました．

エタール・コホモロジーの理論がグロタンディークらによって創られていたのとほぼ同時期に，京都では佐藤幹夫や柏原正樹らによって，**$\mathcal{D}$ 加群** ($\mathcal{D}$-module) の理論が創られていました．$\mathcal{D}$ 加群とは複素多様体上の線形偏微分方程式系を層のことばで記述するものです．その起源はエタール・コホモロジーと無関係ですが，できあがった理論は非常によく似ていて，ここでも六

則演算が現れています.

ドリーニュは $\mathcal{D}$ 加群の理論と ℓ 進層の理論の両方に現れる**フーリエ変換** (Fourier transform) を研究して，$\mathcal{D}$ 加群の**不確定特異点** (irregular singularity) と ℓ 進層の**暴分岐** (wild ramification) の類似に着目しました．このように 2 つの理論はよく似ているのですが，違う点もあります．

それは $\mathcal{D}$ 加群の理論では**超局所解析** (micro-local analysis) といって**余接束** (cotangent bundle) 上に定義される**特性サイクル** (characteristic cycle) が重要なのですが，ℓ 進層では特性サイクルがようやく定義されたばかりというところです．ドリーニュの研究や，加藤和也による高次元類体論の方法を使った先駆的な研究をうけて，特性サイクルの研究が大きく進みはじめています．

用語集

複素解析

- **正則関数**：複素平面の開集合で定義された複素数値関数 $f(z)$ で，その定義域の各点で微分可能なもの．
- **解析接続**：複素平面の開集合 U で定義された正則関数 $f(z)$ の定義域を U をふくむ開集合へ広げること．
- **極と零点**：正則関数 $f(z)$ について，$\lim_{z \to a} |f(z)| = \infty$ となる点 $z = a$ が $f(z)$ の極で，$f(a) = 0$ となる点 $z = a$ が $f(z)$ の零点．
- **リーマン面**：複素平面の開集合を正則関数ではりあわせて得られる曲面．リーマン面の導入により「多価」関数を関数論から消去できた．

代数学

- **体**：零環ではない可換環で，0 以外のすべての元が乗法に関して可逆なもの．たとえば，有理数体，実数体，複素数体や有限体など．
- **有限次拡大**：体 K を部分体としてふくむ体で，K 線形空間と考えたとき有限次元であるもの．たとえば，$\mathbf{Q}(\sqrt{-1})$ は $\mathbf{Q}$ の有限次拡大．
- **単項イデアル整域**：整域とは体の部分環となる環のこと．1 つの元で生成されるイデアルを単項イデアルという．整域であって，すべてのイデアルが単項イデアルであるものを単項イデアル整域という．PID (principal

ideal domain) ともいう．たとえば，整数環 $\mathbf{Z}$ や体上の 1 変数多項式環など．
- 極大イデアル：可換環 A のイデアル I で商環 A/I が体であるもの．商環 A/I が整域であるイデアル I は素イデアルという．
- 素元分解：整域 A の 0 でない元 x でイデアル xA が素イデアルであるものを素元という．A の 0 でないすべての元が素元の積に分解されるような整域を一意分解整域という．UFD (unique factorization domain) ともいう．単項イデアル整域は一意分解整域．
- 有限生成：環 A の有限個の元で，A のほかの元はすべてそれらの整数係数の多項式として表せるものがあること．
- 階数：$\mathbf{Z}^n$ と同形な加群の階数は n．
- 双対：線形写像 $L \to \mathbf{Z}$ 全体のなす集合に加群の構造を定めたもの．
- 絶対ガロワ群：有理数体の絶対ガロワ群は，代数的数全体のなす体 $\bar{\mathbf{Q}}$ の体の自己同形全体のなすコンパクト群．

位相幾何

- 特異コホモロジー：位相空間のふつうのコホモロジーのこと．単体からの連続写像のなす複体のコホモロジー群として定義される．
- レフシェッツ跡公式：多様体の自分自身への連続写像の固定点の個数をコホモロジーへの作用の跡の交代和で表す公式．

代数幾何

- 代数曲線：2 変数の多項式で定義される幾何的対象．代数曲線とその有限被覆のなす圏は，1 変数代数関数体とその有限次拡大のなす圏の逆転圏と同値．複素数体上の代数曲線は，コンパクトリーマン面のことと考えられる．
- 楕円曲線：種数が 1 の代数曲線でその有理点が 1 つ指定されたもの．指定された点を原点とする加法群構造が定まる．複素数体上の楕円曲線は，複素平面の格子による商と考えられる．
- 特異点：d 次元の多様体の点なのに，定義方程式系 $f_1, \ldots, f_m \in k[X_1, \ldots, X_n]$ の偏微分のなす行列 $\left(\dfrac{\partial f_j}{\partial X_i}\right)$ の階数が $n-d$ より小さくなる点．

[参考文献]

・小木曽啓示『代数曲線論』朝倉書店（2002 年）

・桂利行『代数幾何入門』共立出版（1998年）

数論
- p 進体：素数 p が定める p 進位相で有理数体を完備化して得られる体 $\mathbf{Q}_p$.
- 保型形式：上半平面で定義された正則関数で，$SL_2(\mathbf{Z})$ あるいはその部分群の作用に関して変換公式をみたすもの．

［参考文献］

・加藤和也，黒川信重，斎藤毅『数論 I——Fermat の夢と類体論』岩波書店（2005年）

・J.-P. セール（彌永健一訳）『数論講義』岩波書店（2002年）

参考書

・岩澤健吉『代数函数論』岩波書店（1952年）

代数曲線論の名著として定評が高いですが，ちょっと難しく感じられるかもしれません．

・J.-P. Serre, *Zeta and L-functions*, Œuvres Collected papers, Vol.II, Springer (1986), pp.249–259

スキームのゼータ関数について簡潔にまとめられています．

・斎藤秀司，佐藤周友『代数的サイクルとエタール・コホモロジー』丸善出版（2012年）

エタール・コホモロジーについて和書で勉強するにはこの一冊です．

・加藤和也『フェルマーの最終定理・佐藤テイト予想解決への道（類体論と非可換類体論 1）』岩波書店（2009年）

フェルマーの最終定理の証明にいたる道すじと佐藤-テイト予想の解決をはじめその後の発展まで，著者の独特の語り口で描かれています．

・斎藤毅『フェルマー予想』岩波書店（2009年）

フェルマーの最終定理の証明や，そこで使われるガロワ表現などを本格的に学ぶために書きました．

・高木貞治『近世数学史談』岩波文庫（1995年），『復刻版　近世数学史談・数学雑談』共立出版（1996年）

リーマン以前の数論幾何で活躍した人びとが生き生きと描かれています.

問題の解答

1 環の射 $A = \mathbf{F}_p[T] \to \mathbf{F}_{p^n}$ の個数を2とおりに数える. 多項式環 $\mathbf{F}_p[T]$ からの環の射は, T の値で決まるから p^n 個ある. 一方, 環の射 $f: A \to \mathbf{F}_{p^n}$ の核は A の極大イデアル $\mathfrak{m}$ である. さらに $N\mathfrak{m} = p^d$ とおくと, ひきおこされる体の射 $A/\mathfrak{m} \to \mathbf{F}_{p^n}$ の個数は, $d \mid n$ なら d であり, $d \nmid n$ なら 0 である. よって, $N\mathfrak{m} = p^d$ となる A の極大イデアル $\mathfrak{m}$ の個数を $m(d)$ とおくと, $p^n = \sum_{d \mid n} d \cdot m(d)$ がなりたつ.

これを $\log(1-pt)^{-1} = \sum_{n=1}^{\infty} \dfrac{p^n t^n}{n}$ に代入すると, 右辺は $\sum_{n=1}^{\infty} \sum_{d \mid n} \dfrac{d \cdot m(d) t^n}{n}$ となる. $l = \dfrac{n}{d}$ とおけばさらに $\sum_{d=1}^{\infty} m(d) \sum_{l=1}^{\infty} \dfrac{t^{dl}}{l} = \sum_{d=1}^{\infty} m(d) \log(1 - t^d)^{-1}$ だから, $\dfrac{1}{1-pt} = \prod_{d=1}^{\infty} \dfrac{1}{(1-t^d)^{m(d)}}$ である. $t = p^{-s}$ とおけば求める式が得られる.

2 $f(x)$ の零点を $w_1, \ldots, w_{2n+1}$ とし, リーマン球面 $\mathbf{P}_\mathbf{C}^1$ 上のたがいに交わらない曲線 $C_1, \ldots, C_{n+1}$ を, $k \leqq n$ なら C_k は w_{2k-1} と w_{2k} をむすび, C_{n+1} は w_{2n+1} と無限遠点をむすぶようにとる.

コンパクト・リーマン面 X は, $\mathbf{P}_\mathbf{C}^1$ に $C_1, \ldots, C_{n+1}$ できれめをいれたもの U を2枚はりあわせて得られる. U のオイラー数は $1 - n$ であり, はりあわせる部分は S^1 と同相だからオイラー数は 0 である. よって, X のオイラー数 $\sum_{q=0}^{2}(-1)^q \mathrm{rank}\, H^q(X, \mathbf{Z})$ は $2(1-n) + (n+1) \cdot 0 = 1 - 2n + 1$ であり, $H^0(X, \mathbf{Z})$ と $H^2(X, \mathbf{Z})$ はどちらも $\mathbf{Z}$ と同形だから, $\mathrm{rank}\, H^1(X, \mathbf{Z}) = 2n$ である. したがって, X の種数は n である.

3 1. A と B の両方とも偶数とすると, A, B, C はすべて偶数となるから最大公約数が 1 という仮定に矛盾する. A と B が両方とも奇数とすると, A^2 と B^2 を 4 でわったあまりはどちらも 1 だから, C^2 を 4 でわったあまりが 2 となるがそのような整数 C はない.

2. $A^2 + B^2 = C^2$ とすると, $\dfrac{A}{C} = \dfrac{t^2 - 1}{t^2 + 1}, \dfrac{B}{C} = \dfrac{2t}{t^2 + 1}$ をみたす有理数 t がある. $t = \dfrac{n}{m}$ を既約分数とする. $\dfrac{A}{C} = \dfrac{n^2 - m^2}{n^2 + m^2}, \dfrac{B}{C} = \dfrac{2mn}{n^2 + m^2}$ である. $2mn$ と $n^2 + m^2$ の最大公約数は, n, m が両方とも奇数なら 2 で, n, m の一方だけが偶数なら 1 である. よって, A, B, C の最大公約数は 1 であるとし B を偶数とすると, n, m の一方だけが偶数で $(A, B, C) = (n^2 - m^2, 2mn, n^2 + m^2)$ となる.

4 $\sharp \mathbf{P}^N(\mathbf{F}_{p^n}) = \dfrac{(p^n)^{N+1} - 1}{p^n - 1} = 1 + p^n + \cdots + p^{nN}$ だから, 問題 1 の解答のように,

$$Z(\mathbf{P}_{\mathbf{F}_p}^N/\mathbf{F}_p, t) = \frac{1}{(1-t)(1-pt)\cdots(1-p^N t)}$$ となる.

第2講　代数幾何
——リーマン面とヤコビアン

寺杣友秀

　ヤコビやアーベルによってはじめられた楕円関数などの代数関数の積分で表される関数の性質を統一的に扱うために，リーマン面とその上の正則微分の積分が考えはじめられました．現代的には，リーマン面の積分の周期によって定まるヤコビアンという多様体を用いて積分の周期をとらえることができて，それによって因子群の様子がよくわかるようになります．

1　複素関数の解析接続，リーマン面の芽生え

　大学の2年生で複素関数論を学びます．複素関数論の中でも一番重要な概念として**正則関数** (holomorphic function) というものがあります．まずは正則関数とはどういうものであったかを思い出してみましょう．$f(z)$を複素平面あるいはその開集合を定義域とする複素数値関数としましょう．$f(z)$が正則関数であるとは複素微分つまり，

$$\frac{df}{dz} = \lim_{\alpha \to 0} \frac{f(z+\alpha) - f(z)}{\alpha}$$

が定義域内のすべての点zにおいて存在することである，として定義します．これは$z = x + iy$とおいて$f(z) = u(z) + iv(z) = u(x,y) + iv(x,y)$とおいたとき，$u, v$が変数$(x, y)$について連続微分可能であって次の**コーシー・リーマンの関係式** (Cauchy-Riemann relataion) をみたすことと同値になります．

$$\frac{\partial u}{\partial x} = \frac{\partial v}{\partial y}, \quad \frac{\partial u}{\partial y} = -\frac{\partial v}{\partial x}$$

また複素平面のある開集合U上で定義された複素数値関数$f(z)$と，U内のなめらかで向きが与えられた曲線γに対して$f(z)$の線積分$\int_\gamma f(z)dx, \int_\gamma f(z)dy$

が定義され，その 1 次結合として**複素積分** (complex integral)

$$\int_\gamma f(z)dz = \int_\gamma f(z)dx + i\int_\gamma f(z)dy$$

が定義されます．以下そのような曲線 γ のことを単に道と呼ぶことにします．正則関数に関しては次の**コーシーの積分定理** (Cauchy integral theorem) と**コーシーの積分公式** (Cauchy integral formula) が成り立ちます．

定理 1（コーシーの積分定理）　U を複素平面内の単連結な開集合として γ を始点と終点が一致するような道とする（このような道を閉曲線といいます）．さらに $f(z)$ を U 上の正則関数とする．このとき

$$\int_\gamma f(z)dz = 0$$

が成り立つ．

$U, f(z)$ を上の定理の仮定をみたすものとして，W を U 内の単連結な領域でその閉包が U に含まれるものとします．さらに W の境界はなめらかであるとすると，その境界 γ には複素平面の向きから導かれる向きが定まります．その向きは反時計回りの向きになります．

定理 2（コーシーの積分公式）　上の状況において，w を W の内部の点とする．このとき，

$$f(w) = \frac{1}{2\pi i}\int_\gamma \frac{f(z)}{z-w}dz$$

が成り立つ．

コーシーの積分公式は，コーシーの定理から導かれます．また，これらの定理から正則関数のテーラー展開可能性がわかり，次の定理が成り立ちます．この定理は**一致の原理** (identity theorem) といわれます．

定理 3　U を複素平面内の連結な開集合として，$f(z), g(z)$ を U 内で定義された正則関数とする．
  (1) 集合 $\{z \in U \mid f(z) = g(z)\}$ は U 全体であるか，U の中の集積点を持たない集合となる．
  (2) W を U の中の空でない開集合とする．このとき $f(z) = g(z)$ が W 内で成立すると，$f(z) = g(z)$ が U 内で成立する．

この一致の原理を用いて，複素平面内の開集合 U を定義域とする正則関数 $f(z)$ の定義域を延長できる場合があります．U を含む連結な開集合 V があって，$f(z)$ が V の正則関数に延長されるとすると，一致の原理から，その延長が一意的であることがわかります．

さて，U, V_1, V_2 を複素平面内の連結な開集合として，$U \subset V_1, U \subset V_2$ としましょう．さらに U 上の正則関数 $f(z)$ が V_1, V_2 上の正則関数 $f_1(z), f_2(z)$ に正則関数として延長されているとします．このとき $f(z)$ は $V_1 \cup V_2$ 上の正則関数に延長されるでしょうか？ f_1 と f_2 が $V_1 \cap V_2$ 上で一致すれば，この 2 つの関数 f_1, f_2 が $V_1 \cup V_2$ 上の正則関数を定めることがわかるのですが，一致の原理からいえることは $V_1 \cap V_2$ の U を含む連結成分上での一致に関することだけであって $V_1 \cap V_2$ のそのほかの連結成分については一致するかどうかが保証されません．

例えば $f(z) = \sqrt{z}$ によって定義される関数を考えてみます．U を $U = \{z \mid \mathrm{Re}(z) > 0\}$ で定義される領域とすれば，$f(z) = \sqrt{z}$ を偏角が $-\frac{\pi}{4}$ から $\frac{\pi}{4}$ までになるように選ぶことにより，U 上の正則関数が得られます．V_1, V_2 を

$$V_1 = \{x+iy \mid y > x\} \cup U, \quad V_2 = \{x+iy \mid y < -x\} \cup U,$$

とすると，$f(z)$ は V_1 上では偏角が $-\frac{\pi}{4}$ から $\frac{5\pi}{8}$ までを取るようにすることにより正則関数 $f(z)$ の延長となる f_1 が定まるのに対して，V_2 上では偏角が $-\frac{5\pi}{8}$ から $\frac{\pi}{4}$ までを取るようにすることにより正則関数 $f(z)$ の延長となる f_2 が定まることになります．$f_1(z)$ と $f_2(z)$ が $V_1 \cap V_2$ 上で完全に一致していれば $V_1 \cup V_2 = \mathbf{C} - \{0\}$ 上の正則関数として延長されるのですが，$f_1(z)$ と $f_2(z)$ は $V_1 \cap V_2$ の 1 つの連結成分である

$$U' = \{x+iy \mid x < y < -x\}$$

において偏角がちょうど π だけ違うことがわかります．実際に $f_1(z) = -f_2(z)$ となっているのです．

このように，一致の原理を繰り返し用いて，与えられた正則関数の定義域を延長することを**解析接続** (analytic continuation) といいます．一致の原理から解析接続はできたとすれば一意的になることが保証されています．上の例では U 上の正則関数 $f(z)$ を解析接続しようとするとき V_1 や V_2 にまでは

解析接続はできるのですが，$V_1 \cup V_2 = \mathbf{C} - \{0\}$ にまでは解析接続できないことがわかります．

本来定義域が V_1 や V_2 にまで延長できるのに U を含まない連結成分が存在するために定義域がその合併である $V_1 \cup V_2$ にまで延長できなくなる不都合を解消するために，V_1 と V_2 を U を含む連結成分だけで貼り合わせてできるもの X を考えることにします．上の例ではこうすることにより X 上の「正則関数」$f(z)$ が得られることになります．

2 リーマン面と正則関数，有理型関数

上の X のように複素平面の開集合を貼り合わせて得られるものをもう少し一般化して考えたほうがいろいろと都合がよさそうです．貼り合わせてできたものについては，複素平面の開集合のときと同様に「正則関数」が定義できて，一致の原理などの正則関数の性質が成り立つようにしたいわけです．

このような要求のもとにリーマン面 (Riemann surface) というものが誕生しました．基本となる複素平面内の開集合を，正則関数を使って貼り合わせて得られる空間としてリーマン面を定義します．

定義 1　X を連結位相空間，$X = \cup_{i \in I} U_i$ をその開被覆とする．X がリーマン面であるとは I の元 i のそれぞれに対して同相写像 $\varphi_i : U_i \to W_i$ が与えられていて次の性質を持つことである．

(1) W_i は $\mathbf{C}$ の開集合である．

(2) 任意の i, j に対して

$$\varphi_i(U_i \cap U_j) \xrightarrow{\varphi_i^{-1}} U_i \cap U_j \xrightarrow{\varphi_j} \varphi_j(U_i \cap U_j)$$

は $\varphi_i(U_i \cap U_j)$ 上の正則関数である．

このとき同相写像 φ_i によって X の開集合 U_i は W_i と同一視でき，その**複素座標** (complex coordinate) を（複素）**局所座標** (local coordinate) といいます．

リーマン面内の開集合 U に対して，U 上の複素数値関数 f が**正則関数** (holomorphic function) であることを次のようにして定義します．

定義 2　f が正則関数であるとは，各 i に対して，合成写像 $\varphi_i(U_i \cap U) \xrightarrow{\varphi_i^{-1}} $

$U_i \cap U \xrightarrow{f} \mathbf{C}$ が $\varphi_i(U_i \cap U)$ 上の正則関数となることである．

U を X の開集合とします．$\mathbf{C}$ の開集合 W が存在して，$\varphi_U : U \to W$ が同相な正則写像となるとき，この写像も U の局所座標ということにします．こうすると，X の任意の点 x に対して x の近傍 U とそこでの局所座標 $f : U \to D$ であって，$f(x) = 0$, $D = \{z \mid |z| < 1\}$ となるものがとれることがわかります．このとき f あるいは W の座標 z を x における**局所パラメータ** (local parameter) といいます．こうすると，正則関数が持っていた性質，つまり局所パラメータを用いてテーラー展開ができることや，定理 3 と同じ形の一致の定理が成り立つことがわかります．通常，とくに断らないかぎり，X は第 2 可算公理とハウスドルフ性をみたすことを暗黙のうちに仮定します．**複素多様体** (complex manifold) に関することをご存知の方は，リーマン面とは 1 次元の複素多様体である，と言い換えることもできます．

リーマン面 X は複素平面 $\mathbf{C}$ を 2 次元のユークリッド空間 $\mathbf{R}^2$ と思うことにより，2 次元の C^∞ **多様体** (C^∞-manifold) と思うことができます．したがって，X 上の C^∞ 写像などの概念が定まることになります．正則写像は複素平面から複素平面への写像と見たときに向きを保っていますから，リーマン面は**向き付け可能な多様体** (orientable manifold) になることがわかります．X には C^∞ 多様体の構造があるので微分形式が定義されます．微分形式については第 4 節で詳しく取り扱うことにします．

リーマン面の例をあげましょう．まず複素平面やその開集合はリーマン面です．これらはコンパクトではありません．コンパクトなリーマン面の例として**射影直線** $\mathbf{P}^1$ (projective line) があげられます．これは z, w という 2 つの複素座標を持つ 2 つの複素平面 H_1, H_2 を，それらの開集合 $U_1 = \{z \in H_1 \mid z \neq 0\} \subset H_1$, $U_2 = \{w \in H_2 \mid w \neq 0\} \subset H_2$ の間の同相写像

$$U_1 \xrightarrow{\cong} U_2 : z \mapsto w = \frac{1}{z}$$

によって貼り合わせたものとします．これは 2 次元球面と同相になり，コンパクトなリーマン面となります．$w = 0$ に対応する点は $z = \infty$ となる点と思うことができます．つまり複素平面 $\mathbf{C}$ に 1 点 $z = \infty$ を付け加えて**コンパクト化** (compactification) したものと思うことができます．

定義 3（有理型関数） X をリーマン面として S を X の中の離散集合とする．f を $X - S$ 上の正則関数とする．f が**有理型関数** (meromorphic function) であるとは，S の各点 s において，s の近傍 U_s で定義された正則関数 $g, h\,(h \not\equiv 0)$ が存在して $U_s - \{s\}$ 上で $f = \dfrac{g}{h}$ の形に表されることである．

f を X の有理型関数として，上の記号を用いて，$s \in S$ とすると，f は極の位数が有限の**ローラン級数** (Laurent series) の形に書くことができます．したがって $f(z)$ が 0 でない有理型関数であれば，s を X の任意の点とし，z を s における局所パラメータとして，適当な整数 m を取ることにより，s の周りで f は

$$f(z) = \sum_{i \geq m} a_i z^i \quad (a_m \neq 0)$$

という形に書けます．ここに現れる m を f の s における**位数** (order) といい，$\mathrm{ord}_s(f)$ と書きます．これは局所パラメータの取り方によらないことがわかります．

3　超楕円曲線

もう少しリーマン面らしい代表的な例をこの節ではあげることにしましょう．g を 1 以上の整数とします．$a_1, a_2, \ldots, a_{2g+2}$ を異なる複素数とします．以下話を見やすくするために $a_1, \ldots, a_{2g+2}$ はすべて実数で $a_1 < a_2 < \cdots < a_{2g+2}$ であるとしましょう．これは複素平面上で図 1 のようになります．

ここで複素平面から $g+1$ 個の区間 $[a_1, a_2], \ldots, [a_{2g+1}, a_{2g+2}]$ を取り除いてできたものを X_1 とし，X_1 のコピー X_2 を用意します．さらにこれらを貼

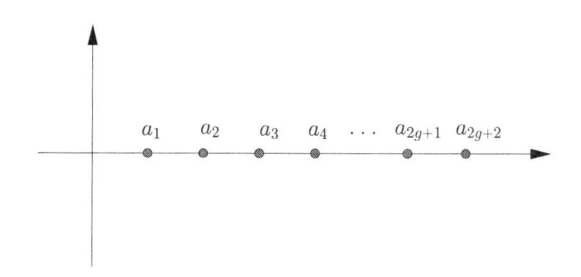

図 1　複素平面内の $2g+2$ 個の点

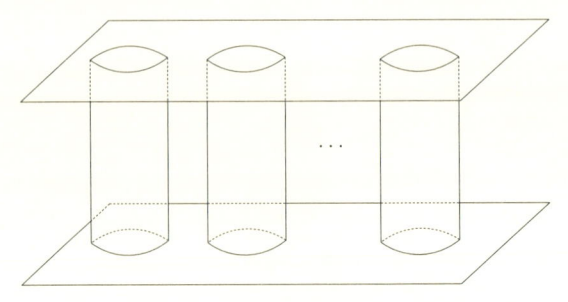

図 2 2つの複素平面を貼り合わせる

り合わせるために必要な「のりしろ」にあたるもの

$$D_1^{(i)} = \{(x,y) \mid x \in (a_{2i-1}, a_{2i}), y \in (-\epsilon, \epsilon)\} \quad (i = 1, \ldots, g+1)$$

とそのコピー $D_2^{(i)}$ を用意します．$D_1^{(i)}$ の $y > 0$ の部分と X_1 において対応する部分を貼り合わせ，$y < 0$ の部分と X_2 において対応する部分を貼り合わせます．$D_2^{(i)}$ についても同様に $y < 0$ の部分と X_1 において対応する部分を貼り合わせ，$y > 0$ の部分と X_2 において対応する部分を貼り合わせます．

のりしろをわざわざ用意したのは，開集合で貼り合わせるという定義に基づいた作り方をするためです．直観的には X_1 における切り口 $[a_{2g-1}, a_{2g}]$ の上部と X_2 における切り口 $[a_{2g-1}, a_{2g}]$ の下部を貼り合わせることになります．位相的にどのような形をしているかを見るためには図 2 のように X_1, X_2 を貼り合わせるときにそのうちの 1 つ X_1 をひっくり返して貼り合わせる形になります．

こうするとリーマン面 X^0 ができます．$z = a_1, \ldots, a_{2g+2}$ は X_1, X_2 の両方から除かれていますが，$z = a_i$ に 1 点だけを埋めて X_aff を作ります．そのためには $z = a_i$ の周りでは

$$w^2 = (z - a_1)(z - a_2) \cdots (z - a_{2g+2}) \tag{1}$$

となるような w を X^0 上で考えて，$w = 0$ がそこでの局所座標になるようにします．実際，X^0 上の連続関数 w が X_1 における $\{(x, 0) \mid x > a_{2g+2}\}$ の近傍において w の実部が正になるようにして定まり，w が X^0 上で正則関数になることがわかります．X_1 と X_2 では w の符号が異なるので X^0 の点を

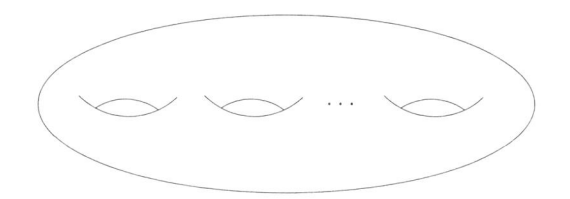

図 3 位相空間としてのリーマン面

表すのに 2 つの正則写像 x, w を用いて (x, w) というように表すことができます．

さらに前の節のように X_1 あるいは，X_2 における z に対して $z = \infty$ に対応する点 ∞_1 あるいは ∞_2 を付け加えます．こうしてできたものを X とするとこれはコンパクトなリーマン面になります．つまり，この表示では 2 つの無限遠点を付け加えてコンパクト化したことになります．このコンパクトなリーマン面を**超楕円曲線** (hyperelliptic curve) といいます．リーマン面なのに「曲線」という名前がついています．コンパクト化したものを位相的に考えるならば，図 3 のようになります．

ここで g は**種数** (genus) と呼ばれる数で，図 3 で見れば，X には g 個の穴が開いているように見えます．この g は次節以降でわかるように，一般にコンパクト・リーマン面に対しても定義できます．g が 1 の場合の超楕円曲線は**楕円曲線** (elliptic curve) といいます．このとき位相的にはトーラス，つまり $S^1 \times S^1$ と微分同相になります．この同相を考えるにはリーマン面上の正則微分の線積分を考えるとわかりやすいのですが，これについては第 7 節で述べることにします．

さて X_{aff} の点 (z, w) に対して z を対応させることにより，X_{aff} から $\mathbf{C}$ への正則関数ができます．この写像 f はコンパクト化されたリーマン面 X からリーマン面 $\mathbf{P}^1$ への連続写像に延長されるのですが，これはリーマン面の**正則写像** (holomorphic map) と呼ばれるものの例になっています．$z \neq a_1, \ldots, a_{2g+2}$ では f の逆像は 2 点となりますが，$z = a_1, \ldots, a_{2g+2}$ においてはその逆像は 1 点だけになります．$\mathbf{P}^1$ における $z = a_1, \ldots, a_{2g+2}$ を**分岐点** (branching point) といいます．$f : X \to \mathbf{P}^1$ は分岐点を持つ被覆なので，**分岐被覆** (branched covering) といいます．

4 正則微分形式と線積分,種数

さてリーマン面が定義できたところでリーマン面上の**微分形式** (differential form) について述べることにしましょう.リーマン面は第2節で述べたように C^∞ 多様体になっているので,C^∞ 多様体としての微分形式を考えることができます.U をリーマン面 X の開集合で z をそこでの複素局所座標とします.$z = x + iy$ とおくと (x, y) は C^∞ 多様体としての局所座標になりますから,U における 1 次の微分形式は U 上の C^∞ 関数 $u(x, u), v(x, y)$ を用いて $u(x, y)dx + v(x, y)dy$ の形に書くことができます.ここで係数となっている $u(x, y), v(x, y)$ は実数値関数,あるいは複素数値関数ですが,以下断りのない限り複素数値の C^∞ 関数を指すこととします.そのときは基底 dx, dy を $dz = dx + idy, d\bar{z} = dx - idy$ と取り換えることもできます.z に関する正則な同相写像 $w = w(z)$ で変数変換したときの変換公式は w で与えられる正則写像を φ とするとき,

$$\varphi^*(dw) = \frac{\partial w}{\partial z}dz, \quad \varphi^*(d\overline{w}) = \frac{\partial \overline{w}}{\partial \bar{z}}d\bar{z}$$

となります.ここで

$$\frac{\partial}{\partial z} = \frac{1}{2}\left(\frac{\partial}{\partial x} - i\frac{\partial}{\partial y}\right), \quad \frac{\partial}{\partial \bar{z}} = \frac{1}{2}\left(\frac{\partial}{\partial x} + i\frac{\partial}{\partial y}\right)$$

とおきました.X 上に定義された 1 次の微分形式が $(1, 0)$ **形式** ($(1, 0)$-form) であるという性質を各複素座標について $f(x, y)dz$ という形で書ける,というように定義すれば,この定義は複素座標の取り方によらないことが結論されます.さらに $(1, 0)$ 形式が複素座標を用いて $f(z)dz = f(x, y)dz$ と表したときに $f(z)$ が正則関数になるという性質を考えると,この性質も複素座標の取り方によらない性質になります.この性質を持つ微分形式を(1 次)**正則微分形式** (holomorphic differential form) といいます.

いま γ を X 上の向き付けられたなめらかな曲線とすると,リーマン面についても次のコーシーの積分定理が成り立ちます.

定理 4 p, q を X の 2 点として,γ_1, γ_2 を p を始点,q を終点とするなめ

らかな曲線とする．さらに γ_1 と γ_2 が X の中で連続変形可能であるとする．
(このようなとき2つの曲線は X の中でホモトープであるという．) さらに η を X 上の正則微分形式とする．このとき

$$\int_{\gamma_1} \eta = \int_{\gamma_2} \eta$$

が成り立つ．

　定理1で述べたコーシーの積分定理は，単連結領域内の閉曲線上の複素積分に関する定理でしたが，積分する道が可縮であればこの定理が成立することに注意します．上の定理は，道 γ_1 が γ_2 に連続変形可能なときは，γ_1 の後に γ_2 の逆向きの道をつなげることによって得られる道が可縮であることと，定理1から従うのです．

　定理4により，X の1次の**整係数ホモロジー群** (integral homology) $H_1(X, \mathbf{Z})$ の元は正則微分形式全体のなすベクトル空間 $\Omega^1(X)$ 上の **C**-線形形式を与えることになります．

　さて正則微分形式を定義したところで前の節で定義したコンパクト・リーマン面である超楕円曲線の場合はどうなっているかを考えてみましょう．まず i を0以上の整数として，X^0 上の微分形式 ω_i を $\omega_i = \dfrac{z^i}{w}dz$ によって定義します．X の上で成り立っている等式 (1) の外微分をとり，

$$2wdw = \frac{d}{dz}\big((z-a_1)\cdots(z-a_{2g+2})\big)dz$$

となるので

$$\frac{2dw}{\dfrac{d}{dz}((z-a_1)\cdots(z-a_{2g+2}))} = \frac{dz}{w}$$

となり，$z = a_1, \ldots, a_{2g+2}$ においても $\dfrac{dz}{w}$ は1次正則微分形式になることがわかります．無限遠点での正則性についても同様に変数変換して考えることにより，$i = 0, \ldots, g-1$ であれば X 全体での正則微分形式が得られることがわかります．したがって X には **C** 上独立な1次の微分形式が g 個は存在することになります．実際1次の正則微分形式の空間の次元が g となることもわかります．

定義4　コンパクト・リーマン面の1次の正則微分形式の空間を $\Omega^1(X)$ と書くと，これは有限次元となる．その次元を X の**種数**といい $g = g(X)$ と表す．

5 因子と因子類群と正則直線束

さて再び一般のリーマン面に話を戻しましょう．リーマン面に関して様々な性質を考えるためには，リーマン面上のいくつかの点において与えられた極や零点を持つ有理型関数（定義 3）をたくさん作るのが有効です．そのためには因子群と因子類群やそれに対応する直線束を考えることが基本的なので，この節ではこれらに関する定義と性質を考えましょう．直線束は有理型関数をいれるための入れ物だと思えばよいと思います．目的はリーマン面のいくつかの点とそこでの極（あるいは零点）の位数を指定してその位数以下の極を持つ有理型関数のなす複素ベクトル空間がどれくらいあるのかを考えるところにあります．

ここでは X をコンパクト・リーマン面とします．X の**因子** (divisor) を X の点の整係数の形式的な有限 1 次結合として定義します．つまり

$$D = \sum_{i=1}^{m} a_i [p_i] \tag{2}$$

と表されるものです．ここで p_i ($i=1,\ldots,m$) は互いに異なる X の点で a_i は整数です．係数の和を考えることにより，因子の全体は加群の構造が入ります．この加群を $\mathrm{Div}(X)$ と書き，**因子群** (divisor group) といいます．

0 でない有理型関数 f に対して，

$$S(f) = \{s \in X \mid f = 0 \text{ または } f = \infty\}$$

とおくと S はコンパクト集合 X 内の閉離散集合になるので，有限集合になります．したがって (f) を

$$(f) = \sum_{s \in S(f)} \mathrm{ord}_s(f)[s]$$

と定めると，$\mathrm{Div}(X)$ の元を定めます．これを f によって定まる**主因子** (principal divisor) といいます．f, g をともに 0 でない有理型関数とすると，fg も 0 でない有理型関数であり，$(fg) = (f) + (g)$ となるので，

$$P(X) = \{(f) \mid f \text{ は } 0 \text{ でない } X \text{ の有理型関数}\}$$

とおくと，これは Div(X) の部分加群となります．これを**主因子群** (principal divisor group) といいます．さらに商群 Div(X)/$P(X)$ を**因子類群** (divisor class group) といい Cl(X) と書きます．

さて (2) の形の因子 D に対して，その次数 deg(D) が deg(D) = $\sum_{i=1}^{m} a_m$ として定まります．$S(f)$ の点 s に対して s の周りを正の向きに回る小さいループ C_s をとれば，
$$\frac{1}{2\pi i}\int_{C_s}\frac{df}{f} = \mathrm{ord}_s(f)$$
となることと，コーシーの積分公式を用いることにより，deg(f) = 0 となることがわかります．したがって，deg は Cl(X) から $\mathbf{Z}$ への準同型を誘導することがわかります．この準同型 deg を**次数写像** (degree map) といい，Cl$^0(X)$ を次数写像の核
$$\mathrm{Cl}^0(X) = \ker(\deg : \mathrm{Cl}(X) \to \mathbf{Z})$$
とします．因子群や主因子群は，例えば与えられた有限点集合に，与えられた整数以上の位数を持つような有理型関数の全体のなすベクトル空間を考えるのに用いることができます．それらの関係を述べるには，次に述べる直線束と因子群の関連が重要になってきます．

リーマン面の**正則直線束** (holomorphic line bundle) とは X の開被覆 $X = \cup_{i\in I} U_i$ をとり，$U_i \times \mathbf{C}$ の合併を考えて $U_i \times \mathbf{C}$ の中の部分集合 $(U_i \cap U_j) \times \mathbf{C}$ と，$U_j \times \mathbf{C}$ の中の部分集合 $(U_i \cap U_j) \times \mathbf{C}$ を $U_i \cap U_j$ 上の可逆な正則関数 f_{ij} を用いて
$$U_j \times \mathbf{C} \supset (U_i \cap U_j) \times \mathbf{C} \ni (z,l) \mapsto (z, f_{ij} \cdot l) \in (U_i \cap U_j) \times \mathbf{C} \subset U_i \times \mathbf{C}$$
という形で貼り合わせたものです．ただし，f_{ij} に関しては，貼り合わせのための条件 $f_{ii} = 1$ と $U_i \cap U_j \cap U_k$ 上では $f_{ij}f_{jk} = f_{ik}$ がみたされているものとします．2 つ目の貼り合わせ条件は異なる 3 つの添え字 i,j,k に対して $U_i \cap U_j \cap U_k = \emptyset$ であればいらないことになります．さらに 1 つの開被覆に対して $\{f_{ij}\}$ という可逆な正則関数族で貼り合わせて得られた直線束 L と $\{g_{ij}\}$ で貼り合わせて得られた直線束 M が正則同型であるとは，各 i に対して U_i 上の可逆な正則関数 h_i が存在して，各 i,j に対して，$h_i f_{ij} = g_{ij} h_j$ が $U_i \cap U_j$ 上で成り立つことであると定義します．実際にこのとき，L と M は U_i 上に

おいて定義される L から M への同型写像 $(z,l) \mapsto (z, h_i l)$ が X 全体上の同型写像として貼り合わさることがわかります．

ここまで X の開被覆を 1 つ固定して考えましたが，1 つの開被覆 $\mathcal{U}$ に関する直線束は開被覆 $\mathcal{U}$ の細分 $\mathcal{U}'$ を考えれば $\mathcal{U}'$ に関する直線束にもなっています．開被覆を細かくすることによって得られる直線束も同型であるように直線束の同型類を定義します．直線束の同型類をリーマン面 X の**ピカール群**（Picard group）と呼び，$\text{Pic}(X)$ と書きます．いま $\mathcal{U} = \{U_i\}_{i \in I}$ に関して $\{f_{ij}\}$ という貼り合わせ関数で得られた直線束 L と $\{g_{ij}\}$ という貼り合わせ関数で得られた直線束 M があるとき，そのテンソル積 $L \otimes M$ を $\{f_{ij} \cdot g_{ij}\}$ という貼り合わせ関数で得られた直線束として定義することにします．細分に関する同値類で考えると，テンソル積を演算として $\text{Pic}(X)$ は加群になることがわかります．

因子 D に対して直線束 $L(D)$ を次のようにして構成します．まず，因子 D を $D = \sum_{i=1}^m a_i [p_i]$ と表し，そこに現れる各 p_i の近傍 U_i を十分小さくとります．さらに U_i 上の有理型関数 h_i で p_i 以外では可逆で $\deg_{p_i}(h_i) = a_i$ になるものをとります．直線束 $L(D)$ を定義するには，X の開被覆として $X = (\cup_i U_i) \cup U$, $U = X - \cup_i \{p_i\}$ をとり，貼り合わせを

$$U \times \mathbf{C} \supset (U \cap U_i) \times \mathbf{C} \ni (z, l) \mapsto (z, h_i l) \in (U \cap U_i) \times \mathbf{C} \subset U_i \times \mathbf{C}$$

という同相写像により定めます．このとき因子 D と D' の差が主因子であれば，$L(D)$ と $L(D')$ は直線束として同型であることがわかります．さらに直線束 $L(D + D')$ は直線束 $L(D)$ と直線束 $L(D')$ のテンソル積になることがテンソル積の定義と $L(D)$ を構成するときの貼り合わせ関数の作り方からわかりますから，

$$\Phi : \text{Cl}(X) \to \text{Pic}(X) \tag{3}$$

という準同型が得られることがわかります．次に述べるようにリーマン面はいつでも代数曲線になることを用いると，(3) は同型であることが証明できます．

6　有理型関数の存在と代数曲線

ここまでコンパクトなリーマン面について話をしてきました．コンパクト・リーマン面についての重要な性質として定数ではない有理型関数の存在が知られています．この事実は関数解析的な手法を用いて示すことができます．様々な証明が知られていますが，どの証明もある部分は解析的な手法をさけては通れないものです．ただいったん有理型関数の存在が証明されれば，$\mathbf{P}^1$ の被覆としてとらえることができ，さらに代数的な操作で多くの部分を考察することができます．

7　曲線のヤコビアンとアーベルの定理

紙数も残り少なくなってきてしまいました．極あるいは零点のある場所と位数を与えたときに，そのデータを実現するような有理型関数が存在するかどうかを線積分の様子によって特徴付ける，**アーベルの定理** (Abel's theorem) について述べることにしましょう．上で述べた問題を因子を用いて定式化すると次のようになります．

問題 1　$D = \sum_{i=1}^{m} a_i[p_i]$ を X の因子で $\deg(D) = 0$ とする．このとき $(f) = D$ となる f が存在するか？

まずはリーマン面の**ヤコビアン** (Jacobian) を定義しましょう．$\Omega^1(X)$ を X の正則微分形式の空間とします．種数の定義により $\Omega^1(X)$ は g 次元の複素ベクトル空間になります．$\Omega^1(X)$ の $\mathbf{C}$ ベクトル空間としての双対空間を $(\Omega^1(X))^*$ と書きます．X の 1 次の整係数ホモロジー群 $H_1(X, \mathbf{Z})$ の元 γ は，定理 4 で述べた線積分により $\Omega^1(X)$ 上の線形形式を与えますから，

$$\iota : H_1(X, \mathbf{Z}) \to (\Omega^1(X))^*$$

という写像が定義されます．実は ι は単射で，像は離散部分群になっていて，ι の余核

$$J(X) = \frac{(\Omega^1(X))^*}{H_1(X, \mathbf{Z})}$$

はコンパクトになっていることがわかります．言い換えれば複素次元が g の**複素トーラス** (complex torus) になっていることになります．このことから，例えば $H_1(X, \mathbf{Z})$ の $\mathbf{Z}$ 上の階数が $2g$ になることがわかります．さらにそれを $\mathbf{R}$ まで係数拡大した $H_1(X, \mathbf{R})$ を考えれば，ι から誘導される写像 $\iota : H_1(X, \mathbf{R}) \to (\Omega^1(X))^*$ は実ベクトル空間の同型を与えることもわかります．この複素トーラス $J(X)$ を X のヤコビアンといいます．

次に，このヤコビアンを用いて**アーベル・ヤコビ写像** (Abel-Jacobi map) $X \to J(X)$ を定義しましょう．そのためにまず X の起点 b を決めて固定します．p を X の点とします．b を起点として p を終点とする道 γ をとります．ω に対して複素数

$$I_\gamma(\omega) = \int_\gamma \omega$$

を対応させる $\Omega^1(X)$ 上の 1 次形式 I_γ を考えると $(\Omega^1(X))^*$ の元が定まります．このとき 1 次形式 I_γ は γ の取り方によりますが，b を起点として p を終点とする別の道 γ' をとるとその差 $\gamma - \gamma'$ は X の中の閉じた道になるので，$H_1(X, \mathbf{Z})$ の元を定めることになります．したがって $I_\gamma - I_{\gamma'}$ によって定まる $\Omega^1(X)$ 上の 1 次形式は $H_1(X, \mathbf{Z})$ の像に入っていることになります．このことから I_γ と $I_{\gamma'}$ は $H_1(X, \mathbf{Z})$ に関する剰余類を考えれば $J(X)$ では同じ元を定めていることがわかり，したがって p のみによることがわかります．I_γ の類を $\iota(p)$ としてアーベル・ヤコビ写像を定義します．

アーベル・ヤコビ写像を局所的に見ると，正則関数の複素積分によって決めていますから，$J(X)$ に複素多様体の構造を入れれば，アーベル・ヤコビ写像は正則写像になります．この写像を $\mathbf{Z}$ 線形に

$$j_X : \mathrm{Div}(X) \to J(X) : \sum_{i=1}^m a_i[p_i] \mapsto \sum_{i=1}^m a_i \iota(p_i)$$

と延長します．ここで $J(X)$ における和は複素トーラスとしての和を考えています．この写像 j_X もアーベル・ヤコビ写像といいます．

この写像を $\mathrm{Div}^0(X) = \ker(\mathrm{Div}(X) \xrightarrow{\deg} \mathbf{Z})$ に制限すると，起点 b の取り方によらない写像になります．ここまで準備をするとアーベルの定理は次のように述べることができます．アーベルの定理により，因子 D がいつ主因子になるかが判定できることになります．

定理 5（アーベルの定理） $D \in \mathrm{Div}^0(X)$ が主因子になるために必要十分条件は $j_X(D) = 0$ となることである．

アーベルの定理において主因子であれば $j_X(D) = 0$ となるほうは，上の写像 $\mathrm{Div}^0(X) \to J(X)$ が写像 $\overline{j}_X : \mathrm{Cl}^0(X) \to J(X)$ を通して導かれることを示しています．さらに $j_X(D) = 0$ であれば主因子であることはこの写像 $\overline{j}_X$ が単射であることをいっています．実際 $\overline{j}_X$ は全射でもあるので，$\overline{j}_X$ は同型になります．

本講では，複素平面上の正則関数の解析接続から出発して，1 次元の複素多様体であるリーマン面を考えることの必要性を説明しました．リーマン面がコンパクトなときは，その上の有理型関数で与えられた極や零点を持つものがあるかどうかが，周期積分を用いて判定できることになります．有理関数の存在という複素関数論的な性質が周期積分という幾何学的な性質と結びついていることがわかります．

用語集

複素解析

- ローラン級数：原点の近傍の原点以外の点で定義された正則関数で有限の極を持つ関数は $\sum_{i=-n}^{\infty} a_n z^n$ の形に展開される．これを（有限の）ローラン級数という．

多様体論，位相幾何

- 微分形式：多様体の開被覆 U_i と U_i の局所座標 $x^{(i)} = (x_1^{(i)}, \ldots, x_n^{(i)})$ をとったとする．そのとき，各開集合上で，局所座標を用いて形式的に $\omega^{(i)} = \sum_{m=1}^{n} f_m(x)^{(i)} dx_m^{(i)}$ と表されるベクトル値 C^∞ 関数の組 $\omega^{(i)}$ が $f_l^{(i)} = \sum_l f_m^{(j)} \dfrac{\partial x_m^{(j)}}{\partial x_l^{(i)}}$ という関係式をみたすとき，1 次の微分形式という．次数の高い微分形式は外積代数とその基底変換の規則を用いて定義される．

- 整係数ホモロジー群：n 次元標準単体から多様体への連続写像を特異 n 単体と呼び，その整係数 1 次結合を特異 n 次チェインという．n 次チェイ

ンに対して境界を考えることにより $(n-1)$ 次チェインを考えることができるがこれを境界作用素という．境界作用素を作用させると 0 になるチェインを閉じたチェインといい，境界作用素の像となるチェインを完全なチェインという．完全なチェインは閉じたチェインになることがわかる．n 次の閉じたチェインの完全なチェインによる剰余類を n 次整係数（特異）ホモロジーという．

● 複素トーラス：複素数ベクトル空間の有限生成アーベル部分群による商空間を考える．その商空間がハウスドルフ空間であって，コンパクトであるときにそれを複素トーラスという．1 次元の複素トーラスは楕円曲線でこれは代数多様体になる．2 次元以上の複素トーラスには代数多様体にならないものが多く存在する．代数多様体になるための必要十分条件はこれが偏極可能であるという条件で特徴付けされ，そのときにはアーベル多様体であるといわれる．ヤコビアンはアーベル多様体になっている．

参考書

・小木曽啓示『代数曲線論』朝倉書店（2002 年）

　複素関数論の知識をもとに，丁寧にリーマン面についての基本定理を導いている．関数解析とコホモロジーを用いた，コンパクト・リーマン面上の有理関数の存在証明に詳しい．

・今野一宏『リーマン面と代数曲線』共立出版（2015 年）

　コホモロジー論によらないリーマン面の解説として読みやすい．著者の専門の射影幾何との関連が特徴的である．

・岩澤健吉『代数函数論　増補版』岩波書店（1973 年）

　閉リーマン面の第一種微分（正則微分），第二種，第三種微分（有理微分）に関するアーベル積分について詳しい．古典的ではあるが内容は高度である．

・H. ワイル（田村二郎訳）『リーマン面』岩波書店（1974 年）

　リーマン面の厳密な扱いに関する最初の成書である．ディリクレの原理に始まり，リーマン・ロッホやアーベルの定理なども証明される．コホモロジーのない時代で，様々に施された工夫がみてとれる．

第3講　代数幾何
——数え上げ幾何学

戸田幸伸

　きょうは数え上げ幾何学と呼ばれるものについて話をします．大雑把にいうと，これは空間の上の点とか直線といった幾何的な対象の数の性質を調べることを指します．多くの場合でこれらはきれいな性質を持ち，代数幾何だけではなく表現論，組み合わせ論，数理物理など様々な分野で重要な役割を果たします．古典的な数え上げ問題から出発して，最先端の理論に少し触れることにします．

1　数え上げ問題

まずは，次の問題を考えてみましょう．

問題 1　平面上に円と直線が与えられています．このとき，この円と直線両方に載っている平面上の点はいくつ存在しますか？

　これは実際に図を書いてみると，すぐに分かりますね．円と直線の配置によって，2 点の場合，1 点の場合，そして 0 点の場合と 3 通りの可能性があります．しかし，解答に場合分けが必要だというのはあまりすっきりしませんね．できることなら，場合分けのいらないすっきりとした解答が欲しいものです．数学においては，このように解答がすっきりしない問題というのは本来問うべき正しい問題ではないということがしばしばあります．

　そこで，上の幾何的な問いを代数的な問いに置き換えて考えてみましょう．まず平面座標を (x, y) として，円と直線の方程式をそれぞれ

$$x^2 + y^2 = 1, \ y = ax + b \tag{1}$$

と書くことにします．ここで a と b は実数です．すると，問題 1 は (1) の共

通解の個数はいくつですか，という問いと同じです．(1) の右の式を左の式に代入することで，問題 1 は 2 次方程式

$$x^2 + (ax+b)^2 = 1 \tag{2}$$

に解がいくつ存在しますか，という問いに還元されます．2 次方程式の解の個数はその判別式

$$D = a^2 - b^2 + 1$$

による場合分けで異なります．$D > 0$ なら解の個数は 2 つ，$D = 0$ なら解の個数は 1 つ，そして $D < 0$ なら解の個数は 0 です．

そこで「(1) の共通解の個数はいくつですか？」という問題をうまく変えて，解答が場合分けに依存しないようにするにはどうすれば良いでしょうか？まず，共通解の個数の定義を変えて，共通解が重根を持つ場合はその重複度ぶんだけ解があることにしましょう．すると，場合分けが少し減ります．判別式 $D = 0$ の場合は 2 重根を持つため，解の個数は 2 つと数えます．よって $D \geq 0$ なら解は 2 つ，$D < 0$ なら解なしです．

それでもまだ，2 通りの場合分けが存在しています．$D < 0$ の場合を考えてみましょう．このとき，方程式 (2) を解くと

$$x = \frac{-ab \pm \sqrt{-D}i}{1+a^2} \tag{3}$$

となります．つまり，解は複素数値を取り，その個数は 2 つです．そこで考察範囲を複素数まで拡張した次の問題を考えます．

問題 2 $\mathbb{C}^2$ 内の円と直線

$$\{(x,y) \in \mathbb{C}^2 : x^2 + y^2 = 1\}, \{(x,y) \in \mathbb{C}^2 : y = ax+b\}$$

両方に載っている $\mathbb{C}^2$ 内の点はいくつ存在しますか？

これまでの議論から，答えは常に 2 になりそうです．これは，a, b が実数の場合は確かにそうなります．しかし，考える範囲を複素数まで拡張したため，$\mathbb{C}^2$ 内の直線も a, b が複素数値を取り得るようにしなければいけません．

すると，$a^2+1=0$，つまり $a=\pm i$ の場合 (3) が意味を成しません．例えば $(a,b)=(\pm i,0)$ の場合，問題 2 の答えは解なしになってしまいます．実際，$b=0$ とおいて a を $\pm i$ に近づけていくと解 (3) は無限遠点に発散してしまいます．こういったことが起こるのは $\mathbb{C}^2$ がコンパクトではないことに起因していますので，$\mathbb{C}^2$ のコンパクト化上で問題 2 を考察するべきです．

2　複素射影空間

より一般に $\mathbb{C}^n$ のコンパクト化である複素射影空間 $\mathbb{P}^n$ を定義しましょう．まず，集合として $\mathbb{P}^n$ は

$$\mathbb{P}^n = \{\mathbb{C}^{n+1} \text{の 1 次元部分ベクトル空間全体}\}$$

と定義されます．これは次のようにも記述できます．

$$\mathbb{P}^n = (\mathbb{C}^{n+1} \setminus \{0\})/\mathbb{C}^*.$$

ここで $(x_0,\cdots,x_n)$ と $(y_0,\cdots,y_n)$ は $\lambda\in\mathbb{C}^*=\mathbb{C}\setminus\{0\}$ が存在して $x_i=\lambda y_i$ となるときに同一視しています．$\mathbb{C}^{n+1}$ の位相から誘導される位相が $\mathbb{P}^n$ に入りますので，これにより $\mathbb{P}^n$ はコンパクトな位相空間となります．$\mathbb{C}^{n+1}\setminus\{0\}$ の点 $(x_0,\cdots,x_n)$ の同値類を $[x_0:\cdots:x_n]$ と記述します．開集合 $U_i\subset\mathbb{P}^n$ を

$$U_i = \{[x_0:\cdots:x_n]\in\mathbb{P}^n : x_i\neq 0\}$$

と置きます．すると $\mathbb{P}^n$ は $\cup_{i=0}^n U_i$ と U_i 達で覆われます．また，各 U_i は対応

$$(z_1,\cdots,z_n)\mapsto [z_1:\cdots:z_{i-1}:1:z_i:\cdots:z_n]$$

が定める写像 $\mathbb{C}^n\to U_i$ によって $\mathbb{C}^n$ と同一視されます．つまり，$\mathbb{P}^n$ は $n+1$ 個の $\mathbb{C}^n$ を貼り合わせたものといえます．

ここで，問題 2 を $\mathbb{P}^2$ 上で考えてみましょう．問題 2 における $\mathbb{C}^2$ を $U_0\subset\mathbb{P}^2$ と同一視して，$\mathbb{C}^2$ 内の円と直線の $\mathbb{P}^2$ 内における閉包を取ります．すると，これらはそれぞれ次の式で記述されます．

$$\{[x_0:x_1:x_2]\in\mathbb{P}^2 : x_0^2 = x_1^2 + x_2^2\}, \tag{4}$$

$$\{[x_0:x_1:x_2]\in\mathbb{P}^2 : x_2 = ax_1 + bx_0\}. \tag{5}$$

式 (4) で定義される $\mathbb{P}^2$ 内の閉集合は**非特異 2 次曲線** (smooth conic) と呼ばれます．式 (5) を一般化して，$[\alpha : \beta : \gamma] \in \mathbb{P}^2$ で定まる $\mathbb{P}^2$ の閉集合

$$\{[x_0 : x_1 : x_2] \in \mathbb{P}^2 : \alpha x_0 + \beta x_1 + \gamma x_2 = 0\}$$

は単に直線と呼ばれます．問題 1, 2 を $\mathbb{P}^2$ 上で考察した次の問題を考えます．

問題 3 $\mathbb{P}^2$ 内に非特異 2 次曲線と直線が与えられています．このとき，この 2 次曲線と直線両方に載っている $\mathbb{P}^2$ 上の点はいくつ存在しますか？

すると，この答えは直線の取り方に依らず常に 2 になります．実際，例えば (4) と (5) の交点は $a = i, b = 0$ のときは $[0 : 1 : i]$ で 2 重点になります．そのため，問題 3 こそ本来問うべき正しい問題であるといえます．

問題 1 から問題 2，そして問題 2 から問題 3 へと移行する際に行ったことを思い返してみましょう．問題 2 では考える範囲を実数から複素数にしました．複素数は**代数的閉体** (algebraically closed field) といってそれを係数とする多項式は必ずその中に解を持ちます．問題 3 では考える範囲を非コンパクトな空間からコンパクトな空間にしました．そのため，$\mathbb{P}^n$ のように代数的閉体上で定義されているコンパクトな空間上での，問題 3 のような「数え上げ問題」は常に理想的な答えを持つと期待できます．

3 数え上げ不変量

しかし，残念ながら上で述べたことは必ずしも正しいとは言い切れません．問題 3 では非特異 2 次曲線を考えましたが，これを一般化した **2 次曲線** (conic) を

$$\{[x_0 : x_1 : x_2] \in \mathbb{P}^2 : ax_0^2 + bx_1^2 + cx_2^2 + dx_0x_1 + ex_1x_2 + fx_0x_3 = 0\} \quad (6)$$

とします．ここで $[a : b : c : d : e : f] \in \mathbb{P}^5$ です．

問題 4 $\mathbb{P}^2$ 内に 2 次曲線と直線が与えられています．このとき，この 2 次曲線と直線両方に載っている $\mathbb{P}^2$ 上の点はいくつ存在しますか？

$\mathbb{P}^2$ 内の 2 次曲線は，うまく座標変換を施すことで非特異 2 次曲線 (4) か次

のいずれかになります.

$$\{[x_0:x_1:x_2]\in\mathbb{P}^2:x_0x_1=0\},\ \{[x_0:x_1:x_2]\in\mathbb{P}^2:x_0^2=0\}. \tag{7}$$

2次曲線が非特異になる場合は問題 3 で見たように答えは 2 になりますが，上のいずれかになる場合はどうでしょうか？ 上のいずれの場合でも，2 次曲線は直線 $\{[x_0:x_1:x_2]\in\mathbb{P}^2:x_0=0\}$ を含んでしまいますから，この場合は答えは ∞ になってしまいます．しかし，問題 4 における 2 次曲線と直線を十分一般に取ると答えは 2 になりますから，上のように 2 次曲線が直線を含む状況は問題 4 における理想的な状況ではないといえます．では，問題 4 を正しい問いにするにはどうすれば良いでしょうか？ それは，数え方の定義を変えて理想的な状況での数え上げにすれば良い，ということになります．このように，与えられた数え上げ問題の「理想的な状況下での数え上げ」を与えるのが数え上げ不変量のアイデアです．

数え上げ不変量を考察する最初のステップは，数えたい対象すべての集合を考えてそれをある種の幾何的な対象と思うことです．このような空間を**モジュライ空間** (moduli space) と呼びます．問題 4 の場合，与えられた 2 次曲線と直線をそれぞれ C_2, C_1 とします．考えたい集合は C_2 と C_1 に載っている点の集合なので，この場合のモジュライ空間は

$$M = C_1 \cap C_2 \subset \mathbb{P}^2$$

と書けます．これはもちろん $\mathbb{P}^2$ の閉集合で，C_2 と C_1 が十分一般の 2 次曲線と直線なら M は 2 点になります．しかし，上述のように C_1 が C_2 に含まれる場合は $M = \mathbb{P}^1$ となってしまいます．これは C_1 と C_2 が理想的な状況下にない場合に起こるので，M は理想的なモジュライ空間ではありません．数え上げ不変量は，このような理想的ではないモジュライ空間から理想的なモジュライ空間（正確にはモジュライ空間の基本類）を「仮想的に」構成することによって得られます．

理想的なモジュライ空間の基本類を得るアイデアは，M を $\mathbb{P}^2$ 上のベクトル束 (vector bundle) の切断のゼロ点集合とみなすことにあります．射影空間 $\mathbb{P}^n$ の構成から，この上に自然に定まる階数が 1 の複素ベクトル束

$$\mathcal{O}_{\mathbb{P}^n}(-1) \to \mathbb{P}^n$$

が存在します．これは $\mathbb{P}^n$ の点に対応する 1 次元部分空間 $l \subset \mathbb{C}^{n+1}$ に対して，その点でのファイバーが l そのものであるベクトル束です．また，任意の $k \in \mathbb{Z}$ に対して $\mathcal{O}_{\mathbb{P}^n}(k) = \mathcal{O}_{\mathbb{P}^n}(-1)^{\otimes -k}$ と定義されます．ここで，$\mathcal{O}_{\mathbb{P}^n}(-1)^{\otimes -k}$ は $k < 0$ ならば $\mathcal{O}_{\mathbb{P}^n}(-1)$ を $(-k)$ 回テンソルすることを意味します．$k \geq 0$ ならば $\mathcal{O}_{\mathbb{P}^n}(-1)$ の双対を k 回テンソルすることを意味します．すると，$\mathcal{O}_{\mathbb{P}^n}(k)$ の**大域切断** (global section) の空間は $x_0, \cdots, x_n$ を変数とする k 次の同次多項式の空間と同一視されます．よって，C_1, C_2 はそれぞれ $\mathcal{O}_{\mathbb{P}^2}(1), \mathcal{O}_{\mathbb{P}^2}(2)$ の大域切断 s_1, s_2 を定めます．すると $s = (s_1, s_2)$ はベクトル束

$$\mathcal{E} = \mathcal{O}_{\mathbb{P}^2}(1) \oplus \mathcal{O}_{\mathbb{P}^2}(2) \to \mathbb{P}^2$$

の大域切断を与えます．切断 s が消える部分というのがちょうど $M \subset \mathbb{P}^2$ に対応しています．そこで，M の仮想基本類を

$$[M]^{\mathrm{vir}} = e(\mathcal{E}) \in H^4(\mathbb{P}^2, \mathbb{Z}) \tag{8}$$

と定義します．すると，$[M]^{\mathrm{vir}}$ がこの例における「理想的なモジュライ空間の基本類」と考えられます．ここで位相空間 X に対して $H^i(X, \mathbb{Z})$ は X の i 次**特異コホモロジー** (singular cohomology) で，$e(\mathcal{E})$ は X 上のベクトル束 $\mathcal{E}$ の **Euler 類** (Euler class) と呼ばれるものです．Euler 類については，次節で詳しく解説します．$H^4(\mathbb{P}^2, \mathbb{Z})$ を $\mathbb{Z}$ と同一視することで，$[M]^{\mathrm{vir}}$ は整数とみなせます．この整数を「C_1 と C_2 の両方に載っている仮想的な点の数」と呼ぶことにしましょう．

問題 5 $\mathbb{P}^2$ 内に 2 次曲線と直線が与えられています．このとき，この 2 次曲線と直線両方に載っている $\mathbb{P}^2$ 上の仮想的な点の数はいくつ存在しますか？

この問いの答えは，C_1 が C_2 に含まれるか否かにかかわらず必ず 2 になります．次節でこのことを見てみましょう．

4　Chern 類

一般に X を位相空間，$V \to X$ を複素ベクトル束として，$H^*(X, \mathbb{Z})$ を X の i 次特異コホモロジー $H^i(X, \mathbb{Z})$ 達の直和とします．このとき，**Chern 類**と

呼ばれるコホモロジー類

$$c(V) = c_0(V) + c_1(V) + \cdots \in H^*(X, \mathbb{Z}), \ c_i(V) \in H^{2i}(X, \mathbb{Z})$$

が存在して，次の公理で一意的に特徴づけられることが知られています．

- $c_0(V) = 1$.
- $f\colon Y \to X$ を連続写像とすると $c(Y \times_X V) = f^*c(V)$.
- $c(V \oplus W) = c(V) \cdot c(W)$.
- $c(\mathcal{O}_{\mathbb{P}^n}(-1)) = 1 - [H]$. ここで，$H \subset \mathbb{P}^n$ は超平面．

例えば，$\mathbb{P}^n$ 上の正則接束 $T_{\mathbb{P}^n}$ の Chern 類は

$$c(T_{\mathbb{P}^n}) = (1 + [H])^{n+1}$$

と計算されます．

$V \to X$ が階数 r の複素ベクトル束であるとき，その Euler 類 $e(V)$ は

$$e(V) = c_r(V) \in H^{2r}(X, \mathbb{Z})$$

と定義されます．これは次のような幾何的意味を持ちます．s が V の大域切断とします．すると，s は局所的に X 上の $2r$ 個の実数値関数とみなせますから，そのような s を十分一般に取ると s の零点集合 $(s = 0)$ は X 内の余次元 $2r$ の閉集合となります．この零点集合 $(s = 0)$ が定めるコホモロジー類が Euler 類と一致します．つまり，次が成立します．

$$e(\mathcal{E}) = [(s = 0)] \in H^{2r}(X, \mathbb{Z}). \tag{9}$$

問題 5 に戻ります．ベクトル束 $\mathcal{E} \to \mathbb{P}^2$ の Euler 類の計算ということになりますが，これは公理の 3 番目と 4 番目を使うと

$$c(\mathcal{E}) = (1 + [H])(1 + 2[H]) = 1 + 3[H] + 2[H]^2$$

となります．$c_2(\mathcal{E}) = 2[H]^2 = 2$ なので，$e(\mathcal{E}) = 2$ が得られました．等式 (9) を使うとその意味がより明確になります．$\mathcal{E} \to \mathbb{P}^2$ の大域切断を十分一般に取ると，その零点集合は十分一般の直線 C_1 と 2 次曲線 C_2 の交点になりますから，その個数は 2 になります．このように，モジュライ空間をベクトル束の零点集合とみなし，そのベクトル束の Euler 類を取ることで「理想的なモジュライ空間の基本類」を構成することができます．

5 代数多様体上の曲線の数え上げ

これまでは点の仮想的な数え上げについて考察してきました．ここからは曲線を数え上げる，より発展的な内容について解説します．前述したように，理想的な解答を与える数え上げ問題は複素数体上定義されたコンパクトな空間上で考えれば良いと分かります．そのような空間の多くは，$x_0, \cdots, x_n$ を変数とするいくつかの同次多項式 $f_1, \cdots, f_k$

$$f_i \in \mathbb{C}[x_0, x_1, \cdots, x_n],\ 1 \leq i \leq k$$

の射影空間内の零点集合

$$X = \{f_1 = \cdots = f_k = 0\} \subset \mathbb{P}^n \tag{10}$$

で与えられます．零点集合 X に特異点が存在しない場合，つまり X が多様体になる場合，X は**複素射影的代数多様体** (complex projective variety) と呼ばれます．X が複素 D 次元になる場合，X の次数は

$$(c_1(\mathcal{O}_{\mathbb{P}^n}(1))|_X)^D \in H^{2D}(X, \mathbb{Z}) \cong \mathbb{Z}$$

と定義されます．これは X の「大きさ」を表しています．

C が複素 1 次元の射影的代数多様体である場合，したがって実 2 次元の多様体になる場合，C は**射影的代数曲線** (projective curve) あるいは **Riemann 面** (Riemann surface) と呼ばれます．これは，位相的にはいくつかのドーナツ状の穴が開いた 2 次元多様体になります．ドーナツ状の穴の個数は種数と呼ばれます．代数曲線 C の種数はその「形」を表しています．

次の問いを考えます．

問題 6 X を複素射影的代数多様体とします．このとき，与えられた次数と種数を持つ X 上の代数曲線 C はいくつ存在しますか？

例えば X を次の代数多様体とします．

$$X = \{x_0^5 + x_1^5 + x_2^5 + x_3^5 + x_4^5 = 0\} \subset \mathbb{P}^4. \tag{11}$$

X は複素 3 次元の代数多様体で，5 次 **Fermat 超曲面** (Fermat hypersurface) と呼ばれます．X 上には

$$C = \{x_0 + ix_1 = x_2 + ix_3 = x_4 = 0\} \subset \mathbb{P}^4$$

が載っています．C は $\mathbb{P}^1$ と同一視できることが簡単に分かるため，その種数は 0 です．また，C は 1 次式達で定義されているのでその次数は 1 です．このようにして，X 上の次数 1，種数 0 の曲線を見つけることができました．問題 6 は，このような曲線がいくつ存在するかというのを問題にしています．

しかしながら，次数 d と種数 g を固定しても可能な曲線 C は無数に存在する場合もありますので，このような場合は「仮想的な数え上げ不変量」を導入する必要があります．とりあえず，そのような数え上げ不変量 $n_{g,d} \in \mathbb{Z}$ が存在すると仮定して話を進めます．

6　ミラー対称性

曲線の数え上げ不変量 $n_{g,d}$ の研究が脚光を浴びたのは，1990 年代初頭に**ミラー対称性**が発見されたのがきっかけでした．これは，**Calabi-Yau 多様体** (Calabi-Yau manifold) と呼ばれる 2 つの代数多様体の間の不思議な関係です．まず，Calabi-Yau 多様体を定義しましょう．D 次元の複素射影的代数多様体 X に対して，T_X をその**正則接束** (holomorphic tangent bundle) とします．これは階数が D の複素ベクトル束です．直線束

$$\omega_X = \bigwedge^D T_X^{\vee}$$

は X の**標準束** (canonical bundle) と呼ばれます．X の標準束が自明な直線束となるとき，X を Calabi-Yau 多様体と呼びます．1 次元の Calabi-Yau 多様体は種数が 1 の場合に対応します．この場合，X はドーナツ状の穴が 1 つ空いたトーラスになります．また，(11) で与えた代数多様体は複素 3 次元の Calabi-Yau 多様体になります．

ミラー対称性の現象は，物理学における**超弦理論** (super string theory) を通じて発見されました．超弦理論とは，物質の構成要素が 1 次元の紐から成るとする理論です．それによると我々の宇宙は $\mathbb{R}^4 \times X$ の形の 10 次元空間から

成るとされます．ここで X は Planck 定数 (10^{-35}m) ほど小さい実 6 次元空間で，超対称性に関する制約から複素 3 次元 Calabi-Yau 多様体にならなければいけないことが知られています．しかし超弦理論は 1 種類ではなく，5 種類の理論の存在が知られています．そのうちの 2 つ，タイプ IIA 理論およびタイプ IIB 理論と呼ばれる理論の間の等価性を仮定すると，Calabi-Yau 多様体の幾何学に関する興味深い予想が得られます．$X, X^\vee$ を 3 次元 Calabi-Yau 多様体として，X から構成されるタイプ IIA 理論，$X^\vee$ から構成されるタイプ IIB 理論が等価であると仮定します．このとき X と $X^\vee$ はミラーであると呼ばれます．ただし，そもそもタイプ IIA にしろ IIB にしろ超弦理論というものは数学的に厳密に構成されているわけではありませんので，$(X, X^\vee)$ がミラーであるというのもこの時点で数学的に意味を成してはいません．しかし，物理では数学的に定義されていない概念でもそこから何かしらの計算を行って数学的に意味のある予想を導き出すことがあります．

曲線の数え上げ問題に関しても，ミラー対称性を通じて興味深い予想が導き出されました．$(X, X^\vee)$ がミラーの関係にあるとき，大雑把に言って

$$X \text{ 上の種数 0 の代数曲線の数} = X^\vee \text{ 上の周期積分} \quad (12)$$

という関係式が予想されます．**周期積分** (period integral) についてはこの講義では解説しませんが，これは Picard-Fuchs 方程式と呼ばれる微分方程式を満たしますので，その解を用いて記述されます．この微分方程式の解はガンマ関数のように具体的な関数を用いて記述されますので，このことと関係式 (12) から X 上の種数 0 の代数曲線の数を求めることが可能なはずです．実際，Candelas ら物理学者はこのアイデアに基づいて 5 次超曲面 (11) 上の種数 0 の代数曲線の数え上げ不変量 $n_{0,d}$ を導き出しました．これは，次のように計算されました．

$$n_{0,1} = 2875, \ n_{0,2} = 609250, \ n_{0,3} = 317206375,$$
$$n_{0,4} = 242467530000, \ n_{0,5} = 229305888887625 \cdots.$$

Candelas らの計算は，数学的に定義されていない物理理論を用いて導いているので，その時点では X 上の種数 0 の曲線の本数に関する予想を与えたに

すぎません．それでも，これは驚くべき成果でした．実際，次数の小さい曲線の本数に関しては知られていた結果と一致していましたし，また次数の高い場合は当時の代数幾何の技術で正確な本数を数えることには困難がありました．そのため，物理学者がそれらの本数を正確に予言したのは驚異的でした．また，曲線の本数と周期積分という，一見すると関係がなさそうな数学的対象に関係があるというのも興味深いと考えられました．Candelas らの予想は後に Givental によって数学的な証明が与えられ，ミラー対称性が数学者の間でも注目されるようになっていきました．

7　曲線のモジュライ空間

前節で述べた Candelas らの仕事によって，代数多様体 X 上の曲線の数を数えることがミラー対称性の研究において重要であることが明らかになりました．ここで数え上げ不変量 $n_{g,d}$ の存在に話を移しましょう．点を数え上げる際にモジュライ空間を考察したように，ここでも X 上の曲線のモジュライ空間を考察する必要があります．種数 g と次数 d を固定して，

$$M_{g,d}(X) = \{C \subset X : C \text{ は種数 } g, \text{ 次数 } d \text{ の代数曲線}\} \tag{13}$$

とします．すると，この集合にはある種の「良い」幾何構造が入ることが分かります．

具体的な例で空間 (13) を調べてみましょう．まず $X = \mathbb{P}^2, g = 0, d = 1$ とします．すると $M_{0,1}(\mathbb{P}^2)$ は $[a:b:c] \in \mathbb{P}^2$ でパラメータ付けされる直線達

$$\{[x_0 : x_1 : x_2] \in \mathbb{P}^2 : ax_0 + bx_1 + cx_2 = 0\} \subset \mathbb{P}^2$$

の集合と一致します．よって

$$M_{0,1}(\mathbb{P}^2) = \mathbb{P}^2$$

が従います．これまで見てきた通り，$\mathbb{P}^2$ は複素射影的代数多様体です．

次に $X = \mathbb{P}^2, g = 0, d = 2$ とします．すると，$M_{0,2}(\mathbb{P}^2)$ は $[a:b:c:d:e:f] \in \mathbb{P}^5$ でパラメータ付けされる 2 次曲線 (6) のうち，特異点のないものから成ります．よって

$$M_{0,2}(\mathbb{P}^2) \subset \mathbb{P}^5 \tag{14}$$

となり, これは $\mathbb{P}^5$ の開集合となります. この場合, $M_{0,2}(\mathbb{P}^2)$ はコンパクトではありません. モジュライ空間がコンパクトでなければ, 特性類を用いて良い不変量を構成することはできません. 例えば (8) から不変量を取り出すには $H^4(\mathbb{P}^2, \mathbb{Z})$ と $\mathbb{Z}$ を同一視する必要がありましたが, これは $\mathbb{P}^2$ がコンパクトであることを用いています.

そこで $M_{0,2}(\mathbb{P}^2)$ をコンパクト化することを考えてみましょう. 単純に埋め込み (14) の閉包を取るとコンパクト化 $\mathbb{P}^5$ が得られます. $\mathbb{P}^5$ の各点は非特異ではないかもしれない 2 次曲線全体の集合と同一視されます. さらに $M_{0,2}(\mathbb{P}^2)$ の $\mathbb{P}^5$ 内での補集合の点に対応する曲線は (7) で挙げたいずれかの 2 次曲線と同型になります. この 2 つの 2 次曲線のうち, $\{x_0 x_1 = 0\}$ で定義されるものは特異点があるもののそれほど悪い特異点ではありません. 実際, これは $[0:0:1]$ で**結節点** (node) のみを持つ代数曲線になります. ここで代数曲線 C の $p \in C$ における解析的近傍と $\mathbb{C}^2$ 内の代数曲線 $\{(x,y) \in \mathbb{C}^2 : xy = 0\}$ の原点における解析的近傍が同型になるとき, p を結節点と呼びます. 一方, (7) の 2 次曲線のうち, $\{x_0^2 = 0\}$ で定義されるものを考えてみましょう. これは, 直線 $\{x_0 = 0\}$ であってさらにいたるところ 2 重解を持つものと解釈されます. つまり, すべての点が特異点であるというあまり好ましくない状況になっています.

2 次曲線 $\{x_0^2 = 0\}$ に収束していく非特異 2 次曲線の族を考えましょう. これは, 例えば $t \in \mathbb{C}^*$ でパラメータ付けされた曲線族

$$C_t = \{[x_0 : x_1 : x_2] \in \mathbb{P}^2 : x_0^2 = t^2 x_1 x_2\}$$

が当てはまります. 実際, $C_0 = \{x_0^2 = 0\}$ となっています. 一方 $t \neq 0$ の場合, この 2 次曲線 C_t は次の写像 $f_t \colon \mathbb{P}^1 \to \mathbb{P}^2$ の像と見ることもできます.

$$f_t([u:v]) = [tuv : u^2 : v^2].$$

すると $t \to 0$ の極限は $[u:v] \mapsto [0:u^2:v^2]$ で与えられる写像 $f_0 \colon \mathbb{P}^1 \to \mathbb{P}^2$ となります. 写像 f_0 の定義域である $\mathbb{P}^1$ は非特異代数曲線ですが, f_0 は埋め込みではなくなっています.

そこで，一般の代数多様体 X 上の曲線 C の概念を次のように拡張します．
(1) C は高々結節点のみを持つ．
(2) 埋め込みとは限らない代数的な写像 $f\colon C \to X$ が与えられている．
上の組 (C, f) の自己同型群が有限となる場合，(C, f) を**安定写像**と呼びます．
f が埋め込みならば，この条件は自動的に満たされることに注意しましょう．
$M_{g,d}(X)$ を含む，次の集合を考えます．

$$\overline{M}_{g,d}(X) = \{安定写像\ (C, f) : C\ は種数\ g\ で\ f_*[C]\ は次数\ d\}.$$

ここで，$f_* : H_2(C, Z) \to H_2(X, Z)$ は f が誘導するホモロジー群の間の射，$[C] \in H_2(C, Z)$ は C の基本ホモロジー類です．すると，$\overline{M}_{g,d}(X)$ には（特異点を持つかもしれませんが）複素射影的代数多様体の構造が入ることが知られています．これを，X 上の安定写像のモジュライ空間と呼びます．

8　Gromov-Witten 不変量

1990 年代の半ば頃，安定写像のモジュライ空間 $\overline{M}_{g,d}(X)$ を用いて X 上の代数曲線の数え上げ不変量が導入されました．大雑把にアイデアを説明しましょう．モジュライ空間 $\overline{M}_{g,d}(X)$ は局所的に，ある滑らかな代数多様体上のベクトル束の切断となります．したがって，局所的にベクトル束の Euler 類を取ることができます．それら局所的な Euler 類を「貼り合わせる」ことで $\overline{M}_{g,d}(X)$ 上の**仮想基本類** (virtual fundamental class) $[\overline{M}_{g,d}(X)]^{\mathrm{vir}}$ を定義することができます．「局所的にベクトル束の切断」であるという考え方は Behrend らによる**完全障害理論** (perfect obstruction theory) を用いて厳密に定式化でき，仮想基本類も完全障害理論から構成されます．特に X が 3 次元 Calabi-Yau 多様体の場合には仮想基本類は 0 次元であることが示されますので，その次数を取ることで次の不変量が定義されます．

$$\mathrm{GW}_{g,d} = \deg[\overline{M}_{g,d}(X)]^{\mathrm{vir}} \in \mathbb{Q}.$$

これは **Gromov-Witten 不変量**（Gromov-Witten invariant, 以下，GW 不変量）と呼ばれます．

ここで注意が必要なのは，GW 不変量は整数値ではなく有理数値を取ると

いう点です．これは，安定写像 (C,f) に非自明な自己同型が存在する場合に起こります．そのような場合，仮想基本類は (C,f) の自己同型群の位数の情報が分母に反映されることになります．したがって GW 不変量は，本来定義したかった整数値不変量 $n_{g,d}$ を与えるものではありません．そこで 1990 年代の終わり頃，物理学者の Gopakumar と Vafa はタイプ IIA 超弦理論と M 理論の間の双対性に着目して，GW 不変量から整数値不変量 $n_{g,d}$ を定義できると予想しました．GW 不変量の生成関数を

$$\mathrm{GW}(X) = \sum_{d>0, g\geq 0} \mathrm{GW}_{g,d} \lambda^{2g-2} t^d$$

と定義します．ここで λ と t は単なる変数とみなしています．すると，$\mathrm{GW}(X)$ は次の形に書くことができます．

$$\mathrm{GW}(X) = \sum_{d>0, g\geq 0, k\geq 1} \frac{n_{g,d}}{k} \left(2\sin\left(\frac{k\lambda}{2}\right)\right)^{2g-2} t^{kd}. \quad (15)$$

このとき，Gopakumar と Vafa の予想は $n_{g,d}$ が整数値になるというものです．例えば $g=0$ の場合，上の関係式は次の多重被覆公式を意味します．

$$\mathrm{GW}_{0,d} = \sum_{k\geq 1, k|d} \frac{1}{k^3} n_{0,d/k}. \quad (16)$$

さらに Gopakumar と Vafa は，等式 (15) の右辺に出てくる $n_{g,d}$ はある種の空間のコホモロジーへの Lie 環の作用を用いて記述できると予想しました．しかし，$n_{g,d}$ の整数値予想や Lie 環作用の数学的に厳密な定式化，さらにより簡単だと考えられる等式 (16) ですら多くの場合で未解決です．

9 Donaldson-Thomas 不変量

Gopakumar-Vafa 予想が難しいということもあり，2003 年に Maulik-Nekarasov-Okounkov-Pandharipande（以下，MNOP）は別の整数値不変量を用いて GW 不変量を記述する予想を提出しました．GW 不変量を定義する際に考察した曲線はなるべく非特異性を保つものの（ただし結節点程度の特異点は許します），これらは元々の 3 次元 Calabi-Yau 多様体 X に埋め込まれているわけではなかったことを思い出しましょう．逆に，考察する曲線の特異

点に何も制限を与えず，代わりにこれらが X に埋め込まれているとしましょう．仮にそのような曲線を数え上げる不変量が存在するなら，それは整数値であるはずです．そこで，$d \in \mathbb{Z}$ と $n \in \mathbb{Z}$ に対して，$I_n(X,d)$ を次のように置きます．

$$I_n(X,d) = \left\{ C \subset X : \begin{array}{l} C \text{ は 1 次元以下の閉部分代数多様体で} \\ \text{その次数は } d, \chi(\mathcal{O}_C) = n \end{array} \right\}.$$

ここで $\chi(\mathcal{O}_C)$ は C の**正則 Euler 標数** (holomorphic Euler characteristic) と呼ばれるもので，C が滑らかな場合は $\chi(\mathcal{O}_C) = 1 - g(C)$ となります．$I_n(X,d)$ は曲線の **Hilbert スキーム** (Hilbert scheme) と呼ばれ，**複素射影的代数スキーム** (complex projective scheme) と呼ばれるものになります．これは (10) のように多項式系の零点集合として記述されますが，特異点の存在も許したものになっています．Thomas はこのモジュライ空間 $I_n(X,d)$ に 0 次元の仮想基本類 $[I_n(X,d)]^{\mathrm{vir}}$ が存在することを証明し，不変量

$$\mathrm{DT}_{n,d} = \deg[I_n(X,d)]^{\mathrm{vir}}$$

を定義しました．不変量 $\mathrm{DT}_{n,d}$ は **Donaldson-Thomas 不変量**（Donaldson-Thomas invariant, 以下, DT 不変量）と呼ばれます．DT 不変量の生成関数を

$$\mathrm{DT}_d(X) = \sum_{n \in \mathbb{Z}} \mathrm{DT}_{n,d} q^n, \ \mathrm{DT}(X) = \sum_{d \geq 0} \mathrm{DT}_d(X) t^d$$

と置きます．MNOP はまず，生成関数の商

$$\frac{\mathrm{DT}_d(X)}{\mathrm{DT}_0(X)} \tag{17}$$

が q についての有理関数を $q = 0$ において Laurent 展開したものであり，さらにその有理関数は変換 $q \leftrightarrow 1/q$ で不変になると予想しました．例えば級数

$$q - 2q^2 + 3q^3 - \cdots = \frac{q}{(1+q)^2}$$

は有理関数で，さらに右辺の有理関数は変換 $q \leftrightarrow 1/q$ で不変になります．

次に MNOP は，変数変換 $q = -e^{i\lambda}$ の下で次の等式が成立すると予想しま

した．

$$\exp\left(\mathrm{GW}(X)\right) = \frac{\mathrm{DT}(X)}{\mathrm{DT}_0(X)}. \tag{18}$$

この変数変換は，生成関数の商 (17) の有理性が成立して初めて意味を成します．つまり，(18) の右辺で与えられる DT 不変量の生成関数を q についての有理関数とみなし，これを $q = -1$ の近傍で展開しなおすと GW 不変量の生成関数が得られるというものです．よって等式 (18) は 1 つ 1 つの不変量を比較して見えてくる関係式ではなく，すべての不変量を用いて生成関数を構成することで見えてくる関係式です．また，生成関数 $\mathrm{DT}_0(X)$ は X 内の点を数える DT 不変量の生成関数です．(18) の右辺において $\mathrm{DT}_0(X)$ で割るという操作は，このような点の数え上げの寄与を打ち消して曲線の寄与のみを取り出すということを意味します．

筆者は 2008 年頃から，**連接層の導来圏** (derived category of coherent sheafs) と呼ばれるものに着目し，その対象を数え上げる不変量を導入しました．この不変量を詳細に調べることで，MNOP による (17) の有理性予想を本質的に解決しました．また等式 (18) に関しては，2012 年に Pandharipande-Pixton が多くの 3 次元 Calabi-Yau 多様体で成立することを証明しました．一方，等式 (18) と DT 不変量に関するある興味深い予想と合わせることで Gopakumar-Vafa 予想が従うことも明らかになってきました．さらに，DT 不変量と表現論との関係，曲線だけではなく曲面を数える不変量と保型型式との関係，**Bridgeland 安定性条件** (Bridgeland stability condition) との関係など，数え上げ不変量の研究は古典的な問題意識を超えて大きく広がりを見せています．

用語集

代数学

- 代数的閉体：体 k は，1 次以上の任意の k 係数 1 変数多項式が k 上に根を持つときに代数的閉体であると呼ばれる．

代数幾何

- 正則接束：複素多様体 M に対して，M のふつうの接束 $T_\mathbb{R} M$ に $\otimes_\mathbb{R} \mathbb{C}$

を施す．すると $T_\mathbb{R} M \otimes_\mathbb{R} \mathbb{C}$ には M の複素構造から定まる線形写像 $J\colon T_\mathbb{R} M \otimes_\mathbb{R} \mathbb{C} \to T_\mathbb{R} M \otimes_\mathbb{R} \mathbb{C}$ が定まり，$J^2 = -1$ を満たす．この写像の固有値 i の固有空間 T_M を正則接束と呼ぶ．

位相幾何

- 特異コホモロジー：単体からの連続写像のなす複体のコホモロジー群として定義される，位相空間のコホモロジー群．
- ベクトル束：位相空間 X 上のベクトル束とは，位相空間 E と連続写像 $\pi\colon E \to X$ の組 (E, π) であって，π の各ファイバーがベクトル空間でありある種の整合条件を満たすものとして定義される．
- 大域切断：ベクトル束 $\pi\colon E \to X$ の大域切断は連続写像 $s\colon X \to E$ であって $\pi \circ s = \mathrm{id}$ となるものと定義される．E, X が複素構造を持つ場合は s が正則写像であることも要求する．

参考書

・S. カッツ（清水勇二訳）『数え上げ幾何と弦理論』日本評論社（2011 年）
学部生向けの数え上げ幾何に関する講義ノートを基に執筆された本です．

・深谷賢治編『ミラー対称性入門』日本評論社（2009 年）
ミラー対称性について，様々な観点から記述された入門書です．

・D. A. Cox and S. Katz, *Mirror Symmetry and Algebraic Geometry*, American Mathematical Society (1999)
代数幾何的に Gromov-Witten 不変量やミラー対称性が記述された教科書です．

・W. Fulton, *Intersection Theory*, Springer-Verlag (1984)
数え上げ不変量を導入する際に技術的に必要となる交差理論について詳細に記述された本です．

第4講　無限次元リー環と有限群
―― 頂点作用素代数とムーンシャイン

松尾　厚

　リー環は，代数学で学ぶ群・環・体といった代数系の一種ですが，リー群との関係などから幾何学でも重要な位置を占めます．また，量子力学に現れるなど，物理学とも深い関わりがあり，さまざまな分野で重要な役割を担っています．一方，群については，すでに慣れ親しんでいると思いますが，代数的ないし幾何的構造への作用を通じて，他の分野とのつながりが見えてきます．今日は，無限次元リー環と有限群をめぐる話題についてお話ししたいと思います．

1　リー環

　リー環に関する基本的な用語の説明から話を始めたいと思います．以下では，特に断らない限り，複素数体 $\mathbb{C}$ 上の代数系を考察します．

　まず，**リー環** (Lie algebra) とは，ベクトル空間 $\mathfrak{g}$ であって，**括弧積** (Lie bracket) と呼ばれる双線型な二項演算

$$[-,-] : \mathfrak{g} \times \mathfrak{g} \longrightarrow \mathfrak{g} \tag{1}$$

が与えられており，次の2つの条件を満たすもののことです．

(a)　$[X, X] = 0$
(b)　$[[X, Y], Z] = [X, [Y, Z]] - [Y, [X, Z]]$

ただし，条件 (a) は任意の $X \in \mathfrak{g}$ に対して，条件 (b) は任意の $X, Y, Z \in \mathfrak{g}$ に対して成立することを意味します．ここで，条件 (b) に現れる関係式を**ヤコビ恒等式** (Jacobi identity) と言います．条件 (a) のもとで，条件 (b) は次と同値です．

(b)′ $[X,[Y,Z]] + [Y,[Z,X]] + [Z,[X,Y]] = 0$

こちらをヤコビ恒等式と呼ぶことも多いと思います．

リー環のことを**リー代数**と呼ぶこともあります．リー環の準同型写像やリー環のイデアルなどの概念が環の場合と同様に定義されます．

一般に，ベクトル空間 V 上の線型変換を V 上の**作用素** (operator) とも言います．その全体のなすベクトル空間 $\mathrm{End}\,V$ は，括弧積を $[g,h] = gh - hg$ と定めることによってリー環となります．ここで，gh および hg は写像の合成を表し，一般に $gh - hg$ の形の式を**交換子** (commutator) と言います．また，交換子を取った結果を表す式を**交換関係** (commutation relation) と呼ぶことがあります．

例えば，$V = \mathbf{C}^2$ のときには，$\mathrm{End}\,\mathbf{C}^2$ は 2×2 の複素行列全体が行列の積の交換子 $[A,B] = AB - BA$ によってなすリー環にほかなりません．さらに，トレースが 0 のもの全体からなる部分空間は行列

$$F = \begin{bmatrix} 0 & 0 \\ 1 & 0 \end{bmatrix}, \quad H = \begin{bmatrix} 1 & 0 \\ 0 & -1 \end{bmatrix}, \quad E = \begin{bmatrix} 0 & 1 \\ 0 & 0 \end{bmatrix} \tag{2}$$

を基底に持ち，$[H,E] = 2E$, $[H,F] = -2F$, $[E,F] = H$ が成立します．このようにして得られる 3 次元のリー環を $sl_2(\mathbf{C})$ と表します．これは，単純リー環の分類では，もっとも基本的な A_1 型と呼ばれるタイプのリー環になります．

さて，リー環 $\mathfrak{g}$ が与えられたとしましょう．ベクトル空間 V 上の作用素に値を取るリー環の準同型写像 $\pi : \mathfrak{g} \longrightarrow \mathrm{End}\,V$ をリー環 $\mathfrak{g}$ の**表現** (representation) と言い，ベクトル空間 V をその表現空間と呼びます．表現空間 V を表現と呼び，写像 π を通じてリー環 $\mathfrak{g}$ が V に作用するという言い方をすることもあります．

特に V としてリー環 $\mathfrak{g}$ 自身を取り，写像 $\mathrm{ad} : \mathfrak{g} \longrightarrow \mathrm{End}\,\mathfrak{g}$ を

$$\mathrm{ad}(X)(Y) = [X,Y] \tag{3}$$

によって定めると $\mathfrak{g}$ の表現が得られます．これを $\mathfrak{g}$ の**随伴表現** (adjoint representation) と言います．ヤコビ恒等式 (b) は $\mathrm{ad}([X,Y]) = [\mathrm{ad}(X), \mathrm{ad}(Y)]$ となり，写像 $\mathrm{ad} : \mathfrak{g} \longrightarrow \mathrm{End}\,\mathfrak{g}$ がリー環の準同型であるという性質そのものになっています．

問題 1 リー環 $sl_2(\mathbf{C})$ の随伴表現 ad について,線型変換 $\mathrm{ad}(E), \mathrm{ad}(H), \mathrm{ad}(F)$ を基底 E, H, F に関して行列表示せよ.

2 アフィン・リー環

次に,無限次元リー環のなかでも重要な位置を占めるアフィン・リー環についてお話ししましょう.まず準備から入ります.

リー環 $\mathfrak{g}$ 上の双線型形式 $(\,|\,): \mathfrak{g} \times \mathfrak{g} \longrightarrow \mathbf{C}$ が与えられたとします.任意の $X, Y, Z \in \mathfrak{g}$ に対して

$$([X,Y]|Z) = (X|[Y,Z]) \tag{4}$$

が成立するとき,形式 $(\,|\,)$ を**不変双線型形式** (invariant bilinear form) と呼びます.例えば,有限次元リー環に対しては,**キリング形式** (Killing form) と呼ばれる形式

$$\kappa(X,Y) = \mathrm{Tr}\,\mathrm{ad}(X)\mathrm{ad}(Y) \tag{5}$$

は対称不変双線型形式になります.

問題 2 リー環 $sl_2(\mathbf{C})$ のキリング形式を基底 E, H, F に関して行列表示せよ.

次に,不定元 t を考えます.その整数巾 $t^n\ (n \in \mathbf{Z})$ の一次結合として表される式を**ローラン多項式** (Laurent polynomial) と言います.その全体は通常の積によって可換環となりますが,これを $\mathbf{C}[t, t^{-1}]$ と表します.

さて,リー環 $\mathfrak{g}$ および対称不変双線型形式 $(\,|\,): \mathfrak{g} \times \mathfrak{g} \longrightarrow \mathbf{C}$ が与えられたとします.リー環 $\mathfrak{g}$ とローラン多項式環の $\mathbf{C}$ 上のテンソル積 $\mathfrak{g} \otimes \mathbf{C}[t, t^{-1}]$ を考え,さらに 1 次元ベクトル空間 $\mathbf{C}K$ を直和して得られるベクトル空間を次のようにおきます.

$$\widehat{\mathfrak{g}} = \mathfrak{g} \otimes \mathbf{C}[t, t^{-1}] \oplus \mathbf{C}K \tag{6}$$

ベクトル空間 $\widehat{\mathfrak{g}}$ 上の括弧積を次の条件を満たすように定めます.

$$[X \otimes t^m, Y \otimes t^n] = [X,Y] \otimes t^{m+n} + \delta_{m+n,0}\,m(X|Y)K, \quad [K, X \otimes t^m] = 0 \tag{7}$$

ここで,$\delta_{m+n,0}$ はクロネッカーのデルタです.

問題 3 上記の括弧積によって $\hat{\mathfrak{g}}$ がリー環となることを示せ．

こうして得られたリー環 $\hat{\mathfrak{g}}$ を，もとのリー環 $\mathfrak{g}$ の**アフィン化** (affinization) と言います．以下では，このようにして得られるリー環を単に**アフィン・リー環** (affine Lie algebra) と呼ぶことにします．

特に $\mathfrak{g}$ が有限次元単純リー環である場合には，対称不変双線型形式はキリング形式の定数倍となり，キリング形式を適切に正規化したものを用いてアフィン・リー環 $\hat{\mathfrak{g}}$ を構成すると**アフィン・カッツ・ムーディー代数** (affine Kac-Moody algebra) と呼ばれるリー環が得られます．例えば，$\mathfrak{g} = sl_2(\mathbf{C})$ の場合には，アフィン・リー環 $\widehat{sl_2(\mathbf{C})}$ は $\mathrm{A}_1^{(1)}$ 型と呼ばれるタイプのアフィン・カッツ・ムーディー代数になります．

なお，正確には，上記の $\hat{\mathfrak{g}}$ にさらに導分を付け加えたものが本来の意味のアフィン・カッツ・ムーディー代数になります．また，アフィン・カッツ・ムーディー代数には，この形では得られないタイプのものもあります．

3 作用素積展開

アフィン・リー環は，その定め方から自然に得られる母関数を考えることによって，作用素積展開と呼ばれるもので括弧積が記述されるという性質を持っています．これについて説明しましょう．

アフィン・リー環 $\hat{\mathfrak{g}}$ の表現 M で，中心 K がスカラー k で作用するものを考えます．そのような k を表現 M の**レベル** (level) と呼びます．

さて，アフィン・リー環 $\hat{\mathfrak{g}}$ の元 $X \otimes t^n$ の表現 M 上の作用を X_n と略記します．さらに，作用素の族 $(X_n)_{n \in \mathbf{Z}}$ の母関数 $X(z)$ を次のように定めます．

$$X(z) = \sum_{n=-\infty}^{\infty} X_n z^{-n-1} \in (\mathrm{End}\, M)[[z, z^{-1}]] \tag{8}$$

これは，正巾の項も負巾の項も無限にあるような形式的級数です．このような形式的級数 $X(z), Y(z)$ について，次のように定めます．

$${}^{\circ}_{\circ} X(z) Y(w) {}^{\circ}_{\circ} = X(z)_- Y(w) + Y(w) X(z)_+ \tag{9}$$

これを $X(z)$ と $Y(w)$ の**正規積** (normal product) と言います．ただし $X(z)_- =$

$\sum_{n=-\infty}^{-1} X_n z^{-n-1}$, $X(z)_+ = \sum_{n=0}^{\infty} X_n z^{-n-1}$ です.

以上の定義のもとで，次の関係式が成立します.

$$X(z)Y(w) = {}^{\circ}_{\circ} X(z)Y(w) {}^{\circ}_{\circ} + \frac{[X,Y](w)}{z-w}\Big|_{|z|>|w|} + \frac{k(X|Y)}{(z-w)^2}\Big|_{|z|>|w|}$$
$$Y(w)X(z) = {}^{\circ}_{\circ} X(z)Y(w) {}^{\circ}_{\circ} + \frac{[X,Y](w)}{z-w}\Big|_{|z|<|w|} + \frac{k(X|Y)}{(z-w)^2}\Big|_{|z|<|w|} \quad (10)$$

ここで，正整数 m に対して，$\frac{1}{(z-w)^m}\Big|_{|z|>|w|}$ は有理関数 $\frac{1}{(z-w)^m}$ を w/z の巾級数に展開し，得られたものを w と z の級数と見たものを表します．また，$\frac{1}{(z-w)^m}\Big|_{|z|<|w|}$ は z/w の巾級数に展開して同様にします．例えば

$$\frac{1}{z-w}\Big|_{|z|>|w|} = \sum_{n=0}^{\infty} w^n z^{-n-1}, \quad \frac{1}{z-w}\Big|_{|z|<|w|} = -\sum_{n=0}^{\infty} w^{-n-1} z^n \quad (11)$$

となります.

問題 4 式 (10) を示せ.

こうして得られた式 (10) において，$z=w$ における極の部分に着目し，物理学では

$$X(z)Y(w) \sim \frac{[X,Y](w)}{z-w} + \frac{k(X|Y)}{(z-w)^2} \quad (12)$$

などと表記し，**作用素積展開** (operator product expansion, OPE) と呼びます.

ここで，非負整数 n に対して次のように定義します.

$$X(z)_{(n)} Y(z) = \operatorname*{Res}_{y=0} (y-z)^n (X(y)Y(z) - X(y)Y(z)) \quad (13)$$

ただし，$\operatorname{Res}_{y=0}$ は y^{-1} の係数を取り出す操作を表します．このとき，次が成立します.

$$X(z)_{(n)} Y(z) = \begin{cases} [X,Y](z) & (n=0) \\ k(X|Y) & (n=1) \\ 0 & (n \geq 2) \end{cases} \quad (14)$$

このようにして，作用素積展開の特異部分の係数を抽出することができます．アフィン・リー環の括弧積の様子が作用素積展開に現れていることが見て取れますね.

4 頂点代数

前節で述べた作用素積展開を少し拡張しましょう．アフィン・リー環 $\hat{\mathfrak{g}}$ の表現 M が次の条件を満たしたとします．

> 任意の $X \in \mathfrak{g}$ および任意の $v \in M$ に対して，ある正数 N が存在して，$n \geq N$ ならば $X_n v = 0$ である．

このときには，$n = -m-1$ が負の整数である場合にも，積 $X(z)_{(-m-1)} Y(z)$ が定義されます．

$$X(z)_{(-m-1)}Y(z) = \operatorname*{Res}_{y=0}\left(\left.\frac{1}{(y-z)^{m+1}}\right|_{|y|>|z|} X(y)Y(z) - \left.\frac{1}{(y-z)^{m+1}}\right|_{|y|<|z|} Y(z)X(y)\right) \tag{15}$$

実は，その結果は $X(z)_{(-m-1)}Y(z) = {}^\circ_\circ \partial^{(m)} X(z) Y(z) {}^\circ_\circ$ となります．ただし，$\partial^{(m)} X(z)$ は級数 $X(z)$ を z について m 回微分して $m!$ で割ったものです．

このようにして，可算個の演算

$$(X(z), Y(z)) \mapsto X(z)_{(n)} Y(z) \quad (n \in \mathbf{Z}) \tag{16}$$

が定義されました．これらの演算の満たす性質を公理化したものが頂点代数と呼ばれる代数系です．

すなわち，**頂点代数** (vertex algebra) とは，ベクトル空間 V であって，特別な元 $\mathbf{1}$ および写像

$$Y : V \longrightarrow (\operatorname{End} V)[[z, z^{-1}]], \quad a \mapsto Y(a, z) = \sum_{n=-\infty}^{\infty} a_{(n)} z^{-n-1} \tag{17}$$

が与えられており，以下の条件を満たすものです．

(A) 任意の $a, b \in V$ に対して，ある整数 N が存在して，$n \geq N$ ならば $a_{(n)} b = 0$ となる．

(B) 任意の $a, b, c \in V$, $p, q, r \in \mathbf{Z}$ に対して次が成立する．

$$\begin{aligned}&\sum_{i=0}^{\infty} \binom{p}{i} (a_{(r+i)} b)_{(p+q-i)} c \\ &= \sum_{i=0}^{\infty} (-1)^i \binom{r}{i} a_{(p+r-i)} (b_{(q+i)} c) - \sum_{i=0}^{\infty} (-1)^{r+i} \binom{r}{i} b_{(q+r-i)} (a_{(p+i)} c)\end{aligned} \tag{18}$$

(C) 任意の $a \in V$ に対して次が成立する.

$$a_{(n)}\mathbf{1} = \begin{cases} a & (n = -1) \\ 0 & (n \geq 0) \end{cases} \tag{19}$$

条件 (B) の式を**コーシー・ヤコビ恒等式** (Cauchy-Jacobi indentity) または**ボーチャーズ恒等式** (Borcherds identity) と言います.条件 (A) によって,条件 (B) の各項は実質的に有限和であることに注意してください.なお,条件 (B) の式は,$p = q = r = 0$ の場合には,

$$(a_{(0)}b)_{(0)}c = a_{(0)}(b_{(0)}c) - b_{(0)}(a_{(0)}c) \tag{20}$$

となり,リー環のヤコビ恒等式 (b) と同じ式になります.

また,条件 (B)(C) から,$\mathbf{1}_{(n)}a = \delta_{n,-1}a$ が得られます.さらに,条件 (B) から

$$Y(a_{(n)}b, z) = Y(a, z)_{(n)}Y(b, z) \tag{21}$$

が得られ,級数に対する二項演算 (16) と頂点代数に与えられた二項演算 $a_{(n)}b$ が写像 Y を通じて対応しています.

頂点代数であって,さらに**ビラソロ代数** (Virasoro algebra) の対称性を定める特別な元が与えられていて,それに関するいくつかの条件を満たすものを**頂点作用素代数** (vertex operator algebra) と言いますが,長くなりますので,詳しいことは省略します.

5 ハイゼンベルク頂点代数

頂点代数の例を挙げましょう.1 次元の可換リー環 $\mathfrak{a} = \mathbf{C}a$ 上の対称不変双線型形式を $(a|a) = 1$ と選んでアフィン・リー環 $\hat{\mathfrak{a}}$ を構成します.このリー環は**ハイゼンベルク代数** (Heisenberg algebra) と呼ばれるものの一種になります.実際,中心 K がスカラー 1 で作用する表現を考えると,$\hat{\mathfrak{a}}$ の作用は

$$a_m a_n - a_n a_m = m\delta_{m+n,0} \tag{22}$$

なる交換関係を満たし,これは生成元を適当に定数倍することによって,量子力学に現れるハイゼンベルクの正準交換関係と一致します.

さて，多項式環 $\mathbf{C}[x_1, x_2, \ldots]$ を考えます．各複素数 $\mu \in \mathbf{C}$ に対して，

$$a_n \mapsto \begin{cases} n\dfrac{\partial}{\partial x_n} & (n > 0) \\ \mu & (n = 0) \\ x_{-n} & (n < 0) \end{cases} \tag{23}$$

と定めると，空間 $\mathbf{C}[x_1, x_2, \ldots]$ はハイゼンベルク代数 $\hat{\mathfrak{a}}$ の表現になります．ただし，元 x_{-n} を掛けるという操作を単に x_{-n} と表しました．こうして得られた $\hat{\mathfrak{a}}$ の表現を $M(1, \mu)$ と表します．

多項式環 $\mathbf{C}[x_1, x_2, \ldots]$ の単位元 1 をハイゼンベルク代数の表現 $M(1, \mu)$ においては $|\mu\rangle$ と表すことにします．すると，表現 $M(1, \mu)$ はベクトル空間として $x_{i_k} \cdots x_{i_1} |\mu\rangle$ の形の元で張られます．特に $\mu = 0$ のとき，元 $|0\rangle$ を**真空** (vacuum) と呼び，表現 $M(1, 0)$ を $\hat{\mathfrak{a}}$ の**真空表現** (vacuum representation) と呼びます．

実は，真空表現 $V = M(1, 0)$ 上の頂点代数の構造で，$\mathbf{1} = |0\rangle$ かつ $Y(a_{-1}|0\rangle, z) = a(z)$ を満たすものが一意的に存在します．これを**ハイゼンベルク頂点代数** (Heisenberg vertex algebra) と呼びます．複素数 $\mu \neq 0$ については，$M(1, \mu)$ は頂点代数にはなりませんが，頂点代数 $M(1, 0)$ 上の加群の構造を持ちます．

次に，複素数からなる集合 L を考え，ハイゼンベルク代数の表現 $M(1, \mu)$ の直和を取ります．

$$V_L = \bigoplus_{\mu \in L} M(1, \mu) \tag{24}$$

実は，例えば $L = \sqrt{2}\mathbf{Z}$ であったとすると，V_L は自然に頂点作用素代数になります．その構造の一部を具体的に書いてみましょう．そのため，$\alpha = \sqrt{2}$ とおき，さらに $h_n = \sqrt{2} a_n$ とおきます．すると，

$$Y(|\pm\alpha\rangle, z) = \exp\left(\mp \sum_{n=-\infty}^{-1} \frac{h_n}{n} z^{-n}\right) \exp\left(\mp \sum_{n=1}^{\infty} \frac{h_n}{n} z^{-n}\right) e^{\pm\alpha} z^{\pm h_0} \tag{25}$$

となります．この種の作用素は**頂点作用素** (vertex operator) と呼ばれ，もともとは物理で考案されたものです．ただし，$e^{\pm\alpha}$ は，ここでは $e^{\pm\alpha}|\mu\rangle = |\mu \pm \alpha\rangle$ なる作用素を表します．また，$z^{\pm h_0}|\mu\rangle = z^{\pm \alpha\mu}|\mu\rangle$ と定めます．ここで，$\alpha\mu$

が整数であることに注意してください．

このようにして得られた頂点作用素代数 $V_{\sqrt{2}\mathbf{Z}}$ は，実はアフィン・リー環 $\widehat{sl_2(\mathbf{C})}$ すなわち $A_1^{(1)}$ 型のアフィン・カッツ・ムーディー代数の表現になります．実際，リー環 $sl_2(\mathbf{C})$ の標準的な基底 E, F, H について，

$$F(z) \mapsto Y(|-\alpha\rangle, z), \ H(z) \mapsto Y(h_{-1}|0\rangle, z), \ E(z) \mapsto Y(|\alpha\rangle, z), \ K \mapsto 1 \tag{26}$$

なる対応によって，$V_{\sqrt{2}\mathbf{Z}}$ は $\widehat{sl_2(\mathbf{C})}$ の表現になるのです．

このことは，もう少し一般的な構成法の特別な場合になっています．すなわち，n 次元の可換リー環から始めて同様の構成を行うと，集合 L が ADE 型のルート格子であるとき，対応する単純リー環に附随するアフィン・カッツ・ムーディー代数の表現が得られます．これを**フレンケル・カッツ構成法** (Frenkel-Kac construction) と言います．ADE 型のルート系については次節で触れます．

この構成法が発表されたときは，頂点代数の理論がまだなかったので，ルート格子以外の格子に対しては，意味のある結論が言えませんでした．その後，ボーチャーズが頂点代数の概念を考案し，任意の正定値な偶格子 L に対して V_L が頂点代数の構造を持つという形の定式化を与えました．さらに，V_L はビラソロ代数の対称性を持ち，頂点作用素代数になります．次節では，格子について少し詳しくお話ししましょう．

6　偶ユニモジュラー格子

格子に関する基本的な用語をおさらいしておきましょう．階数 n の（正定値な）**格子** (lattice) とは，$\mathbf{Z}^n$ と同型なユークリッド空間 $\mathbf{R}^n$ の部分アーベル群で $\mathbf{R}^n$ 全体を張るようなものを言います．特に，$\mathbf{R}^n$ の通常の内積に関して，格子の元同士の内積が常に整数であるようなものを**整格子** (integral lattice) と呼びます．これは，自由アーベル群 $\mathbf{Z}^n$ に正定値な整数値対称双線型形式を与えることによって定めることもできます．以下では，単に格子と言えば，整格子を意味するものとします．

格子の元 v と自分自身との内積 (v,v) を v の**平方ノルム** (squared norm) と呼びます．平方ノルムが 2 であるような格子 L の元を格子 L の**ルート** (root)

と言い，その全体を格子 L の**ルート系** (root system) と言います．ルート系で生成されている格子を**ルート格子** (root lattice) と言います．ルートという用語は単純リー環の理論に起源があり，キリング・カルタンによる単純リー環の分類に現れるルート系は A 型から G 型までの 7 つのタイプに分かれますが，ここで言う格子のルート系は ADE 型のものに限ります．

ルート格子の例を挙げましょう．そのため，E_8 型の**ディンキン図形** (Dynkin diagram) と呼ばれる次の図形を考えます．

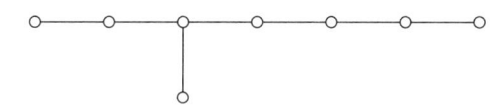

図 1 E_8 型のディンキン図形

この図形に現れる 8 個の頂点に番号を振り，対応する基底 $\alpha_1, \ldots, \alpha_8$ で生成された自由アーベル群を考えます．ここで，$i = j$ のときは $(\alpha_i, \alpha_i) = 2$ と定め，$i \neq j$ のときは，i と j が同じ辺の両端であるとき $(\alpha_i, \alpha_j) = -1$，そうでないとき $(\alpha_i, \alpha_j) = 0$ と定めます．このようにして，E_8 型のルート格子が得られます．以下では，略して E_8 格子と呼びます．前節で触れたフレンケル・カッツ構成法を E_8 格子に適用することによって，$E_8^{(1)}$ 型のアフィン・カッツ・ムーディー代数の表現が得られ，その一部として E_8 型の単純リー環の随伴表現が得られます．

さて，E_8 格子はすべての元の平方ノルムが偶数であるという性質を持っています．このような格子を**偶格子** (even lattice) と言います．また，E_8 格子は，$\mathbf{Z}$ 上の基底に関するグラム行列の行列式が 1 であるという性質を持っています．このような格子を**ユニモジュラー格子** (unimodular lattice) と言います．

問題 5 E_8 格子が偶ユニモジュラー格子であることを確かめよ．

実は，偶ユニモジュラー格子の階数は 8 の倍数でなければなりません．階数 8 の偶ユニモジュラー格子は E_8 と同型なものしかなく，階数 16 の場合は 2 つの同型類があります．その 1 つは $E_8 \oplus E_8$ ですが，もう 1 つは D_{16}^+ と書かれる格子で，D_{16} 型のルート格子を指数 2 の部分群として含むような格子

になっています．一方，階数が 32 以上になると，偶ユニモジュラー格子の種類は急速に増大し，例えば階数 32 の偶ユニモジュラー格子の種類は十億以上であることがミンコフスキー・ジーゲルの**質量公式** (mass formula) と呼ばれる公式から分かります．

階数 24 の場合を考えましょう．この場合の偶ユニモジュラー格子の分類は特に興味深く，実は，同型を除いて 24 種類あることが知られています．これらの格子を**ニーマイヤー格子** (Niemeier lattice) と言います．そのうち，23 種類はルートすなわち平方ノルム 2 の元を持ち，そのような元全体は ADE 型のルート系の和になります．しかし，残りの 1 種類はルートをまったく持ちません．この格子を**リーチ格子** (Leech lattice) と言い，Λ_{24} と表します．

前節で触れたボーチャーズの構成法をリーチ格子 Λ_{24} に適用することによって，頂点作用素代数 $V_{\Lambda_{24}}$ が得られます．すでに述べたように，これはもはやアフィン・カッツ・ムーディー代数の表現にはなりませんが，頂点作用素代数の構造は持つというわけです．

ところで，リーチ格子の自己同型群は ± 1 倍のなす位数 2 の部分群を中心に持ちます．リーチ格子の自己同型群を中心で割って得られる剰余群は，**コンウェイ群** (Conway group) と呼ばれる散在型有限単純群の 1 つ Co_1 になります．頂点作用素代数と有限単純群のつながりが見えてきました．次節では，有限単純群についてお話ししましょう．

7 有限単純群の分類

有限群であって単純であるものを**有限単純群** (finite simple group) と呼びます．例えば，位数が素数 p であるような群は巡回群 $C_p = \mathbf{Z}/p\mathbf{Z}$ であり，これは単純な可換群です．それ以外の単純群はすべて非可換であり，そのうち，もっとも位数が小さいものは位数 60 の 5 次交代群 Alt_5 です．その次に位数が小さいものは，リー型の群 $\mathrm{GL}_3(\mathbf{F}_2)$ で，その位数は 168 です．この群は $\mathrm{PSL}_2(\mathbf{F}_7)$ と書かれる群とも同型です．ただし，素数巾 q に対して $\mathbf{F}_q = \mathrm{GF}(q)$ は位数 q の有限体です．

問題 6 群 $\mathrm{GL}_3(\mathbf{F}_2)$ の位数が 168 であることを確かめよ．

非可換な有限単純群は，いくつかの系列と26個の例外的な**散在群** (sporadic group) からなります．

- 交代群の系列
- リー型の単純群の系列
- 26個の散在群

  $M_{11}, M_{12}, M_{22}, M_{23}, M_{24}$：マシュー群

  J_1, J_2, J_3, J_4：ヤンコ群

  HS：ヒグマン・シムズ群，Suz：鈴木散在群

  McL：マクラフリン群，He：ヘルド群

  Co_1, Co_2, Co_3：コンウェイ群

  $Fi_{22}, Fi_{23}, Fi'_{24}$：フィッシャー群

  Ly：ライオンス群，Ru：ラドバリス群，O'N：オナン群

  M：モンスター，BM：ベビー・モンスター

  Th：トンプソン群，HN：原田・ノートン群

散在群のうちで，もっとも大きなものが**モンスター** (monster) と呼ばれる群で，その位数は約 8.08×10^{53}，正確には次のような値になります．

$$|M| = 2^{46} \cdot 3^{20} \cdot 5^9 \cdot 7^6 \cdot 11^2 \cdot 13^3 \cdot 17 \cdot 19 \cdot 23 \cdot 29 \cdot 31 \cdot 41 \cdot 47 \cdot 59 \cdot 71 \quad (27)$$

有限単純群は，それぞれに個性があって，どれも興味深いものですが，ここではモンスターと頂点作用素代数の関係がテーマですので，主としてモンスターについて述べます．

次節では，モンスターと頂点作用素代数のかかわりの出発点となったムーンシャインと呼ばれる現象について概説します．

8 ムーンシャインとコンウェイ・ノートン予想

モンスターは1970年代に存在が予想され，1980年代初頭に存在が証明されましたが，まだ存在が証明されないうちに，その期待される性質から指標表が決定され，さまざまな性質が導かれていました．既約表現は全部で194個あり，その次数は，小さい順に

$$1, 196883, 21296876, 842609326, 18538750076, 19360062527, \ldots \quad (28)$$

となっています．マッカイは，ここに現れる 196883 が，**楕円モジュラー関数** (elliptic modular function) と呼ばれる上半平面 $\mathbf{H}$ 上の関数 $j(\tau)$ の q-展開

$$j(\tau) = q^{-1}+744+196884q+21493760q^2+864299970q^3+\cdots, \quad q = e^{2\pi i \tau} \quad (29)$$

の q の係数と 1 しか違わないことに気づきました．

ここで，楕円モジュラー関数 $j(\tau)$ は，複素上半平面 $\mathbf{H}$ の点 τ に対して 1 次元の複素トーラス $E(\tau) = \mathbf{C}/\langle 1, \tau \rangle$ を考えるとき，$E(\tau) \simeq E(\tau')$ となるための必要十分条件が $j(\tau) = j(\tau')$ であるような関数になっています．具体的には，**アイゼンシュタイン級数** (Eisenstein series) $E_4(\tau), E_6(\tau)$ を用いて

$$j(\tau) = \frac{E_4(\tau)^3}{\Delta(\tau)}, \quad \Delta(\tau) = \frac{E_4(\tau)^3 - E_6(\tau)^2}{1728} = q\prod_{n=1}^{\infty}(1-q^n)^{24} \quad (30)$$

と定義されます．

その後，$j(\tau)$ の q-展開の係数は，さらに高い次数の係数についてもモンスターの既約表現の次数の比較的簡単な和で書かれていることが見出されました．そこで，モンスターの表現の自然な無限系列 $M_0 = \mathbf{1}, M_2 = \mathbf{1} \oplus \mathbf{196883}, M_3 = \cdots$ であって，その次数の母関数の q^{-1} 倍が $j(\tau)$ の q-展開に一致するようなものが存在すると期待されます．ただし，q-展開の定数項については，ここでは気にせず不定としておきます．

さて，このようなモンスターの表現の無限系列について，表現の次数を，モンスターの元 g の作用の**跡** (trace) に置き換えたものを考えます．

$$T_g(\tau) = q^{-1}\sum_{n=0}^{\infty} \mathrm{tr}|_{M_n} q^n \quad (31)$$

これを**マッカイ・トンプソン級数** (McKay-Thompson series) と呼びます．マッカイ・トンプソン級数は，モンスターの共役類に対して定まる q-級数になります．

コンウェイとノートンは，マッカイ・トンプソン級数を詳しく調べ，モンスターのすべての共役類について，対応するマッカイ・トンプソン級数が，それぞれ，ある種数 0 のモジュラー群 Γ_g の主モジュラー関数になっていることを予想しました．これを**コンウェイ・ノートン予想** (Conway-Norton conjecture) または**ムーンシャイン予想** (moonshine conjecture) と言います．

ただし，Γ_g はモンスターの元 g の共役類に応じて具体的に定まる $\mathrm{SL}_2(\mathbf{Z})$ の部分群であり，それが**種数 0** (genus 0) であるとは，$\mathbf{H}/\Gamma_g$ のコンパクト化が種数 0 の代数曲線になるという意味です．したがって，その関数体は 1 つの関数で生成されますが，そのような関数を**主モジュラー関数** (principal modular function, Hauptmodul) と言います．

この予想を解決しようという努力の中から，多くの新しい数学が生み出されました．そこで中心的な役割を果たしたのが，今回の話のテーマである頂点作用素代数であり，上記のようなモンスターの表現の無限系列を自然に実現するのがムーンシャイン加群と呼ばれる頂点作用素代数 $V^{\natural}$ なのです．

9　ムーンシャイン加群とモンスター

リーチ格子 Λ_{24} から頂点作用素代数 $V_{\Lambda_{24}}$ が構成されることについては，すでに述べました．実は，$V_{\Lambda_{24}}$ の自然な次数付けに関する次元の母関数は，楕円モジュラー関数 $j(\tau)$ の q-展開と定数項を除いて一致します．しかし，残念ながらモンスターは $V_{\Lambda_{24}}$ に自己同型として作用しません．

そこで，モンスターが作用するように，頂点作用素代数 $V_{\Lambda_{24}}$ を改造することを考えます．そのため，-1 倍する操作のなすリーチ格子の自己同型を思い出しましょう．この自己同型は，格子頂点作用素代数 $V_{\Lambda_{24}}$ の位数 2 の自己同型に持ち上がることが知られており，これを θ と表す習慣です．

そこで，自己同型 θ による固有値 ± 1 の固有空間を $V_{\Lambda_{24}}^{\pm}$ と表すことにすると，$V_{\Lambda_{24}}^{+}$ は $V_{\Lambda_{24}}$ の部分代数となり，$V_{\Lambda_{24}}^{-}$ は $V_{\Lambda_{24}}^{+}$ 上の加群となります．

実は $V_{\Lambda_{24}}^{+}$ 上の加群は $V_{\Lambda_{24}}^{\pm}$ だけではありません．うまく加群 $V_{\Lambda_{24}}^{T,+}$ を選んで

$$V^{\natural} = V_{\Lambda_{24}}^{+} \oplus V_{\Lambda_{24}}^{T,+} \tag{32}$$

と定めることによって，頂点作用素代数 $V^{\natural}$ が得られます．この種の構成法を**軌道体構成法** (orbifold construction) と言います．

こうして得られた空間 $V^{\natural}$ が**ムーンシャイン加群** (moonshine module) と呼ばれ，モンスターが自己同型として作用するような頂点作用素代数になります．実際には $V^{\natural}$ の自己同型群はモンスターとぴったり同型になります．

ムーンシャイン加群 $V^{\natural}$ は，フレンケル・レポフスキー・ムアマンによって

ベクトル空間として構成されましたが，その代数構造は部分的にしか記述することができませんでした．その後，頂点代数の概念を導入したボーチャーズは，ムーンシャイン加群 $V^\natural$ が頂点代数の構造を持つことを述べましたが，その詳細は発表されませんでした．これを受けて，フレンケルほかは，頂点作用素代数の理論を構築するとともに，ムーンシャイン加群 $V^\natural$ の構成の詳細を記述しました．なお，ムーンシャイン加群という名称ならびに記号 $V^\natural$ はフレンケルほかによるもので，これが自然な対象であるという気持ちを音楽のナチュラルの記号に込めています．

ムーンシャイン加群 $V^\natural$ は自然な次数付け $V^\natural = \bigoplus_{n=0}^{\infty} V_n^\natural$ を持ち，これがコンウェイ・ノートン予想に登場したモンスターの表現の列を自然に実現します．したがって，マッカイ・トンプソン級数は

$$T_g(\tau) = q^{-1} \sum_{n=0}^{\infty} \mathrm{tr}|_{V_n^\natural} q^n \tag{33}$$

と定義されることになり，コンウェイ・ノートン予想は，より明確なものとなりました．この予想は，後にボーチャーズによって証明されましたが，それに際して，対称化可能カッツ・ムーディー代数の一般化や，モジュラー関数の新しい持ち上げなどの理論が創始されました．これらの理論も非常に興味深いのですが，もはや紙数もつきました．

10 種々の話題

頂点作用素は，さまざまな数学に姿を表します．例えば，1980 年代には，ソリトン方程式と頂点作用素の関係が明らかにされました．1990 年代になると，曲面上の点のヒルベルト概形のホモロジーとハイゼンベルク代数の関係が見出されました．このほか，1980 年代に始まる共形場理論の急速な発展に伴い，弦理論や共形場理論に関連する様々な数学的構造の研究がなされてきました．この観点では，頂点作用素代数の理論は，共形場理論の数学的定式化と見ることができます．例えば，W 代数と呼ばれる頂点代数は，もともと物理学者によって研究が始まったものですが，量子ドリンフェルト・ソコロフ還元法と呼ばれる構成法が見出され，良い性質を持つ頂点代数の有力な構成法として，精力的に研究されています．

頂点作用素代数に基づくモンスターの研究は，ボーチャーズの研究以降も着実に発展しています．例えば，枠付き頂点作用素代数のテクニックを利用して，ムーンシャイン加群 $V^\natural$ へのモンスターの作用に関して，さまざまな性質が明らかにされました．なかでも，マッカイの E_8 観察と呼ばれる現象が頂点作用素代数の枠組みで理解されたことは特筆すべき成果で，有限群論の研究にも影響を与えています．また，ニーマイヤー格子が 24 種類あることの頂点作用素代数における類似が考察されており，物理学者によって全部で 71 種類であると予想されています．現在，この予想の解決に向けた研究が進められているところです．

　ところで，ムーンシャインは，最近になって新たな展開を見せています．物理学者のグループによって，K3 曲面に附随する非線型シグマ模型の楕円種数から，係数がマシュー群 M_{24} の表現の次数の簡単な和になっているような q-級数が見出されました．これに附随するムーンシャインの類似現象はマシュー・ムーンシャインと呼ばれ，多くの研究者から注目されています．さらに，マシュー・ムーンシャインを特別な場合として含むようなムーンシャインの新たな枠組みが考案され，アンブラル・ムーンシャインと呼ばれて研究されています．そこではニーマイヤー格子が中心的な役割を担っています．

用語集

線型代数
- グラム行列：ベクトル空間 V に内積 $(\ ,\ )$ が与えられているとき，V の基底 $v_1,\dots,v_n$ に関して，第 (i,j) 成分が (v_i,v_j) であるような行列のこと．

代数学
- 単純群：単位群でない群 G であって，単位部分群 1 と G 以外に正規部分群を持たないもののこと．
- 可換リー環：括弧積がすべて 0 であるようなリー環のこと．
- 単純リー環：非可換なリー環 $\mathfrak{g}$ であって，0 と $\mathfrak{g}$ 以外にイデアルを持たないもののこと．

参考書

　ここでお話しした内容に関連する書籍を挙げておきますので，参考にしてください．はじめに，日本語の書籍を 2 冊挙げておきます．

・原田耕一郎『モンスター――群の広がり』岩波書店（1999 年）

　日本を代表する有限群論の碩学によって書かれたモンスターに関する日本語の本です．スタイルとしては読本なのですが，数学的内容の詳細にも相当に踏み込んで書かれており，当時の最新の話題についても触れられています．

・江口徹・菅原祐二『共形場理論』岩波書店（2015 年）

　共形場理論全般について解説した最新の物理書で，さまざまな話題についても幅広く取り上げられています．特に，現在の最新の話題であるマシュー・ムーンシャインについても触れられており，数学書ではありませんが，大いに参考になるものと思います．

　英語の書籍では，本講の内容と関係が深く，参考になるものとして，次の 4 冊を挙げておきたいと思います．

・I.B. Frenkel, J. Lepowsky and A. Meurman, *Vertex Operator Algebras and the Monster*, Birkhäuser (1988)

　頂点作用素代数とモンスターに関する著者の研究成果をまとめて出版したもので，その後の大幅な進歩により，もはや技術的には古くなってしまいましたが，この分野の金字塔とも言える記念碑的な 1 冊です．

・P. Di Francesco, P. Mathieu and D. Sénéchal, *Conformal Field Theory*, Springer (1997)

　共形場理論について詳しく解説した物理書です．非常に分厚いので，通読するのは困難ですが，典型的な無限次元リー環の表現論についても詳しく書かれており，手元において参照するのに良いと思います．

・A. Matsuo and K. Nagatomo, *Axioms for a Vertex Algebra and the Locality of Quantum Fields*, MSJ Memoire, 日本数学会（1999 年）

　永友清和氏と筆者の共著のメモアールですが，作用素積展開の観点から頂点代数の基礎理論を短くまとめたもので，頂点代数に慣れ親しむという点で

入門に好適だと思います．

・A.A. Ivanov, *The Monster Group and Majorana Involutions*, Cambridge University Press (2009)

モンスター研究の第一人者がモンスターについて詳しく解説したものです．頂点作用素代数そのものは用いられていませんが，頂点作用素代数の研究から派生した内容についても論じられており，新たな一歩を踏み出した1冊でもあります．

このほか，頂点代数や頂点作用素代数に関する書籍としては，次の3冊が著名です．

・V.G. Kac, *Vertex Algebras for Beginners*, Second edition, American Mathematical Society (1998)

・J. Lepowsky and H.S. Li, *Introduction to Vertex Operator Algebras and Their Representations*, Birkhäuer (2003)

・E. Frenkel and D. Ben-Zvi, *Vertex Algebras and Algebraic Curves*, Second edition, American Mathematical Society (2004)

問題の解答

1 順に $\begin{bmatrix} 0 & -2 & 0 \\ 0 & 0 & 1 \\ 0 & 0 & 0 \end{bmatrix} \begin{bmatrix} 2 & 0 & 0 \\ 0 & 0 & 0 \\ 0 & 0 & -2 \end{bmatrix} \begin{bmatrix} 0 & 0 & 0 \\ -1 & 0 & 0 \\ 0 & 2 & 0 \end{bmatrix}$ となる．

2 $\begin{bmatrix} 0 & 0 & 4 \\ 0 & 8 & 0 \\ 4 & 0 & 0 \end{bmatrix}$ となる．

3 定義に明示的に書かれていない括弧積はリー環になるように $[X \otimes t^m, K] = 0$, $[K, K] = 0$ と定める．さて，交代性 (a) は

$$[X \otimes t^m, X \otimes t^m] = [X, X] \otimes t^{m+m} + \delta_{m+m,0} m(X|Y)K$$

において，右辺第1項は $[X, X] = 0$ より 0 であり，第2項は $\delta_{m+m,0} \neq 0$ のとき $m = 0$ であり，このとき $m(X|Y)K = 0$ であることから，やはり 0 となる．次に，ヤコビ恒等式 (b)′ を示そう．3つの成分のうち，1つでも K であれば条件は自明に成立するので，3つの成分がすべて $X \otimes t^n$ の形をしている場合を調べればよい．次のように計算する．

$$[X \otimes t^k, [Y \otimes t^l, Z \otimes t^m]]$$
$$= [X \otimes t^k, [Y, Z] \otimes t^{l+m} + \delta_{l+m,0} l(Y|Z)K]$$
$$= [X \otimes t^k, [Y, Z] \otimes t^{l+m}]$$
$$= [X, [Y, Z]] \otimes t^{k+l+m} + \delta_{k+l+m,0} k(X|[Y, Z])K$$

ここで，右辺について X, Y, Z を巡回的に動かして加えると 0 になることを言えばよい．第 1 項については容易にわかる．第 2 項については $k + l + m = 0$ の場合のみ考えればよく，このとき交代性と $(\ |\ )$ が対称不変双線型形式であることを用いて

$$k(X|[Y, Z]) + l(Y|[Z, X]) + m(Z|[X, Y])$$
$$= k([X, Y]|Z) + l([X, Y]|Z) + m([X, Y]|Z)$$
$$= (k + l + m)([X, Y]|Z) = 0$$

を得る．

4 実際 $X(z)Y(w) = {}^\circ_\circ X(z)Y(w){}^\circ_\circ + [X(z)_+, Y(w)]$ であるから，$[X(z)_+, Y(w)]$ を計算すればよい．

$$[X(z)_+, Y(w)] = \left[\sum_{l=0}^\infty X_l z^{-l-1} \sum_{m=-\infty}^\infty Y_m w^{-m-1}\right]$$
$$= \sum_{l=0}^\infty \sum_{m=-\infty}^\infty [X_l, Y_m] z^{-l-1} w^{-m-1}$$
$$= \sum_{l=0}^\infty \sum_{m=-\infty}^\infty ([X, Y]_{l+m} + k\delta_{l+m,0} l(X|Y)) z^{-l-1} w^{-m-1}$$

となる．ここで，第 1 項において，$l + m = n$ とおくと，$m = n - l$ となって

$$\sum_{l=0}^\infty \sum_{m=-\infty}^\infty [X, Y]_{l+m} z^{-l-1} w^{-m-1}$$
$$= \sum_{l=0}^\infty \sum_{n=-\infty}^\infty [X, Y]_n z^{-l-1} w^{-n+l-1}$$
$$= \sum_{l=0}^\infty [X, Y](w) z^{-l-1} w^l$$
$$= \left.\frac{[X,Y](w)}{z-w}\right|_{|z|>|w|}$$

となる．また，第 2 項は $l + m = 0$ の項のみ残るので，

$$\sum_{l=0}^\infty \sum_{m=-\infty}^\infty k\delta_{l+m,0} l(X|Y) z^{-l-1} w^{-m-1}$$
$$= k(X|Y) \sum_{l=0}^\infty l z^{-l-1} w^{l-1}$$
$$= \left.\frac{k(X|Y)}{(z-w)^2}\right|_{|z|>|w|}$$

となる．以上により，示すべき式が得られた．

5 偶であることは，生成元に対して $(\alpha_i, \alpha_i) = 2$ が偶数であることから分かる．ユニモジュラーであることは，グラム行列の行列式を計算すればよい．詳細は略する．

6 群 $\mathrm{GL}_3(\mathbf{F}_2)$ は一次独立な 3 個の列ベクトルを並べて得られる行列全体のなす群であるから，第 1 列の可能性が $2^3 - 1 = 7$ 通り，第 1 列と第 2 列が一次独立になるべきことから第 2 列は $2^3 - 2 = 6$ 通り，第 1 列と第 2 列と第 3 列が一次独立になるべきことから第 3 列は $2^3 - 4 = 4$ 通りとなり，全部で $7 \cdot 6 \cdot 4 = 168$ 通りある．よって，求める位数は 168 である．

第5講　リー群の表現論
——表現の指標をめぐって

松本久義

　群とは対称性を記述する代数系です．例えば物理で「対称性のやぶれ」などという言葉が出てきますが，実際には群についての話になっています．数論と物理学それぞれの要請で研究が始まった群の表現論は，対称性を分析するために有効な理論であり，それ自身のおもしろさに加え，数学のみならず様々な分野で応用され大きな分野に成長しました．ここでは群の表現の指標という切り口から，表現論の面白さ，深さに触れられればと思います．

1　群の表現

　まず群の**表現** (representation) とは何かということから説明しましょう．とりあえず定義を述べます．G を**群** (group) として V をベクトル空間とします．スカラー体はなんでもいいのですが，ここでは複素数体だとします．$\mathrm{GL}(V)$ で V の可逆線形変換全体のなす群を表します．例えば n を正整数として V が n 次元ならば $\mathrm{GL}(V)$ は $n \times n$ 可逆行列全体のなす群である**一般線形群** (general linear group)$\mathrm{GL}_n(\mathbb{C})$ と同型になりますが，この同型は基底の取り方に依存するもので自然に決まるものではありません．G の表現 (π, V) とは，π が群の準同型 $\pi: G \to \mathrm{GL}(V)$ であることを意味します．V のことをこの表現の表現空間といいます．また文脈によっては略記して「G の表現 π」とか「G の表現 V」などとも書きます．さらに G がリー群など適当な位相を持っている場合は π に適当な連続性を仮定します．（以下ではこのことはごまかして話を進めます．）また V が有限（無限）次元のとき有限（無限）次元表現といいます．無限次元表現に対しては，場合によっては V にヒルベルト空間やフ

レシェ空間のような位相線形空間の構造を要求したりします．このような状況は第4節においておきるのですが，その際位相や完備化に関することなど正確に書いていくととても鬱陶しいことになるため細部は不正確な記述をしますのでご了承ください．

2つの G の表現 (π, V) と (π', V') が**同型** (isomorphic) であるとは，ある線形空間の同型写像 $\psi: V \to V'$ であって $\pi'(g)\psi(v) = \psi(\pi(g)v)$ がすべての $g \in G$ と $v \in V$ に対して成り立つこととします．2つの表現が同型ということは，表現としては同じものとして同一視できるということです．群の表現に対する説明として群をわかりやすく行列を使って「表現」するというものを見かけますが，(例外的な事例を除き) これは適切とは言えません．例えば SU(2)（第2節参照）の表現で次元が2よりも大きな表現を考えたりしますが，これでは 2×2 行列からなる群をもっと複雑な $n \times n$ 行列で表現することになってしまうので意味がないということになってしまいます．

表現を理解する鍵は「線形化」ということにあります．様々な数学的対象の中でもベクトル空間 (あるいはより一般的に環上の加群) というものは扱いやすいものです．基底を取れば座標が入って具体的に計算できるということもありますが，「重ね合わせの原理」が成り立つのがなんといっても大きいです．加法ができるので分析したいものを基本的なものの和の形に分解できるのです．例えば光をプリズムに当てていろいろな波長の混ざっているものを単波長のレーザー光線に分解できますが，この場合光は電磁波という波であり，重ね合わせの原理が成り立つことが背景にあります．こういったことはフーリエ解析であり表現論のプロトタイプとも言えます．例えば多様体を考えるとき，扱いやすいコホモロジー群とか関数空間のようなものを取り出したりすると，多様体の対称性をベクトル空間の対称性に置き換えることができ，表現が自然に出てきます．

分析したい対象を基本的な対象に分解するというのがポイントですが，それでは基本的な対象というのは何かというと**既約表現** (irreducible representation) というものです．以下定義を説明するため言葉を導入します．以下 G は群とします．(ρ, W) が G の表現 (π, V) の**部分表現** (subrepresentation) であるとは，W が V の部分空間であり，しかも $\pi(g)w \in W$ がすべての $g \in G$ と $w \in W$ に対して成り立ち，しかも各 $g \in G$ に対して $\rho(g)$ が $\pi(g)$ の W

への制限に一致することとします．G の表現 (π, V) が既約であるとは (π, V) 自身と $\{0\}$ 以外に部分表現が存在しないことを言います．ただし $V = \{0\}$ となる場合は既約表現から除いておきます．これは 1 が素数でないのと同じような意味合いと考えてください．まあ既約表現はこれ以上細かくできないという感じで基本的な表現というのにふさわしいといえるでしょう．実際重要な群に対してはリーズナブルに一般的な表現が既約表現の直和（およびその一般化）に分解できてしまいます．そこで表現論の目標を標語的に述べてみます．

- **表現論の目標 1**　既約表現を（同型を除いて）分類し，理解する．
- **表現論の目標 2**　与えられた表現を既約表現の直和（およびそれに類するもの）に分解する．

2　コンパクト群の表現

コンパクト群は群構造の他にコンパクトハウスドルフ空間の構造を持ち，群の演算と逆元を取る写像が連続になるものです．例えば有限群に離散位相をいれたものとか $n \times n$ **ユニタリ行列** (unitary matrix) 全体のなす群である n 次**ユニタリ群** (unitary group) U(n) などが例になります．U(n) の元で行列式が 1 であるものの全体は部分群になり n 次**特殊ユニタリ群** (special unitary group) SU(n) と言われます．U(n) や SU(n) は**多様体** (manifold) の構造を持ち，群の演算や逆元をとる写像は滑らかになり，このような群は**リー群** (Lie group) と言われます．例えば SU(2) は次のようになり，多様体としては 3 次元球面と同型になります．

$$\mathrm{SU}(2) = \left\{ \begin{pmatrix} a & b \\ -\bar{b} & \bar{a} \end{pmatrix} \middle| a, b \in \mathbb{C}, |a|^2 + |b|^2 = 1 \right\}.$$

コンパクト群の既約表現はすべて有限次元であることが知られています．応用上は無限次元表現も大切ですが，この節と次節ではもっぱら簡単のため有限次元表現のみを考えることとします．

コンパクトリー群の表現論は物理学からの要請もあり，20 世紀前半にワイル (Weyl) によって古典的な理論が構築されました．まず最初に紹介する重要

な結果は表現の完全可約性です．これによって前節で述べたプログラムの妥当性がこの場合保証されます．

定理 1 コンパクト群の表現は既約表現の直和に分解する．

証明の概略を紹介しましょう．

問題 1 次の補題 1 の結論を満たす表現は完全可約であることを示せ．

補題 1 (π, V) をコンパクト群の有限次元表現とし，W を V の任意の部分表現とする．このときある V の部分表現 W' であって $V = W \oplus W'$ となるものが存在する．

この補題を示すために V の**エルミット内積** (Hermitian inner product)$\langle\,,\,\rangle$ を1つとっておきます．ただこの内積は表現とは何の関係もないのでそのままでは役に立ちません．ポイントとなるのは G が体積有限な測度であって群の作用で不変なものを持つということです．この測度は**ハール測度** (Haar measure) と呼ばれ正の定数倍を除いて一意に定まります．ここで新しいエルミット内積 $\langle\,,\,\rangle'$ を次のように定めます．

$$\langle v, w \rangle' = \int_G \langle \pi(g)v, \pi(g)w \rangle dg \quad (v, w \in V).$$

G は体積有限なのでこの積分は収束し，$\langle\,,\,\rangle$ の正定値性より 0 にもなりません．この $\langle\,,\,\rangle'$ はさらに次のような G についての不変性を獲得します．

$$\langle \pi(g)v, \pi(g)w \rangle' = \langle v, w \rangle' \quad (g \in G, v, w \in V).$$

この内積についての W の直交補空間を W' とおくことでこれが部分表現になることが容易にわかり，補題が従います．

次に既約表現はどうなっているでしょうか？コンパクト群リー群については既約表現は同型を除けば高々可算個であることがわかっています．コンパクトリー群についてはやはりワイルが**最高ウエイト** (highest weight) というパラメータによって分類する理論を作っています．有限群の場合は既約表現は有限個で共役類の個数と一致します．

ここでは SU(2) の既約表現がどんなものであるか紹介しましょう．まず 2 変数多項式環 $\mathbb{C}[X, Y]$ を考えその k-次同次成分を V_k とおきます．V_k

は $X^k, X^{k-1}Y, ..., X^{k-i}Y^i, ..., Y^k$ を基底に持つ $k+1$ 次元ベクトル空間です．2変数 k 次同次多項式 $f(X,Y)$ と $g = \begin{pmatrix} a & b \\ -\bar{b} & \bar{a} \end{pmatrix} \in \mathrm{SU}(2)$ に対して $\pi_k(g)f(X,Y) = f(\bar{a}X - bY, \bar{b}X + aY)$ とおけば $\mathrm{SU}(2)$ の $k+1$ 次元表現 (π_k, V_k) が得られます．これらはすべて既約であり，任意の既約表現はこれらのいずれかと同型になります．

3 コンパクト群の指標

　表現論の目標の1つとしてそれぞれの既約表現をよく理解するというものがあります．コンパクト群の場合は既約表現は有限次元なので表現空間に基底を導入すれば表現は行列によって書けるわけで，その行列成分をきちんと書き下せば少なくとも具体的にわかるということになりそうですが，どうでしょうか？　これにはいろいろと問題があります．まず挙げられる問題点は行列表示は基底の取り方によるものだということです．もし行列成分が書けたとしてもそこには表現本来の情報以外に基底の取り方という余分な情報がノイズとして紛れ込んでいることになり，よっぽど自然な基底の取り方を工夫しないと役に立たないということになりかねません．実際コンパクトリー群の既約表現の自然な基底を構成することは現在でも1つの問題であり，ルーツティック (Lusztig) と柏原によって独立に見つけられた**カノニカル基底**（あるいは**大域的結晶基底**とも言う）というものが知られています．ただこれらは**量子群** (quantum group) の理論を用いて構成され初等的なものではありません．またこれらの基底による行列表示もよくわかってはいませんし，難しい話になってしまいます．

　そこで行列要素とかいうのはやめて基底の取り方によらないものを表現の情報として取り出すことを考えます．線形変換の基底によらない量としては行列式が有名ですが，ここではあまりおもしろくありません．そこでトレース（対角成分の総和）を取ってみることにします．

定義 1　コンパクト群 G の有限次元表現 (π, V) の**指標** (character) θ_V とは G 上の複素数値関数であって以下のように定まるものです．

$$\theta_V(g) = \mathrm{tr}\,\pi(g) \quad (g \in G).$$

コンパクトリー群の場合は，群に実解析多様体としての構造が一意に入り，指標は実解析的関数になることが知られています．

さらに言えることは，2つの表現の直和の指標はそれぞれの指標の和になることです．これは線形性を使う立場からは望ましい性質です．また重要な性質として次が成り立ちます．

定理 2 $V_1,...,V_k$ をコンパクト群 G の互いに同型でない既約表現とする．このとき G 上の複素数値関数のなすベクトル空間の元としてこれらの指標 $\theta_{V_1},...,\theta_{V_k}$ は1次独立である．

このことから2つのコンパクト群の有限次元表現の指標が一致すればそれらは同型であることがわかり，指標は表現を特徴付けることがわかります．

さて表現論の2番目の目標として，与えられた表現の既約分解を挙げましたが，これにも指標は重要な役割を果たしています．そのためにまず表現の既約分解について考察してみましょう．極端な場合で G が単位元だけからなる群だとしましょう．すると単位元は表現においては恒等写像によって作用するということなので，このような群の表現を考えることは単にベクトル空間を考えることと同じことです．既約表現は1次元ベクトル空間です．任意の表現が既約表現の直和に分解するということは，ベクトル空間は1次元部分空間の直和に分解されるということです．このことから表現の既約分解には一意性は成り立たないことがわかります．ただ上記の指標の話を吟味してみると，分解そのものは一意でなくても既約分解したときに与えられた既約表現と同型な直和成分の個数は一意に定まることがわかります．実はこれはもっと精密化できます．既約分解において与えられた既約表現と同型なすべての直和成分の直和を考えると，これは実は既約分解の取り方によりません．これをその既約表現に対応する isotypical component と言います．

さてコンパクト群 G の有限次元表現 (π,V) と既約表現 (τ,U) を考えましょう．ここで G 上の複素数値連続関数 f に対して V の線形変換 $\pi(f)$ を次のように定めます．

$$\pi(f)v = \int_G f(g)\pi(g)v dg \quad (v \in V).$$

ここで G のハール測度 dg は $\int_G dg = 1$ となるように正規化しておきます．

すると (π,V) はいくつかの既約表現に関する isotypical component の直和に分解されるわけですが，この直和分解の (τ,U) に関する isotypical component への射影作用素 P_U は次で与えられます．

$$P_U = \dim U \pi(\bar{\theta}_U).$$

ここで $\bar{\theta}_U$ は θ_U の複素共役を意味します．

このことより既約表現の指標はその既約表現を特徴付けるだけでなく，与えられた表現の既約分解をするということにおいても重要な意味を持っていることがわかります．ここで表現論の目標として次を設定しましょう．

- **表現論の目標 3**　既約表現の指標を具体的に記述せよ．

このような目標を達成するには実は問題があります．例えばコンパクトリー群の場合も多様体で指標はその上の関数ですが，一般に多様体上の関数を具体的に書くのは大変です．というのは一般には大域的な座標が存在しないので，素朴にやったら局所座標系を取ってきて各局所座標でその関数を記述することになります．しかし局所座標の取り方は恣意的なものですから，たとえ指標をそのような座標系を使って書いても局所座標系の取り方という情報がノイズとして入ってきてとても意味のあるものにはなりません．この困難を回避するために次の指標の性質に注目します．

定理 3　(π,V) をコンパクト群 G の表現としたとき次が成り立つ．

$$\theta_V(hgh^{-1}) = \theta_V(g) \quad (g,h \in G).$$

これはトレースの性質から容易に導けます．

指標は共役類の上で一定の値を取るのであるから有限群の場合は共役類を並べてその上でのすべての既約表現の指標の値を求めて表にすればいいわけで，これは**指標表** (character table) と言われます．$U(n)$ や $SU(n)$ といったコンパクトリー群の場合はどうでしょうか？　この場合はユニタリ行列はユニタリ行列によって対角化されるという事実に注目しましょう．このことから容易に例えば SU(2) の任意の共役類は次のような部分群 T と必ず共通部分を持つことがわかります．

$$T = \left\{ \begin{pmatrix} e^{i\theta} & 0 \\ 0 & e^{-i\theta} \end{pmatrix} \middle| \theta \in \mathbb{R} \right\}.$$

したがって SU(2) の表現の指標は T での値で決まってしまいます．$T \cong \mathbb{R}/2\pi\mathbb{R}$ なので T 上の関数なら上記の θ についての周期 2π の関数で書くことができます．そこで SU(2) 全体での値を記述する代わりに指標の T への制限を記述することにします．前節で記述した SU(2) の $k+1$ 次元既約表現 (π_k, V_k) の指標は

$$\theta_{V_k}\left(\begin{pmatrix} e^{i\theta} & 0 \\ 0 & e^{-i\theta} \end{pmatrix}\right) = \frac{e^{i(k+1)\theta} - e^{-i(k+1)\theta}}{e^{i\theta} - e^{-i\theta}}$$

のように記述されます．

問題 2 上記の指標公式を証明せよ．

SU(n) や U(n) に対しても T をそれらの中に含まれる対角行列全体のなす群とすれば同様に話が進みますし，一般の連結コンパクトリー群に対しても T にあたるもの（極大トーラスとかカルタン部分群と言われるもの）がとれます．既約表現の指標の具体的な公式がワイルによって求められていて，**ワイルの指標公式**と言われます．

4 非コンパクト簡約リー群の指標

簡約リー群 (reductive Lie group) はコンパクトリー群を含む重要なクラスです．例えば $n \times n$ 実可逆行列のなす群 $\mathrm{GL}_n(\mathbb{R})$ や行列式が 1 の $n \times n$ 実行列のなす群 $\mathrm{SL}_n(\mathbb{R})$ などはこのクラスに属していますが，コンパクトではありません．このような群に対しては既約表現は有限次元とは限りませんし，応用上無限次元表現を積極的に扱う必要があります．またハール測度は存在しますが，群自体は体積有限でなく補題 1 の証明のような議論はできず，表現が既約表現の直和に分解するとは限りません．そこで群の作用で不変なエルミット内積の存在を仮定するということが考えられます．表現空間に完備性も要求して**ヒルベルト空間**としたものを**ユニタリ表現**と言います．ユニタリ表現は既約ユニタリ表現の直積分（直和を一般化したもの）に分解することができます．理論上の要請により**認容表現**という表現のクラスもよく使われます．例えば既約表現に限れば，既約ユニタリ表現は既約認容表現になりますが逆は言えません．認容表現でない既約表現というものも存在しますが，た

ぶんに病理的であり，あまり興味は持たれていないようです．既約認容表現はラングランズ (Langlands) によって分類されています．これについては後でまた触れますが，ラングランズのそもそもの動機は非可換類体論の定式化にあり，簡約リー群の表現論はその無限素点における局所理論ということになります．動機は数論ですが，ラングランズの手法自体は既約表現の行列成分の無限遠での漸近挙動によって表現を分類するという解析的なものです．一方，既約認容表現の分類についてはボーガン (Vogan) による代数的アプローチと，ベイリンソン (Beilinson) とベルンシュタイン (Bernstein) による旗多様体上の幾何で記述される分類があります．驚くことにこの 3 種類の分類は，手法はまったく異なるのに本質的に同じものであり，それぞれの間の関係も理解されています．

既約ユニタリ表現は理論的にはよい性質を持ち，扱いやすい面を持っているのですが，分類は一般的には未解決の大問題です．それでもかなりの進展がなされており，例えば $GL_n(\mathbb{R})$ などについてはボーガンが分類を完成しましたし，最近ボーガンらによって，既約認容表現が与えられたときそれがユニタリであるかどうかを判定するアルゴリズムが確立されたりしています．

さて指標の話に戻りましょう．コンパクト群のときとは違って無限次元表現をまともに扱わなければなりません．問題なのはトレースです．例えば認容表現の表現空間は可分ヒルベルト空間としてよいので，その上の線形作用素のトレースは正規直交基底を 1 つ取ってそれによる行列表示の対角成分の和として定義はできます．ただし無限和なので収束しないと意味がありません．例えば単位元の行き先は恒等作用素なので発散してしまいます．ハリッシュ–チャンドラ (Harish-Chandra) はこの困難を克服すべく以下のように理論を構築しました．まず G を簡約リー群としますが，ここでは簡単のため $GL_n(\mathbb{C})$ の部分群になっているものに限定します．G の元が半単純であるとは $GL_n(\mathbb{C})$ の元とみて対角化可能であることとします．また正則半単純であるとはその G における中心化群が可換になることとします．G の正則半単純元のなす集合を G_{rs} とおくとこれは G の稠密開集合になります．また $C_0^\infty(G)$ で G 上のコンパクト台を持った C^∞-級関数全体のなす空間を表します．この $C_0^\infty(G)$ には **LF 空間** となる線形位相空間の構造が入ります．そこで (π, V) を G の認容表現とするとき $\varphi \in C_0^\infty(G)$ に対して V 上の線形作用素 $\pi(\varphi)$ を

以下のように定めます．

$$\pi(\varphi)v = \int_G \varphi(g)\pi(g)v\,dg \quad (v \in V).$$

この $\pi(\varphi)$ に対しては上述のようにしてトレース $\mathrm{tr}\pi(\varphi)$ を定めると，これはちゃんと収束してくれます．$C_0^\infty(G) \ni \varphi \mapsto \mathrm{tr}\pi(\varphi) \in \mathbb{C}$ という対応は $C_0^\infty(G)$ 上の連続線形汎関数を定めますが，このようなものは**シュワルツ** (Schwartz) **超関数** (distribution) と言われるものです．このようにしてハリッシュ–チャンドラは認容表現の指標を超関数として定義しました．以下 V の指標を Θ_V とおきます．この超関数 Θ_V は G 上の適当な両側 G-不変な線形微分作用素 Ω に対して $\Omega\Theta_V = 0$ なる微分方程式を満たすことを用いて，G_{rs} 上実解析的関数になることを示せます．さらにハリッシュ–チャンドラが示した深い結果はこの Θ_V が局所可積分関数になるというものです．このことより Θ_V は G_{rs} への制限で決まってしまうことになります．この関数は定理 3 と同様なことが成り立ち G の正則半単純元からなるすべての共役類上一定の値を取ります．

以下 $G = \mathrm{SL}_2(\mathbb{R})$ の場合を例にとって説明していきます．まず G_{rs} は I を単位元として $\mathrm{GL}_2(\mathbb{C})$ の中で対角化可能な元から $\{\pm I\}$ を除いたものになります．ここで G の部分群 A と T を以下のように定めます．

$$A = \left\{ \begin{pmatrix} a & 0 \\ 0 & a^{-1} \end{pmatrix} \middle| a \in \mathbb{R}, a \neq 0 \right\},$$

$$T = \left\{ \begin{pmatrix} \cos\theta & -\sin\theta \\ \sin\theta & \cos\theta \end{pmatrix} \middle| \theta \in \mathbb{R} \right\}.$$

問題 3 $g, g' \in \mathrm{GL}_2(\mathbb{R})$ に対してある $h \in \mathrm{GL}_2(\mathbb{C})$ が存在して $g' = hgh^{-1}$ となったとする．このときある $r \in \mathrm{GL}_2(\mathbb{R})$ が存在して $g' = rgr^{-1}$ となることを示せ．またこのことを用いて $\mathrm{SL}_2(\mathbb{R})$ の正則半単純元を含む共役類は A か T のいずれか一方と交わることを示せ．

この問題に書かれていることを認めれば $A' = A - \{\pm I\}$ および $T' = T - \{\pm I\}$ とおくと G の認容表現の指標は A' および T' への制限を求めればよいことになります．A や T はカルタン部分群と言われるものですが，一般

の簡約リー群に対しても有限個のカルタン部分群が存在して指標はそれらへの制限が記述できればよいということになります．

最後に既約認容表現の指標がどのように求められるのかについて説明します．まず G 上の両側不変線形微分作用素のなす環 Z を考えましょう．認容表現の表現空間をヒルベルト空間などとすると Z は作用できませんが，適当な稠密部分空間を取るとそこには作用が定義できます．既約認容表現に対しては Z の元はすべてスカラー倍で作用します．ハリッシュ–チャンドラは Z が同じスカラー倍で作用する既約認容表現は有限個であることを示しました．以下簡単のために Z が自明表現（つまり G の元がすべて恒等作用素で作用する 1 次元表現）と同じスカラー倍で作用するような状況を考えましょう．（このような認容表現を自明な無限小指標を持つ表現といいます．無限小指標とは上記の超関数の指標とは別物です．）

さてラングランズの既約認容表現の分類に話を戻しましょう．まず彼は標準表現と言われるものを構成しました．これは部分群の**離散系列表現** (discrete series) などから構成された**放物型部分群** (parabolic subgroup) の表現から誘導という操作で構成されるものです．この標準表現自体は既約とは限りませんが有限の長さを持っています．ここで重要なのは認容表現においてはコンパクト群の表現のときのように既約部分表現の直和に分解されるわけではないことです．標準表現に対してはむしろいくつかの既約成分の非自明な拡大になっており，特にラングランズが示したことは，商になっている既約表現は一意に定まることです．これはラングランズ商表現といわれるものです．ラングランズの既約表現の分類の骨子は既約表現と標準表現は一対一に対応し，標準表現に対応する既約表現はこのラングランズ商表現であるということです．

さて離散系列表現はこれも大理論ですが，ハリッシュ–チャンドラによってすべて分類され，その研究を踏まえ平井らによって指標も具体的に計算されています．これを使えば標準表現の指標も計算できることになります．ただラングランズの議論では既約表現は標準表現の商であることがわかるだけなので，これだけからは既約表現の指標はわかりません．そこで自明な無限小指標を持つ認容表現の指標によって張られるベクトル空間 $\mathcal{C}$ を考えます．すると既約表現の指標全体と標準表現の指標全体はそれぞれ $\mathcal{C}$ の基底になるこ

とがわかります．したがって標準表現の組成列の中に既約表現がどれだけ出てくるか重複度を求めればよいことになります．しかしこれは難しい問題でした．

解決に向けてのブレークスルーは 1980 年代にカジュダン (Kahzdan) とルーツティックによって拓かれました．彼らは認容表現とは類似の状況になっている最大ウエイト加群の圏における問題に肉薄しました．彼らは**旗多様体** (flag variety) におけるシューベルト多様体 (Schubert variety) の**交叉コホモロジー** (intersection cohomology) を計算するアルゴリズムを与えました．この証明は正標数還元を行い ℓ-進層の話に持ち込み，ベイユ (Weil) 予想を使うという深いものです．そしてこの旗多様体の幾何と最大ウエイト加群が結びつくだろうと予想したのです．最大ウエイト加群の中でも標準表現に対応する対象として**バルマ加群** (Verma module) というものがありますが，彼らの予想が正しければこれの組成列における既約最大ウエイト加群の重複度が彼らのアルゴリズムで計算できることになります．

このカジュダン–ルーツティック予想はほどなくベイリンソンとベルンシュタインおよびブリリンスキー (Brylinski) と柏原によって独立に解決されました．これは大体次のように進行します．まず最大ウエイト加群に局所化という操作を行い旗多様体上の**連接 D-加群**を構成します．この D-加群は確定特異点型のホロノミック系であることがわかるので，あとは柏原によるリーマン–ヒルベルト対応によって旗多様体上の交叉コホモロジーの話がでてくるわけです．

もとの認容表現においてもボーガンは上記の研究を受けて旗多様体上の対応する幾何を研究し，アルゴリズムを定式化しルーツティックとともにこれで既約認容表現の指標が計算できることを示しました．

これ以外にもラングランズの思想の発展とか，指標の話としては既約ユニタリ表現の中でも特別な位置をしめるユニポテント表現の指標など話は尽きませんが，とりあえずここで筆を置くことにします．

用語集

線形代数

- エルミット内積：複素ベクトル空間 V のエルミット内積とは写像 $\langle \cdot, \cdot \rangle : V \times V \to V$ であって次の3条件を満たすものである．
  (a) 任意の $a, b \in \mathbb{C}$ および $x, y, z \in V$ に対して $\langle ax + by, z \rangle = a\langle x, z \rangle + b\langle y, z \rangle$ となる．
  (b) 任意の $x, y \in V$ に対して $\langle x, y \rangle = \overline{\langle y, x \rangle}$ となる．
  (c) 任意の $x \in V$ で $x \neq 0$ となるものに対して $\langle x, x \rangle > 0$ となる．

解析学

- シュワルツ超関数：コンパクト台を持つ無限回微分可能関数の空間にしかるべく LF 空間の構造を入れたものの上の連続汎関数．関数のように層をなす．

関数解析

- ヒルベルト空間：完備な正定値エルミット内積を持つ複素ベクトル空間．内積から定まる距離によって完備距離空間の構造を入れる．位相空間として可分であることと加算個の元からなる正規直交基底を持つことは同値となる．
- フレシェ空間：可算個のセミノルムを持つ複素ベクトル空間でセミノルムたちから定まる距離空間として完備になるもの．
- LF 空間：フレシェ空間の帰納極限として定まる位相ベクトル空間．一般には距離付け可能ではない．

リー群論

- リー群：滑らかな多様体および群の構造を併せ持ち群の演算と逆元を取る写像も滑らかになるもの．
- 簡約リー群：連結簡約リー群はそのリー代数の複素化があるコンパクト群のリー代数の複素化と一致するもの．連結でない場合は目的によっていろいろな定義があり複雑である．ハリッシュ–チャンドラが定義したハリッシュ–チャンドラクラスというものなどがある．例えば一般線形群など古

典群 (classical group) と呼ばれるものは簡約リー群になる．もちろんコンパクトリー群も簡約リー群である．
- 放物型部分群：簡約リー群の閉部分群であって商空間がコンパクトかつ正規化群が自分自身と一致するようなもの．

表現論
- 離散系列表現：簡約リー群 G の 2 乗可積分関数のなすヒルベルト空間を左作用で G の表現とみたとき部分表現として実現されるような既約ユニタリ表現．ハリッシュ–チャンドラによって分類された．

代数解析
- 連接 D-加群：（この講義の文脈では）複素数体上代数的な線形微分作用素のなす環の層 D 上の加群の層で連接性条件を満たすもの．ただし D は D-加群として連接加群なので，局所有限表示と同等になる．

幾何学
- 交叉コホモロジー：ゴレスキー (Goresky) とマックファーソン (MacPherson) によって特異性を持つ多様体でもポアンカレ双対が成り立つようなコホモロジー理論として研究されたもの．その後ドリーニュ (Deligne) により代数多様体の場合，その特別なケースは交叉複体 (intersection complex) のハイパーコホモロジーとして実現されることが指摘され，偏屈層 (perverse sheaf) の理論へと発展した．

参考書

・James Humphreys, *Introduction to Lie Algebras and Representation Theory* (Graduate Texts in Mathematics) , Springer (1994)

　リー代数の標準的な教科書，古典的なキリング，カルタン，ワイルらの業績をリー代数の観点から紹介している．ただしリー群とリー代数の関連については触れられていない．

・Anthony W. Knapp, *Lie Groups Beyond an Introduction* (Progress in Mathematics), Birkhäuser (2002)

　リー群，リー代数について重要なことがらを網羅的にまとめている．記述

は非常に丁寧である．下記の 2 冊を読むための準備として最適であろう．

・Anthony W. Knapp, *Representation Theory of Semisimple Groups: An Overview Based on Examples* (Landmarks in Mathematics and Physics), Princeton University Press (2001)

この講義で触れた指標の話を初めとして解析的な観点から見た簡約リー群の表現論の定番的教科書．

・Anthony W. Knapp and David A. Vogan, *Cohomological Induction and Unitary Representations* (Princeton Mathematical Series), Princeton University Press (1995)

この本は代数的観点から見た簡約リー群の表現論の定番的教科書．

問題の解答

1 V の次元についての帰納法で示す．V が 0 次元のときは明らか．$\dim V > 0$ とする．V の $\{0\}$ でない部分表現の中でもっとも次元が小さいもの U を 1 つ取ると，これは既約部分表現である．したがって V の仮定よりある部分表現 V' が存在し $V = U \oplus V'$ となる．したがって，V' が V と同じ条件を満たすことが言えれば帰納法の仮定より V' は既約部分表現の直和になり問題が示せる．そこで W を V' の任意の部分表現とする．さらに $p : V \to V'$ を直和分解 $V = U \oplus V'$ に関する射影とする．すると $p^{-1}(W)$ は V の U を含む部分表現になるので定理の仮定より，ある W' が存在して $V = p^{-1}(W) \oplus W'$ となる．すると $p(W')$ は V' の部分表現であり $V' = W \oplus p(W')$ が言えるので問題は示された．

2 SU(2) の $k+1$ 次元既約表現 (π_k, V_k) の基底 $X^k, X^{k-1}Y, ..., X^{k-i}Y^i, ..., Y^k$ によって $\pi_k\left(\begin{pmatrix} e^{i\theta} & 0 \\ 0 & e^{-i\theta} \end{pmatrix}\right)$ を行列表示すると

$$\begin{pmatrix} e^{-ik\theta} & 0 & \cdots & 0 & 0 \\ 0 & e^{-i(k-2)\theta} & & 0 & 0 \\ \vdots & & \ddots & \vdots & \vdots \\ 0 & 0 & \cdots & e^{i(k-2)\theta} & 0 \\ 0 & 0 & \cdots & 0 & e^{ik\theta} \end{pmatrix}$$

となるのでこのトレースを取ればよい．

3 後半は前半より容易に従うので前半を示す．まず 2×2 実行列 h_1, h_2 を用いて

$h = h_1 + ih_2$ と書くと $(h_1+ih_2)g = g'(h_1+ih_2)$ となる．実部を比較すると $h_1 g = g'h_1$, $h_2 g = g'h_2$ を得るので，任意の複素数 t に対して $(h_1 + th_2)g = g'(h_1 + th_2)$ となる．ここで $F(t) = \det(h_1 + th_2)$ は $F(i) \neq 0$ を満たすので恒等的に 0 でなく高々 2 次式でもある．したがって，ある $t_0 \in \mathbb{R}$ に対して $h_1 + t_0 h_2$ は可逆であるのでこれを r と置けばよい．

第6講　整数論
——モジュラー曲線の背後に潜む数論的現象

三枝洋一

複素上半平面を群作用で割って得られるモジュラー曲線についての話をします．モジュラー曲線は一見整数論とはあまり関係がなさそうに見えますが，実はそうではなく，その背後にとても面白い数論的現象が隠れているということを説明したいと思います．また，より最近の話題として，高次元の場合の研究の進展についても簡単に解説を行います．

1　モジュラー曲線の不思議

この話の主題であるモジュラー曲線とは，ひとことでいうと，複素上半平面

$$\mathbb{H} = \{z \in \mathbb{C} \mid \operatorname{Im} z > 0\}$$

を

$$\mathrm{SL}_2(\mathbb{Z}) = \left\{ \begin{pmatrix} a & b \\ c & d \end{pmatrix} \;\middle|\; a,b,c,d \in \mathbb{Z}, ad - bc = 1 \right\}$$

の合同部分群の作用によって割って得られる空間のことです．複素解析の講義でも出てくるように，$\mathrm{SL}_2(\mathbb{R})$ は $\mathbb{H}$ に一次分数変換

$$\begin{pmatrix} a & b \\ c & d \end{pmatrix} \cdot z = \frac{az+b}{cz+d}$$

によって作用するのでした．したがって，$\mathrm{SL}_2(\mathbb{Z})$ の任意の部分群 Γ は $\mathbb{H}$ に作用することになりますが，ここでとりあげる**合同部分群** (congruence subgroup) とは，ある整数 $N \geq 1$ に対して

$$\Gamma \supset \Gamma(N) = \left\{ \begin{pmatrix} a & b \\ c & d \end{pmatrix} \in \mathrm{SL}_2(\mathbb{Z}) \;\middle|\; a,d \equiv 1, b,c \equiv 0 \pmod{N} \right\}$$

を満たすような Γ のことを指します．$\mathrm{SL}_2(\mathbb{Z}) = \Gamma(1)$ や $\Gamma(N)$ 自身はもちろん合同部分群ですが，それ以外の例としては，

$$\Gamma_0(N) = \left\{ \begin{pmatrix} a & b \\ c & d \end{pmatrix} \in \mathrm{SL}_2(\mathbb{Z}) \,\middle|\, c \equiv 0 \;(\mathrm{mod}\, N) \right\},$$

$$\Gamma_1(N) = \left\{ \begin{pmatrix} a & b \\ c & d \end{pmatrix} \in \mathrm{SL}_2(\mathbb{Z}) \,\middle|\, c \equiv 0, d \equiv 1 \;(\mathrm{mod}\, N) \right\}$$

などが挙げられます．

Γ を合同部分群とするとき，Γ の $\mathbb{H}$ への作用の商空間 $\Gamma \backslash \mathbb{H}$ は自然にリーマン面（一次元複素多様体）の構造を持つことが分かります．これを**モジュラー曲線** (modular curve) といいます．この定義だけを見ていると，$\Gamma \backslash \mathbb{H}$ は複素解析ないし複素幾何の世界の対象であり，整数論とは全く関係がないように思われますが，実はそうではないのです．

まず，次が成り立つことが知られています：
- モジュラー曲線は複素数係数の代数方程式で表される．

別の言い方をすると，「モジュラー曲線は $\mathbb{C}$ 上の代数曲線である」ということになります．この事実はちょっと不思議な感じもしますが，コンパクトなリーマン面が $\mathbb{C}$ 上の代数曲線になるという一般論から導かれることなので，モジュラー曲線特有の現象というわけではありません．

整数論的な見地から，さらに不思議で面白い現象として，
- モジュラー曲線を表す代数方程式の係数は代数的整数にとれる

ということが成り立ちます．特に $\Gamma = \Gamma_1(N)$ の場合には，整数係数にとることができます．例えば，モジュラー曲線 $\Gamma_1(11) \backslash \mathbb{H}$ は $y^2 + y = x^3 - x^2$ という方程式で表すことができるのです．

では，どうしてこのような現象が起こるのでしょうか．それを説明する鍵は，商空間 $\Gamma \backslash \mathbb{H}$ の点を別の方法で解釈することにあります．手始めに，一番簡単な場合である $\Gamma = \mathrm{SL}_2(\mathbb{Z})$ のときを考えてみることにしましょう．

まず，複素上半平面上の点 $\tau \in \mathbb{H}$ が与えられたとすると，それから $\mathbb{C}$ の部分アーベル群 $\Lambda_\tau = \mathbb{Z} + \mathbb{Z}\tau = \{a + b\tau \mid a, b \in \mathbb{Z}\}$ をつくることができます．このような部分アーベル群を**格子** (lattice) といいます．次の問題のように，$\tau, \tau' \in \mathbb{H}$ の $\mathrm{SL}_2(\mathbb{Z}) \backslash \mathbb{H}$ における像 $[\tau], [\tau']$ が一致するための必要十分条件を，

対応する格子 $\Lambda_\tau, \Lambda_{\tau'}$ を用いて表すことができます．

問題 1 $\tau, \tau' \in \mathbb{H}$ に対し，以下は同値であることを示せ．

- $\tau = g\tau'$ となる $g \in \mathrm{SL}_2(\mathbb{Z})$ が存在する．つまり，$[\tau] = [\tau']$ が成り立つ．
- $\alpha \Lambda_\tau = \Lambda_{\tau'}$ となる $\alpha \in \mathbb{C}^\times$ が存在する．

次に，格子 $\Lambda_\tau \subset \mathbb{C}$ による商を考えることで，複素トーラス $\mathbb{C}/\Lambda_\tau$ をつくることができます．これはドーナツ型をしたコンパクトリーマン面です．$\tau, \tau' \in \mathbb{H}$ に対し，$\mathbb{C}/\Lambda_\tau$ と $\mathbb{C}/\Lambda_{\tau'}$ がいつ複素多様体として同型になるかを考えてみましょう．同型 $\mathbb{C}/\Lambda_\tau \xrightarrow{\cong} \mathbb{C}/\Lambda_{\tau'}$ が同型 $\mathbb{C} \xrightarrow{\cong} \mathbb{C}$ に持ち上がること，$\mathbb{C}$ の複素多様体としての自己同型は定数倍のみであることに注意すると，$\mathbb{C}/\Lambda_\tau \cong \mathbb{C}/\Lambda_{\tau'}$ であることは，ある $\alpha \in \mathbb{C}^\times$ に対して $\alpha \Lambda_\tau = \Lambda_{\tau'}$ となることと同値であることが分かります．問題 1 よりこれは $[\tau] = [\tau']$ と同値だったので，結局 $\mathbb{C}/\Lambda_\tau \cong \mathbb{C}/\Lambda_{\tau'} \iff [\tau] = [\tau']$ となります．

最後のステップは，$\mathbb{C}/\Lambda_\tau$ が実は代数曲線であるということです．Weierstrass の $\wp$ 関数を

$$\wp_\tau(z) = \frac{1}{z^2} + \sum_{\omega \in \Lambda_\tau \setminus \{0\}} \left(\frac{1}{(z-\omega)^2} - \frac{1}{\omega^2} \right)$$

で定めると，次の定理が成立します．

定理 1 $g_4(\tau) = \sum_{\omega \in \Lambda_\tau \setminus \{0\}} \omega^{-4}$, $g_6(\tau) = \sum_{\omega \in \Lambda_\tau \setminus \{0\}} \omega^{-6}$ とおき，代数曲線

$$E_\tau : y^2 = 4x^3 - 60 g_4(\tau) x - 140 g_6(\tau)$$

を考える．このとき，複素多様体の同型

$$(\wp_\tau, \wp'_\tau) \colon \mathbb{C}/\Lambda_\tau \xrightarrow{\cong} E_\tau; \quad [z] \mapsto (\wp_\tau(z), \wp'_\tau(z))$$

がある．

上の定理に出てくる代数曲線 E_τ は**楕円曲線** (elliptic curve) と呼ばれるものの一つとなっています．一般に，標数が 2 または 3 でない体 K 上の楕円曲線とは，$y^2 = x^3 + ax + b$ $(a, b \in K, 4a^3 + 27b^2 \neq 0)$ という方程式で表される代数曲線のことを指します（E_τ は x^3 の係数が 1 ではありませんが，変数変換を

すると 1 にすることができます）．標数が 2 や 3 の場合の定義もありますが，少し複雑になるのでここでは割愛します．$\tau, \tau' \in \mathbb{H}$ に対して $\mathbb{C}/\Lambda_\tau \cong \mathbb{C}/\Lambda_{\tau'}$ （複素多様体としての同型）であることは $E_\tau \cong E_{\tau'}$ （代数多様体としての同型）であることと同値なので（いわゆる GAGA 原理），$E_\tau \cong E_{\tau'} \iff [\tau] = [\tau']$ が結論されます．

少し長い道程だったので，これまでの議論の流れをまとめておきましょう．

$$\tau(\mathbb{H} \text{ の点}) \mapsto \Lambda_\tau(\text{格子}) \mapsto \mathbb{C}/\Lambda_\tau(\text{複素トーラス}) \mapsto E_\tau(\text{楕円曲線})$$

この対応を用いると，次の定理のように，$SL_2(\mathbb{Z})\backslash \mathbb{H}$ の点に新たな解釈を与えることができます．

定理 2　$[\tau] \leftrightarrow E_\tau$ によって，次の一対一対応が与えられる：

$$SL_2(\mathbb{Z})\backslash \mathbb{H} \text{ の点} \longleftrightarrow \mathbb{C} \text{ 上の楕円曲線の同型類}.$$

このような状況を，「$SL_2(\mathbb{Z})\backslash \mathbb{H}$ は $\mathbb{C}$ 上の楕円曲線の**モジュライ空間** (moduli space) である」といいます．

ポイントは，一対一対応の右辺，すなわち楕円曲線の同型類は，複素数体 $\mathbb{C}$ に限らず，有理数体 $\mathbb{Q}$ を始めとする様々な体の上で考えることができるということです．そこで，$\mathbb{Q}$ 上の楕円曲線のモジュライ空間を考えれば，それは $\mathbb{Q}$ 上の代数曲線，すなわち有理数係数の代数方程式で定義された代数曲線となるので，上の定理と合わせて，$SL_2(\mathbb{Z})\backslash \mathbb{H}$ が有理数係数（分母を払えば整数係数）の定義方程式を持つことが分かるのです．

なお，上で出てきた $\mathbb{Q}$ 上の代数曲線やモジュライ空間の話を正確にするためには，代数幾何の現代的な枠組みである**スキーム** (scheme) の理論が必要となります．

これで $\Gamma = SL_2(\mathbb{Z})$ の場合が分かったので，次は $\Gamma = \Gamma_1(11)$ の場合を考えてみましょう．$\Gamma_1(11) \subset SL_2(\mathbb{Z})$ なので，$\tau, \tau' \in \mathbb{H}$ が $\Gamma_1(11)$ の作用でうつりあうのは $SL_2(\mathbb{Z})$ の作用でうつりあうよりも難しいということになります．このことから，楕円曲線 $E_\tau, E_{\tau'}$ のみを考えるのでは情報が粗すぎ，もう少し細かい情報を付加する必要があると想像できます．ではどうするかというと，$\mathbb{C}/\Lambda_\tau$ の点 $P_\tau = (\frac{1}{11} \bmod \Lambda_\tau) \in \mathbb{C}/\Lambda_\tau$ との組 $(\mathbb{C}/\Lambda_\tau, P_\tau)$ を考えるとちょ

うどうまくいくのです．次の問題を解いてみてください．

問題 2 $\tau, \tau' \in \mathbb{H}$ に対し，以下は同値であることを示せ．

- $\tau = g\tau'$ となる $g \in \Gamma_1(11)$ が存在する．つまり，$\Gamma_1(11)\backslash\mathbb{H}$ において $[\tau] = [\tau']$ が成り立つ．
- 複素多様体の同型 $f\colon \mathbb{C}/\Lambda_\tau \xrightarrow{\cong} \mathbb{C}/\Lambda_{\tau'}$ で $f(P_\tau) = P_{\tau'}$ を満たすものが存在する．

ただし，同型 $f\colon \mathbb{C}/\Lambda_\tau \xrightarrow{\cong} \mathbb{C}/\Lambda_{\tau'}$ は $[z] \mapsto [\alpha z]$（α は $\alpha\Lambda_\tau = \Lambda_{\tau'}$ を満たす $\mathbb{C}^\times$ の元）という形をしていることを用いてよい．

さて，定理 1 の同型 $(\wp_\tau, \wp_\tau')\colon \mathbb{C}/\Lambda_\tau \xrightarrow{\cong} E_\tau$ を用いると，P_τ は楕円曲線 E_τ の点と見ることもできます．この点はどのような性質を持っているでしょうか．ここでは，$\mathbb{C}/\Lambda_\tau$ がアーベル群の構造を持ち，$P_\tau \in \mathbb{C}/\Lambda_\tau$ は $11P_\tau = 0$ を満たしていることに注目します．$\mathbb{C}/\Lambda_\tau$ と E_τ は複素多様体として同型なので，E_τ もアーベル群の構造を持つはずです．実は，一般に楕円曲線 $E\colon y^2 = x^3 + ax + b$ に対して，以下のような方法で E 上にアーベル群の構造を定めることができます．

(1) E 上の点 $P = (x, y)$ に対し，$-P = (x, -y)$ とおく．

(2) E 上の点 P, Q に対し，P, Q を結ぶ直線（$P = Q$ のときは P における接線）l と E の交点を $P * Q$ とおき，$P + Q = -(P * Q)$ と定める．

(3) (2) で l が y 軸と平行なときは，$P * Q, P + Q$ は仮想的な「無限遠点」O と解釈する（O も E の点とみなす．これが単位元となる）．$-O = O$, $P + O = P$, $O + O = O$ と定義する．

問題 3 $E\colon y^2 = x^3 + ax + b$ を体 K 上の楕円曲線とし，

$$E(K) = \{(x, y) \in K^2 \mid y^2 = x^3 + ax + b\} \cup \{O\}$$

を E の K 有理点全体の集合とする．$P, Q \in E(K)$ ならば $P + Q \in E(K)$ であることを示せ．

問題 4 $(\wp_\tau, \wp_\tau')\colon \mathbb{C}/\Lambda_\tau \xrightarrow{\cong} E_\tau$ はアーベル群の準同型であることを示せ．

問題 4 より，$P_\tau \in E_\tau(\mathbb{C})$ も $11P_\tau = 0$ を満たしていることが分かります．このような点は，楕円曲線 E_τ の 11 等分点と呼ばれます．$P_\tau = (x, y)$ が 11

等分点であるという条件は, x, y に関する代数方程式で記述できることに注目しましょう．

ここまでの話をまとめると, $\tau \in \mathbb{H}$ に対して複素トーラスとその上の点の組 $(\mathbb{C}/\Lambda_\tau, P_\tau)$ ができ，それを同型 $(\wp_\tau, \wp'_\tau)$ でうつすことで楕円曲線とその 11 等分点の組 (E_τ, P_τ) ができるのでした．定理 2 と同様，この対応を用いて $\Gamma_1(11)\backslash\mathbb{H}$ をモジュライ空間として解釈することができます．

定理 3 $[\tau] \leftrightarrow (E_\tau, P_\tau)$ によって，次の一対一対応が与えられる：

$$\Gamma_1(11)\backslash\mathbb{H} \text{ の点} \longleftrightarrow 組 (E, P) \text{ の同型類}.$$

ただし，E は $\mathbb{C}$ 上の楕円曲線であり，P は $11P = O, P \neq O$ を満たす E の $\mathbb{C}$ 有理点である．

既に述べたように，楕円曲線 E は一般の体 K 上で考えることができます．さらに P についても「$\mathbb{C}$ 有理点」を「K 有理点」(問題 3 参照) に変更すれば，「組 (E, P) の同型類」は K 上でも意味を持つ概念であることが分かります．そこで，$\mathbb{Q}$ 上の組 (E, P) のモジュライ空間を考えれば，それは $\mathbb{Q}$ 上の代数曲線となり，定理 3 と合わせて $\Gamma_1(11)\backslash\mathbb{H}$ が有理数係数の代数方程式で定義された代数曲線となることが結論されます．

このやり方では，$\Gamma_1(11)\backslash\mathbb{H}$ が $\mathbb{Q}$ 上の代数曲線であることが定義方程式を具体的に求めることなく分かるのですが，さらに細かい考察を行うことで，定義方程式を決定することもできます．答えは先に述べた通り $y^2 + y = x^3 - x^2$ となるのですが，計算の部分は問題としておきます．モジュライ空間という一見抽象的な考え方と，方程式という具体的な対象が結び付く面白い話題ですので，興味のある方はぜひ取り組んでみてください．

問題 5 E を体 K 上の楕円曲線とし，P をその K 有理点で $11P = O, P \neq O$ を満たすものとする．図 1 のように座標軸をとり直す．

この座標のもとで，E の方程式は $y^2 + (1 - b)xy - ay = x^3 - ax^2$ となり，$P = (0, 0)$ となる．

(1) $2P, 3P, 4P, 5P, 6P$ の座標を a, b で表せ．

(2) $11P = O$ より $5P = -6P$ となるので，$5P$ と $6P$ の x 座標は等しい．

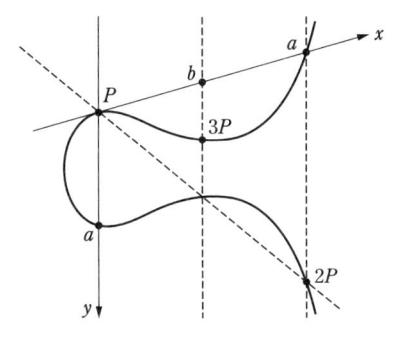

図 1 新しい座標軸

この等式から得られる a, b の関係式を整理し，適切な置き換えを行って $\Gamma_1(11)\backslash\mathbb{H}$ の定義方程式 $y^2 + y = x^3 - x^2$ を導け．

(3) 方程式 $y^2 + y = x^3 - x^2$ は $\mathbb{Q}$ 上の楕円曲線 X を定めることを示せ．また，$X(\mathbb{C})$ の 5 点 $O, (0,0), (1,0), (0,-1), (1,-1)$ は $\Gamma_1(11)\backslash\mathbb{H}$ の点に対応しないことを示せ．

$\Gamma_1(11)\backslash\mathbb{H}$ は，問題 5 (3) の楕円曲線 X から 5 点 $O, (0,0), (1,0), (0,-1), (1,-1)$ を除いて得られる代数曲線となることが知られています．この X を $\Gamma_1(11)\backslash\mathbb{H}$ のコンパクト化と呼びます．X のことを $X_1(11)$ と書くこともよくあります．除いた 5 点は特異点を持つ 3 次曲線に対応し，$\Gamma_1(11)\backslash\mathbb{H}$ の尖点またはカスプと呼ばれています．

2　モジュラー曲線と整数論

ここまで述べてきた通り，モジュラー曲線は代数的整数を係数とする代数方程式で定義されるので，その方程式について整数論的な考察をすることが可能になります．ここでは，$\Gamma_1(11)\backslash\mathbb{H}$ のコンパクト化 X を例にとって考えてみることにしましょう．X の定義方程式 $y^2 + y = x^3 - x^2$ は整数係数ですから，各素数 p に対してその係数の $\mathrm{mod}\, p$ をとることができます．この操作によって，各 p に対し有限体 $\mathbb{F}_p$ 上の代数曲線 X_p が得られますが，実は $p \neq 11$ のときこれらは全て楕円曲線となります．一方 $p = 11$ のときは，X_p は特異点を持つ 3 次曲線なので楕円曲線ではありません．

有限体上で考えることの特殊事情として，X_p の $\mathbb{F}_p$ 有理点の集合

$$X_p(\mathbb{F}_p) = \{(x,y) \in \mathbb{F}_p^2 \mid y^2 + y = x^3 - x^2\} \cup \{O\}$$

が有限集合になるということがあります．この集合の元の個数 $\#X_p(\mathbb{F}_p)$ がどうなるかを考えてみましょう．小さい p に対する結果を下の表にまとめてみました．法則性が分かるでしょうか？

p	2	3	5	7	(11)	13	17	19	23	29	31	37	41	43	$\cdots$
$\#X_p(\mathbb{F}_p)$	5	5	5	10	(11)	10	20	20	25	30	25	35	50	50	$\cdots$

この表だけから一般的な法則を読み取るのは難しいと思いますが，実は次の定理が成り立ちます．

定理 4 $q \prod_{n=1}^{\infty}(1-q^n)^2(1-q^{11n})^2 = \sum_{n=1}^{\infty} a_n q^n$ によって数列 $\{a_n\}$ を定めると，$p \neq 11$ のとき $a_p = (1+p) - \#X_p(\mathbb{F}_p)$ が成り立つ．

この定理に出てきた無限積 $q \prod_{n=1}^{\infty}(1-q^n)^2(1-q^{11n})^2$ で $q = e^{2\pi i z}$ ($z \in \mathbb{H}$) として得られる複素関数 $f(z)$ は重さ 2, レベル $\Gamma_1(11)$ の**保型形式** (automorphic form) というものになっています．すなわち，$f(z)$ は $\begin{pmatrix} a & b \\ c & d \end{pmatrix} \in \Gamma_1(11)$ の $\mathbb{H}$ への作用に関する

$$f\left(\frac{az+b}{cz+d}\right) = (cz+d)^2 f(z)$$

という形の対称性を持つ関数なのです．まとめると，次のようになります．

- コンパクト化されたモジュラー曲線 $X_1(11)$ の $\mathbb{F}_p$ 有理点の個数は，重さ 2, レベル $\Gamma_1(11)$ の保型形式を用いて記述できる．

実は，これは $X_1(11)$ に限ったことではなく，他のモジュラー曲線 $\Gamma_1(N)\backslash\mathbb{H}$ のコンパクト化 $X_1(N)$ に対しても成り立ちます．例として，$N = 14, 15$ の場合に，$X_1(N)$ の方程式と，その $\mathbb{F}_p$ 有理点を記述する保型形式 $f(z)$ を挙げておきます．

- $X_1(14)$: $y^2 + xy + y = x^3 - x$,
  $f(z) = q \prod_{n=1}^{\infty}(1-q^n)(1-q^{2n})(1-q^{7n})(1-q^{14n})$.
- $X_1(15)$: $y^2 + xy + y = x^3 + x^2$,
  $f(z) = q \prod_{n=1}^{\infty}(1-q^n)(1-q^{3n})(1-q^{5n})(1-q^{15n})$.

上に挙げたのはいずれも $X_1(N)$ の種数が 1 である場合です．このときには重さ 2, レベル $\Gamma_1(N)$ の尖点形式（おおむね，$q = e^{2\pi i z}$ の冪級数で書いたときの定数項が 0 である保型形式）は定数倍を除いて一意になります．つまり，重さ 2, レベル $\Gamma_1(N)$ の尖点形式は上に挙げた保型形式の定数倍になるということになります．$N = 13$ および $N \geq 16$ のときには，$X_1(N)$ の種数 g は 1 よりも大きくなります．この場合，重さ 2, レベル $\Gamma_1(N)$ の尖点形式は g 次元のベクトル空間をなします．$X_1(N)$ の $\mathbb{F}_p$ 有理点の個数は，1 つの保型形式によって記述することはできませんが，いくつかの尖点形式を組み合わせることで記述することができます．

以上の話は，

- $X_1(N)$ の $\mathbb{F}_p$ 有理点の個数は，$X_1(N)$ の ℓ 進エタールコホモロジー $H^1(X_1(N)_{\overline{\mathbb{Q}}}, \overline{\mathbb{Q}}_\ell)$ として得られるガロア表現を用いて記述できる
- $H^1(X_1(N)_{\overline{\mathbb{Q}}}, \overline{\mathbb{Q}}_\ell)$ は 2 次元ガロア表現の直和となっており，2 次元ガロア表現は保型形式と深く結び付いている

という 2 つに分解して捉えることができます．1 つ目は，Grothendieck によって構築された一般論の帰結であり，いわゆる数論幾何に属する話です．2 つ目に出てくる保型形式と 2 次元ガロア表現の結び付きは，**ラングランズ対応** (Langlands correspondence) の特別な場合（$\mathrm{GL}_2/\mathbb{Q}$ のラングランズ対応）となっています．ラングランズ対応は古典的な類体論の非可換化を内包する壮大な予想であり，20 世紀後半以降の整数論を牽引し続けてきた中心的な研究課題の一つです．その研究の進展によってラマヌジャン予想や志村・谷山予想，フェルマー予想などの大予想が解決されてきた経緯は，皆さんも耳にしたことがあるかもしれません．

3 モジュラー曲線から志村多様体へ

前節までで述べたことは，おおむね 1970 年頃までには理解されていたことです．より最近の話題として，ここまでの話を高次元化するとどうなるかということについて説明したいと思います．

モジュラー曲線は複素上半平面 $\mathbb{H}$ の商として定義されていましたので，まず $\mathbb{H}$ の高次元化がどうなるかを考えましょう．答を先に述べてしまうと，

整数 $n \geq 1$ に対し，

$$\mathbb{H}_n = \{Z \in M_n(\mathbb{C}) \mid {}^t Z = Z,\ \mathrm{Im}\, Z \text{ は正定値}\}$$

が複素上半平面の一つの高次元化とされています．これをジーゲル上半空間 (Siegel upper-half space) と呼びます．なぜこれが高次元化にあたるのでしょうか？ 確かに $\mathbb{H}_1 = \mathbb{H}$ となっていますが，より深い相同性を観察するために，$\mathbb{H}$ のときと同様，$\mathbb{H}_n$ への群作用に注目しましょう．$J = \begin{pmatrix} 0 & I_n \\ -I_n & 0 \end{pmatrix} \in \mathrm{GL}_{2n}(\mathbb{R})$ とおき（I_n は n 次単位行列），斜交群 $\mathrm{Sp}_{2n}(\mathbb{R})$ を

$$\mathrm{Sp}_{2n}(\mathbb{R}) = \{g \in \mathrm{GL}_{2n}(\mathbb{R}) \mid g^{-1} = J\, {}^t g\, J^{-1}\}$$

で定めると，$g = \begin{pmatrix} A & B \\ C & D \end{pmatrix} \in \mathrm{Sp}_{2n}(\mathbb{R})$ $(A, B, C, D \in M_n(\mathbb{R}))$ の $Z \in \mathbb{H}_n$ への作用が

$$g \cdot Z = (AZ + B)(CZ + D)^{-1}$$

によって決まります．この作用は推移的であり，$i \cdot I_n \in \mathbb{H}_n$ の安定化群

$$K = \{g \in \mathrm{Sp}_{2n}(\mathbb{R}) \mid g(i \cdot I_n) = i \cdot I_n\}$$
$$= \left\{ \begin{pmatrix} A & B \\ -B & A \end{pmatrix} \,\middle|\, A, B \in M_n(\mathbb{R}), A \cdot {}^t A + B \cdot {}^t B = 1 \right\}$$

は $\mathrm{Sp}_{2n}(\mathbb{R})$ の極大コンパクト群となります．このことから $\mathbb{H}_n \cong \mathrm{Sp}_{2n}(\mathbb{R})/K$ が分かりますが，$\mathrm{Sp}_2(\mathbb{R}) = \mathrm{SL}_2(\mathbb{R})$ に注意すると，これは $\mathbb{H} \cong \mathrm{SL}_2(\mathbb{R})/\mathrm{SO}(2)$ の自然な高次元化とみなすことができます．

これで複素上半平面および一次分数変換の高次元化が得られたので，$\mathrm{Sp}_{2n}(\mathbb{Z})$ の合同部分群 Γ に対して商空間 $\Gamma \backslash \mathbb{H}_n$ を考えることで，モジュラー曲線の高次元版も得られます．これをジーゲルモジュラー多様体 (Siegel modular variety) と呼びます．ジーゲルモジュラー多様体は $n(n+1)/2$ 次元なので，1 次元であったモジュラー曲線に比べて扱いがかなり難しくなりますが，モジュライ空間と解釈するというアイデアによって，やはり有理数体 $\mathbb{Q}$ ないしその有限次拡大上定義される代数多様体になることが証明できるのです．なお，この場合には，楕円曲線の代わりに，その高次元版である**アーベル多様体** (abelian variety) のモジュライ空間を考えることになります．一方で，モジュラー曲線の場合に可能であった，定義方程式を具体的に計算するという部分は，高次元化が極めて困難です．ジーゲルモジュラー多様体にまつわる整数論的な考察をする際には，具体的な方程式を頼りにすることができず，より洗練された技法が要求されることになります．

モジュラー曲線の高次元化は，実はこれだけではありません．整数 $r, s \geq 0$ に対し，以下のような空間 $X_{r,s}$ を考えてみます：

$$X_{r,s} = \{\varphi \in \mathrm{Hom}_{\mathbb{C}}(\mathbb{C}^s, \mathbb{C}^r) \mid \|\varphi\| < 1\}.$$

ここで，$\|\varphi\| = \sup_{x \in \mathbb{C}^s \setminus \{0\}} \frac{|\varphi(x)|}{|x|}$ は φ の作用素ノルムを表すものとします．特に $s = 1$ のときには，$X_{r,1}$ は $\mathbb{C}^r$ の開球となります．

実は，$X_{r,s}$ は $\mathbb{H}_n$ の「ユニタリ群類似」となっています．それを説明するために，いくつか記号を導入しましょう．

- $(\ ,\ )_{r,s} \colon \mathbb{C}^{r+s} \times \mathbb{C}^{r+s} \to \mathbb{R}; \ ((x_i), (y_i))_{r,s} = \sum_{i=1}^{r} x_i \overline{y_i} - \sum_{i=r+1}^{r+s} x_i \overline{y_i}$.
- $U(r,s) = \{g \in \mathrm{GL}_{r+s}(\mathbb{C}) \mid (\ ,\ )_{r,s}$ を保つ$\}$.

このとき，$g = \begin{pmatrix} A & B \\ C & D \end{pmatrix} \in U(r,s)$ (A は $r \times r$ 行列，D は $s \times s$ 行列) の $X_{r,s}$ への作用が

$$g \cdot \varphi = (A\varphi + B)(C\varphi + D)^{-1}$$

によって定まります．この作用は推移的であり，$0 \in X_{r,s}$ の安定化群は $U(r,s)$ の極大コンパクト群 $U(r) \times U(s)$ に一致することが分かります．特に $X_{r,s} \cong U(r,s)/U(r) \times U(s)$ となりますが，これはちょうど前に出てきた同型 $\mathbb{H}_n \cong \mathrm{Sp}_{2n}(\mathbb{R})/K$ の $\mathrm{Sp}_{2n}(\mathbb{R})$ をユニタリ群 $U(r,s)$ で置き換えたものとなっています．

この場合にも，$U(r,s)$ の合同部分群による商を考えることで，モジュラー多様体のユニタリ群版を定義することができます．さらにモジュライ空間としての解釈を行うことで，このモジュラー多様体も $\mathbb{Q}$ の有限次拡大上定義された代数多様体になることが分かるのです．

これらの例を踏まえると，様々な群に対して $\mathbb{H}_n$ や $X_{r,s}$ のような空間が定義できて，その商を考えることでモジュラー多様体の類似が得られそうだと想像できるでしょう．このような理論は実際に存在し，**志村多様体** (Shimura variety) の理論と呼ばれています. まず, Sp_{2n} や $U(r,s)$ などの群の一般化として, **簡約代数群** (reductive algebraic group) というクラスがあります. 簡約代数群がある種の条件を満たすときには, それから $\mathbb{H}_n$ や $X_{r,s}$ のような複素多様体をつくることができます. これをエルミート対称領域と呼びます. エルミート対称領域を合同部分群 (より正確には, 数論的部分群) で割って得られる空間が志村多様体です. $\mathbb{H}_n$ や $X_{r,s}$ の例と同様, 志村多様体は自然に $\mathbb{Q}$ の有限次拡大上定義された代数多様体になることが証明できます (**正準モデル** (canonical model) の理論).

前節で, モジュラー曲線の $\mathbb{F}_p$ 有理点の個数が保型形式で記述できるという話をしました. これが志村多様体だとどうなるかということは, 志村多様体が登場した 1970 年代以降, 多くの研究者を惹きつけてきた問題でしたが, 近年の技術の進歩により, ようやく完全解決に向かいつつあります. その際に重要になるのが, 保型形式を表現論的な枠組みで捉える**保型表現** (automorphic representation) の理論です. 保型表現の言葉を使って一般の簡約代数群に対するラングランズ対応, そしてその精密化である Arthur 予想が定式化されるまでは, 結果がどうなるかという予想すら立てるのが困難であるという状況でした. 予想の立った 1990 年代以降は, Arthur-Selberg 跡公式の安定化に関する**基本補題** (fundamental lemma) という未解決問題がボトルネックとなっていましたが, Waldspurger を始めとする多くの研究者の貢献を経て, Ngo が 2008 年に基本補題を完全に解決し, それが大きなブレイクスルーとなったのです.

志村多様体の $\mathbb{F}_p$ 有理点の個数が保型表現で記述できるという結果は, それ自身もたいへん面白いものですが, 様々な数論的応用も持っています. 最も大きな応用は, ラングランズ対応の一方向である, GL_n の保型表現から n 次元ガロア表現を構成するという問題に関するものです. これは $\mathbb{Q}$ 上の楕円曲線に対する佐藤・テイト予想の解決の出発点ともなっています.

これまでの膨大な研究の蓄積のおかげで, 志村多様体は「かなりよく分かる」代数多様体となっています. 保型表現論と強い繋がりがあるということもあり, 現在では, ラングランズ対応の研究に限らず, 整数論の様々な分野で志村多様体が利用されているようです. 志村多様体論が自在に使えるようになった今後の整数論は, どのように発展していくのでしょうか?

用語集

複素解析
- 複素多様体：$\mathbb{C}^n$ の開集合を正則関数によって貼り合わせて得られる空間．1 次元複素多様体をリーマン面という．
- 種数：リーマン面の穴の個数のこと．$\mathbb{Q}$ 係数 1 次コホモロジーの次元の半分と定義できる．

代数学
- 推移的な作用：群 G の集合 X への作用が推移的であるとは，任意の $x, x' \in X$ に対し，$gx = x'$ となる $g \in G$ が存在すること．
- 安定化群：群 G が集合 X に作用するとき，$x \in X$ に対してそれを固定する G の元全体 $\{g \in G \mid gx = x\}$ は G の部分群となる．これを x の安定化群という．
- 格子：$\mathbb{C}$ の部分アーベル群 Λ が格子であるとは，階数 2 の自由アーベル群であり，かつ $\mathbb{C}$ の $\mathbb{C}$ 加群としての生成系になっていること．

代数幾何
- 代数多様体：いくつかの多変数多項式の共通零点として表される図形を貼り合わせることで得られる空間．次元の概念が定義でき，1 次元代数多様体を代数曲線と呼ぶ．
- モジュライ空間：各点がある種の幾何学的対象と対応付けられるような代数多様体．現代的には，表現可能関手という言葉を使って定式化される．
- エタールコホモロジー：代数多様体に対してうまく機能するコホモロジー理論の一つ．代数多様体間のエタール射を開集合の類似物とみなすことが定義の主要なアイデアである．

数論
- 代数的整数：整数係数のモニック多項式の根として表せる複素数のこと．有理数係数の多項式の根として表せる複素数は代数的数と呼ばれる．
- ガロア表現：$\mathbb{Q}$ の有限次拡大 F に対し，その代数閉包 $\overline{F}$ の F 上の自己同型群はコンパクト群となり，F の絶対ガロア群と呼ばれる．絶対ガロア

群の連続表現をガロア表現と呼ぶ．主に，素数 ℓ に対し，ℓ 進体の代数閉包 $\overline{\mathbb{Q}}_\ell$ に係数をとるガロア表現が考えられる．

参考書

・Goro Shimura, *Introduction to the Arithmetic Theory of Automorphic Functions*, Princeton University Press (1994)

志村多様体論の創始者による，モジュラー曲線および保型形式についての古典的著作です（原書は 1971 年出版）．虚数乗法論を含む多くのトピックを扱っており，迫力があります．

・Fred Diamond and Jerry Shurman, *A First Course in Modular Forms*, Graduate Texts in Mathematics 228, Springer-Verlag (2005)

モジュラー曲線および保型形式についての入門書です．

・J.-P. セール（彌永健一訳）『数論講義』岩波書店（2002 年）

第 7 章に保型形式についての解説があります．初めて保型形式を勉強する際におすすめです．

・Daniel Bump, *Automorphic Forms and Representations*, Cambridge Studies in Advanced Mathematics 55, Cambridge University Press (1997)

保型形式について，『数論講義』よりも詳しい内容が載っています．また，GL_2 の場合に限ってではありますが，保型表現の理論も解説されています．

・Eberhard Freitag（長岡昇勇訳）『ジーゲルモジュラー関数論』共立出版（2014 年）

志村多様体についての入門的な文献を挙げるのは難しいのですが，ジーゲルモジュラー多様体についてはこの本でその理論の一部を学ぶことができます．2014 年にドイツ語から日本語に翻訳されました．

・フォーラム「佐藤–テイト予想の解決と展望」，『数学のたのしみ』2008 最終号，日本評論社

2000 年代後半のラングランズ対応や志村多様体論の発展が，佐藤・テイト予想の解決を軸として平易に解説されています．この分野の近年の進展についての雰囲気が味わえると思います．

問題の解答

1 $g = \begin{pmatrix} a & b \\ c & d \end{pmatrix} \in \mathrm{SL}_2(\mathbb{Z})$ に対し $\tau = g\tau'$ であるとする．このとき $\tau = \frac{a\tau'+b}{c\tau'+d}$ である．また，$\tau' = g^{-1}\tau$ より $\tau' = \frac{d\tau-b}{-c\tau+a}$ も成り立つ．$\alpha = c\tau' + d$ とおくと，$\alpha = c(\frac{d\tau-b}{-c\tau+a}) + d = (-c\tau+a)^{-1}$ より $\alpha^{-1} = -c\tau + a$ である．これらを用いて $\alpha \Lambda_\tau = \Lambda_{\tau'}$ を示す．$\alpha = c\tau'+d \in \Lambda_{\tau'}$, $\alpha\tau = a\tau'+b \in \Lambda_{\tau'}$ より $\alpha\Lambda_\tau \subset \Lambda_{\tau'}$ である．また，$\alpha^{-1} = -c\tau+a \in \Lambda_\tau$, $\alpha^{-1}\tau' = d\tau-b \in \Lambda_\tau$ より $\alpha^{-1}\Lambda_{\tau'} \subset \Lambda_\tau$ すなわち $\alpha\Lambda_\tau \supset \Lambda_{\tau'}$ を得る．以上より $\alpha\Lambda_\tau = \Lambda_{\tau'}$ である．

次に，$\alpha \in \mathbb{C}^\times$ に対して $\alpha\Lambda_\tau = \Lambda_{\tau'}$ であるとする．$\alpha, \alpha\tau \in \Lambda_{\tau'}$ より，$\alpha = c\tau'+d$, $\alpha\tau = a\tau'+b$ となる $a,b,c,d \in \mathbb{Z}$ が存在する．α と $\alpha\tau$ は $\Lambda_{\tau'}$ の $\mathbb{Z}$ 加群としての基底になるので，$ad - bc \in \mathbb{Z}^\times = \{\pm 1\}$ とならねばならない．一方，$\tau = \frac{\alpha\tau}{\alpha} = \frac{a\tau'+b}{c\tau'+d}$ と $\mathrm{Im}\,\tau > 0$, $\mathrm{Im}\,\tau' > 0$ より $ad - bc > 0$ が分かる．以上より $ad - bc = 1$ であり，$g = \begin{pmatrix} a & b \\ c & d \end{pmatrix}$ とおくと $g \in \mathrm{SL}_2(\mathbb{Z})$ かつ $g\tau' = \frac{a\tau'+b}{c\tau'+d} = \tau$ となる．

2 $g = \begin{pmatrix} a & b \\ c & d \end{pmatrix} \in \Gamma_1(11)$ に対し $\tau = g\tau'$ であるとする．問題 1 より，$\alpha = c\tau'+d$ とおくと $\alpha\Lambda_\tau = \Lambda_{\tau'}$ である．複素多様体の同型 $\mathbb{C}/\Lambda_\tau \xrightarrow{\cong} \mathbb{C}/\Lambda_{\tau'}$ を $[z] \mapsto [\alpha z]$ で定める．これの $P_\tau = \frac{1}{11} \bmod \Lambda_\tau$ の像は $\frac{c\tau'+d}{11} \bmod \Lambda_{\tau'}$ であるが，$g \in \Gamma_1(11)$ より $c \equiv 0, d \equiv 1 \pmod{11}$ なので，これは $\frac{1}{11} \bmod \Lambda_{\tau'} = P_{\tau'}$ に一致する．

逆に，$f(P_\tau) = P_{\tau'}$ となる同型 $f\colon \mathbb{C}/\Lambda_\tau \xrightarrow{\cong} \mathbb{C}/\Lambda_{\tau'}$ が存在したとする．これは $\alpha\Lambda_\tau = \Lambda_{\tau'}$ を満たす $\alpha \in \mathbb{C}^\times$ を用いて $[z] \mapsto [\alpha z]$ と書ける．問題 1 の解答と同様，$\alpha = c\tau'+d$, $\alpha\tau = a\tau'+b$, $g = \begin{pmatrix} a & b \\ c & d \end{pmatrix}$ とおく．$g \in \mathrm{SL}_2(\mathbb{Z})$, $g\tau' = \tau$ であった．一方，$f(P_\tau) = P_{\tau'}$ より $\frac{c\tau'+d}{11} \equiv \frac{1}{11} \pmod{\Lambda_{\tau'}}$ である．このことから $c \equiv 0, d \equiv 1 \pmod{11}$ が分かり，$g \in \Gamma_1(11)$ が従う．

3 P, Q の少なくとも一方が O である場合には定義より明らかであるから，$P, Q \neq O$ としてよい．P, Q を結ぶ直線 l の方程式は K 係数である．これを $y^2 = x^3 + ax + b$ に代入すると，l が y 軸に平行でない場合には，x の K 係数 3 次方程式が得られる．この方程式は P および Q の x 座標を解に持つので，解と係数の関係から，もう一つの解も K の元である．したがって $P * Q$ の x 座標は K の元であり，l の方程式に代入することで y 座標も K の元になることが分かる．これより $P+Q$ の x 座標，y 座標も K の元となり，$P+Q \in E(K)$ が従う．解の重複度を考えれば，この証明は $P = Q$ のときにも機能する．一方，l が y 軸に平行な場合には $P+Q = O$ なのでよい．

4 $\wp$ 関数の加法公式から従う．例えば，下記の書籍の 2.4 節を参照．

・梅村浩『楕円関数論——楕円曲線の解析学』東京大学出版会（2000 年）．

5 (1) $2P = (a, ab)$, $3P = (b, a-b)$, $4P = (r(r-1), r^2(b-r+1))$, $5P = (rs(s-1), rs^2(r-s))$, $6P = (-mt, m^2(m+2t-1))$. ただし $r = \frac{a}{b}$, $s = \frac{b}{r-1}$,

$m = \frac{s(1-r)}{1-s}$, $t = \frac{r-s}{1-s}$ とおいた．計算の詳細は省略する．なお，$b = (r-1)s$, $a = br = r(r-1)s$ となるので，a, b は r, s から復元できる．

(2) $rs(s-1) = -mt \iff rs(s-1)^3 = -s(1-r)(r-s)$ である．$s = 0$ ならば $a = b = 0$ となるので $2P = P$ となり $P \neq O$ に反するから，$s \neq 0$ である．よって r, s の関係式 $r(s-1)^3 = -(1-r)(r-s)$ が得られる．$U = s-1, Y = r-1$ とおくと，$(Y+1)U^3 = Y(Y-U)$ すなわち $Y^2 - UY - U^3Y - U^3 = 0$ を得る．$X = \frac{Y}{U}$ すなわち $U = \frac{Y}{X}$ を代入して分母を払うと，$Y^2(X^3 - X^2 - Y^2 - Y) = 0$ となる．$Y = 0$ ならば $r = 1, a = b = 0$ となり $P \neq O$ に反するので，$Y \neq 0$ である．よって $X^3 - X^2 - Y^2 - Y = 0$ となり，方程式 $Y^2 + Y = X^3 - X^2$ が得られた．

なお，この計算は Markus A. Reichert, *Explicit determination of nontrivial torsion structures of elliptic curves over quadratic number fields*, Math. Comp. **46** no. 174 (1986), 637–658 より抜粋した．

(3) $x' = x - \frac{1}{3}$, $y' = y + \frac{1}{2}$ とおくと $y'^2 - \frac{1}{4} = x'^3 - \frac{1}{3}x' - \frac{2}{27}$ すなわち $y'^2 = x'^3 - \frac{1}{3}x' + \frac{19}{108}$ となる．$4(-\frac{1}{3})^3 + 27(\frac{19}{108})^2 = \frac{11}{16} \neq 0$ なので，これは $\mathbb{Q}$ 上の楕円曲線である．また，(2) の置き換えを辿ると $O, (0,0), (1,-1), (1,0), (0,-1)$ が $\Gamma_1(11) \backslash \mathbb{H}$ の点に対応しないことが分かる．

第7講　整数論
―― ラングランズ対応に向かって

今井直毅

現在の整数論の研究においては，数論的な群の表現を調べるということが1つの主流になっています．表現を調べるといっても，そもそも考えている数論的な群の構造がわかっていないこともあるので，どうやって面白い表現を作ればいいかということを考えなければいけません．今日は，幾何を用いて構成される表現についての話をします．

1　前口上

整数論とは，整数の性質を調べることから始まった分野です．例えば，与えられた整数係数の方程式が，どのような整数解をもつかというのは，古典的かつ難しい整数論の問題です．零でない整数 a と b に対して，

$$ax^2 + by^2 = z^2 \tag{1}$$

という方程式を考えてみましょう．この方程式は，$(x,y,z) = (0,0,0)$ という自明な整数解をもちますが，これ以外に整数解があるかどうかという問題を考えてみます．このような問題に対しては，問題を局所的に考えるというのが1つの有効なアプローチになります．素数 p に対し，

$$\mathbb{Z}_p = \varprojlim_n \mathbb{Z}/p^n\mathbb{Z}$$

とおき，その商体 $\mathbb{Q}_p$ を p **進数体** (p-adic number field) といいます．p 進数体は，素数 p ごとに定まる p **進距離** (p-adic metric) とよばれる距離に関する有理数体 $\mathbb{Q}$ の完備化になっています．また，$\mathbb{Q}$ の絶対値によって定まる距離に関する完備化である実数体 $\mathbb{R}$ を考えることも大切です．$\mathbb{Q}_p$ や $\mathbb{R}$ 上で問題を

考えることは，有理数体の**素点** (place) とよばれる点の近くで考えることに相当しており，これらの体は，**局所体** (local field) とよばれるものになっています．

実は，(1) が非自明な整数解をもつことは，すべての素数 p に対する $\mathbb{Q}_p$ と $\mathbb{R}$ において，非自明な解をもつことと同値になっています．これは，**ハッセ・ミンコフスキーの定理** (Hasse-Minkowski theorem) の特別な場合です．(1) が $\mathbb{R}$ で非自明な解をもつかは，a と b の符号で決まりますし，$\mathbb{Q}_p$ で非自明な解をもつかということも，p 進の世界での解析的な手法が使えるので，整数解を調べる元の問題よりずっと簡単です．

例えば，p が奇素数で a と b を割り切らないとします．このとき，解析的な手法によって，(1) が $\mathbb{Q}_p$ において非自明な解をもつことは，有限体 $\mathbb{F}_p$ において非自明な解をもつことと同値になることがわかります．さらにいうと，そのような p に対して，(1) は $\mathbb{F}_p$ において非自明な解をもつことも知られているので，結果として，$\mathbb{Q}_p$ においても非自明な解をもつことがわかります．

このように，整数に関する問題を考えるうえでも，p 進体，実数体，有限体といった体は，重要な役割を果たしています．以下では，これらの体にかかわる群の表現についての話をしていきます．そして，それらの表現は，有理数体の代数拡大を統制する $\mathbb{Q}$ の**絶対ガロワ群** (absolute Galois group) の表現の話とつながっていきます．

2 とある曲線

まず有限体上のとある曲線に関する話から始めましょう．p を素数とし，式

$$xy^p - x^p y = 1$$

で定義される $\mathbb{F}_p$ 上の**アファイン平面曲線** C を考えます．さらに，2 つの群

$$SL_2(\mathbb{F}_p) = \left\{ \begin{pmatrix} a & b \\ c & d \end{pmatrix} \in GL_2(\mathbb{F}_p) \,\middle|\, ad - bc = 1 \right\},$$

$$\mu_{p+1}(\mathbb{F}_{p^2}) = \left\{ t \in \mathbb{F}_{p^2}^\times \,\middle|\, t^{p+1} = 1 \right\}$$

を考えます．ただし，ここで $\mathbb{F}_{p^2}$ は位数 p^2 の有限体を表しています．このとき，この 2 つの群の曲線 C への作用を

$$(x, y) \mapsto (ax + by, cx + dy),$$
$$(x, y) \mapsto (tx, ty)$$

によって定めることができます．この 2 つの群の作用は可換なので，直積群 $SL_2(\mathbb{F}_p) \times \mu_{p+1}(\mathbb{F}_{p^2})$ が作用していると考えることもできます．

次に，曲線 C の**エタールコホモロジー** (étale cohomology) を考えるので，それについて少し説明します．素数 ℓ に対して，$\mathbb{Q}_\ell$ の代数閉包を $\overline{\mathbb{Q}}_\ell$ とかきます．グロタンディークは，任意の代数閉体上の**代数多様体** (algebraic variety) に対して，その体の標数と異なる素数 ℓ をとるごとに，ℓ 進エタールコホモロジーという，代数多様体の幾何的性質をよくとらえたコホモロジー理論を構成しました．ここでは，$\overline{\mathbb{Q}}_\ell$ に係数をもつ**コンパクト台 ℓ 進エタールコホモロジー** (compactly supported ℓ-adic étale cohomology) を考えます．得られたコホモロジーは $\overline{\mathbb{Q}}_\ell$ 上の有限次元線型空間になります．また，代数多様体に群が作用していると，その ℓ 進エタールコホモロジーにも群作用が誘導され，表現が得られます．さらに，**レフシェッツ跡公式** (Lefschetz trace formula) とよばれる，代数多様体の射から誘導されたコホモロジーの射の跡を計算する公式があるので，得られた表現を調べることもできます．

以下では，素数 ℓ が p と異なっているとします．$\mathbb{F}_p$ の代数閉包を $\overline{\mathbb{F}}_p$ とかき，曲線 C を $\overline{\mathbb{F}}_p$ 上で考えているときは，$C_{\overline{\mathbb{F}}_p}$ とかくことにします．曲線 $C_{\overline{\mathbb{F}}_p}$ の 1 次コンパクト台 ℓ 進エタールコホモロジー $H^1_c(C_{\overline{\mathbb{F}}_p}, \overline{\mathbb{Q}}_\ell)$ を考えます．$SL_2(\mathbb{F}_p) \times \mu_{p+1}(\mathbb{F}_{p^2})$ が曲線 C に作用していたことから，$H^1_c(C_{\overline{\mathbb{F}}_p}, \overline{\mathbb{Q}}_\ell)$ は $SL_2(\mathbb{F}_p) \times \mu_{p+1}(\mathbb{F}_{p^2})$ の**表現** (representation) になります．ここで，非自明な**指標** (character) $\chi \colon \mu_{p+1}(\mathbb{F}_{p^2}) \to \overline{\mathbb{Q}}_\ell^\times$ をとり，

$$\mathrm{Hom}_{\mu_{p+1}(\mathbb{F}_{p^2})}\bigl(\chi, H^1_c(C_{\overline{\mathbb{F}}_p}, \overline{\mathbb{Q}}_\ell)\bigr) \tag{2}$$

を考えると，$SL_2(\mathbb{F}_p)$ が $H^1_c(C_{\overline{\mathbb{F}}_p}, \overline{\mathbb{Q}}_\ell)$ に作用していたことから，空間 (2) は $SL_2(\mathbb{F}_p)$ の表現になります．この表現を τ_χ とかくことにします．実は表現 τ_χ は，$SL_2(\mathbb{F}_p)$ の**尖点表現** (cuspidal representation) とよばれる既約表現になっ

ています．尖点表現は既約表現のうちで，ある意味で最も非自明な表現であり，一般には構成するのが難しいのですが，上の話では，$SL_2(\mathbb{F}_p)$ という群の構造を一切調べることなく，尖点表現が構成できてしまいました．このように，群の構造を調べなくても面白い表現が作れてしまうというところが，幾何を用いることの1つの利点であると考えられます．また，χ と τ_χ の対応は，**マクドナルド対応** (Macdonald correspondence) とよばれるものになっています．以上の話は，ドリンフェルトによって発見され，曲線 C は**ドリンフェルト曲線** (Drinfeld curve) とよばれています．

問題 1 群 $SL_2(\mathbb{F}_p)$ の位数はいくつでしょうか？

3 群から始めて

先ほどは，最初に曲線 C を式で定義して，そこに2つの群が作用しているという話の流れでしたが，SL_2 から始めて同じ話を再構成することもできます．以下ではそのことを説明します．正確には，SL_2 を $\mathbb{F}_p$ 上の**線型代数群** (linear algebraic group) だとみなす必要がありますが，単に $SL_2(\mathbb{F}_p)$ だと思ってもらってもかまいません．

記号を簡単にするために SL_2 のことを G とかきます．さらに

$$B = \left\{ \begin{pmatrix} a & b \\ 0 & d \end{pmatrix} \in G \right\}, \quad U = \left\{ \begin{pmatrix} 1 & b \\ 0 & 1 \end{pmatrix} \in B \right\},$$

$$T = \left\{ \begin{pmatrix} a & 0 \\ 0 & d \end{pmatrix} \in B \right\}, \quad w = \begin{pmatrix} 0 & -1 \\ 1 & 0 \end{pmatrix}$$

とおきます．線型代数群のことばでいうと，B は**ボレル部分群** (Borel subgroup)，U は B の**冪単根基** (unipotent radical)，T は G の**極大トーラス** (maximal torus) になっており，w は G の T に関する**ワイル群** (Weyl group) の非自明な元の代表元になっています．が，以下の話を理解するうえでは，これらの用語は知らなくても差し支えありません．各成分を p 乗することによって，**フロベニウス写像** (Frobenius map) $F\colon G \to G$ が定まります．このとき，$\mathbb{F}_p$ 上の曲線 $C(w)$ を

$$C(w) = \left\{ gU \in G/U \mid g^{-1}F(g) \in UwU \right\} \tag{3}$$

によって定義することができます．すると実は，$C(w)$ は先ほどの曲線 C と同型になります．このことを説明します．

$V = \mathbb{F}_p^2$ とし，e_1, e_2 をその標準基底とします．以下では V を $\mathbb{F}_p$ 上の 2 次元アファイン空間とみなすことにします．すると G は V に自然に作用していますが，この作用を用いて同型

$$G/U \to V \setminus \{0\}; \; gU \mapsto ge_1$$

が得られます．また，この同型によって，$gU \in C(w)$ は $v \wedge F(v) = e_1 \wedge e_2$ をみたす $v \in V \setminus \{0\}$ と対応していることがわかります．さらに，この v を $xe_1 + ye_2$ と表示して (x, y) を考えると，$gU \in C(w)$ が曲線 C の点と対応していることもわかります．

話を曲線 $C(w)$ に戻しましょう．2 つの群

$$G^F = \left\{ g \in G \;\middle|\; F(g) = g \right\}, \quad T^{wF} = \left\{ g \in T \;\middle|\; wF(g)w^{-1} = g \right\}$$

を考えます．ここで，G/U に G^F を左からかける作用と，T^{wF} を右からかける作用を考えると，2 つの群作用は $C(w)$ への作用を定めることが (3) からわかります．すでに気づいているかもしれませんが，具体的にかくと

$$G^F = SL_2(\mathbb{F}_p), \quad T^{wF} = \left\{ \begin{pmatrix} a & 0 \\ 0 & a^{-1} \end{pmatrix} \;\middle|\; a \in \mu_{p+1}(\mathbb{F}_{p^2}^\times) \right\}$$

となって，これによって最初の話で出てきた 2 つの群作用が再現されています．

実は，ここまでの話は，G が $\mathbb{F}_p$ 上の**連結簡約代数群** (connected reductive algebraic group) という広いクラスの線型代数群の場合に一般化することができます．つまり，そのような G に対して，$\mathbb{F}_p$ 上の代数多様体を構成し，そのコンパクト台 ℓ 進エタールコホモロジーを用いて，$G(\mathbb{F}_p)$ の尖点表現を構成できるのです．これはドリーニュ・ルスティック理論 (Deligne-Lusztig theory) とよばれている理論で，構成された代数多様体はドリーニュ・ルスティック多様体 (Deligne-Lusztig variety) とよばれています．

4 もう少し整数論

タイトルが整数論ですから，いつまでも有限体上の話をしているわけにもいきません．次は p 進数体 $\mathbb{Q}_p$ の話をしましょう．

$\mathbb{Q}_p$ の代数閉包 $\overline{\mathbb{Q}}_p$ をとり，以下では，$\mathbb{Q}_p$ の代数拡大は $\overline{\mathbb{Q}}_p$ の部分体として考えます．$\mathbb{Q}_p$ の絶対ガロワ群 $G_{\mathbb{Q}_p} = \text{Gal}(\overline{\mathbb{Q}}_p/\mathbb{Q}_p)$ を考えます．ガロワ理論により，$G_{\mathbb{Q}_p}$ の指数有限開部分群と $\mathbb{Q}_p$ の有限次拡大体が，一対一に対応しているのでした．$W_{\mathbb{Q}_p}$ を $\mathbb{Q}_p$ の**ヴェイユ群** (Weil group) とします．これは $G_{\mathbb{Q}_p}$ の部分群に適当な位相をいれたもので，$G_{\mathbb{Q}_p}$ と同じように，$W_{\mathbb{Q}_p}$ の指数有限開部分群と $\mathbb{Q}_p$ の有限次拡大体が，一対一に対応しています．$W_{\mathbb{Q}_p}$ のアーベル化を $W_{\mathbb{Q}_p}^{\text{ab}}$ とかきます．すると上で述べたことから，$W_{\mathbb{Q}_p}^{\text{ab}}$ の指数有限開部分群と $\mathbb{Q}_p$ の有限次**アーベル拡大体** (abelian extension field) が一対一に対応しています．一方で，**局所類体論** (local class field theory) の同型

$$\mathbb{Q}_p^\times \simeq W_{\mathbb{Q}_p}^{\text{ab}} \tag{4}$$

があるので，$\mathbb{Q}_p$ の有限次アーベル拡大体がどれだけあるかは，$\mathbb{Q}_p^\times$ の指数有限開部分群がどれだけあるかを調べるだけでわかってしまいます．

ここで，局所類体論の同型 (4) から得られる

- $\mathbb{Q}_p^\times$ の $\overline{\mathbb{Q}}_\ell^\times$ 値連続指標の集合
- $W_{\mathbb{Q}_p}$ の $\overline{\mathbb{Q}}_\ell^\times$ 値連続指標の集合

の間の全単射を考えます．n を正の整数とすると，実は，上の 2 つの集合の間の全単射は，

- $GL_n(\mathbb{Q}_p)$ の $\overline{\mathbb{Q}}_\ell$ 上既約スムーズ表現の同型類の集合
- $W_{\mathbb{Q}_p}$ の Frobenius 半単純な $\overline{\mathbb{Q}}_\ell$ 上の n 次元連続表現の同型類の集合

の間の全単射に一般化することができます．いくつか知らない用語が出てきているかもしれませんが，とりあえずは気にせずに，2 つの群の表現の間に対応があると思ってもらえればよいです．$GL_n(\mathbb{Q}_p)$ と $W_{\mathbb{Q}_p}$ には，群としての直接的な関係はありませんから，このような対応が存在することは驚くべきことといえます．さらにこの対応は，$GL_n(\mathbb{Q}_p)$ 側と $W_{\mathbb{Q}_p}$ 側のそれぞれで定義される数論的な不変量の情報を保っており，2 つの異なる対象を数論的につ

なげているともいえるでしょう．この対応は，GL_n に対する**局所ラングランズ対応** (local Langlands correspondence) とよばれています．局所ラングランズ対応の正規化にはいくつか種類がありますが，ここではそういった細かいことは気にしないことにしましょう．また，話の都合上 $\overline{\mathbb{Q}}_\ell$ 上の表現を考えましたが，**ヴェイユ・ドリーニュ表現** (Weil-Deligne representation) というものを用いて，$\mathbb{C}$ 上の表現で対応を定式化することもでき，実際には，局所ラングランズ対応というとそちらをさすことが多いです．局所ラングランズ対応も，連結簡約代数群への一般化が考えられており，現在も盛んに研究されています．

異なる群の表現の間の対応をもう1つ紹介しておきましょう．A を $\mathbb{Q}_p$ 上の n^2 次元**中心的単純環** (central simple algebra) とします．このとき

- $A^\times$ の $\overline{\mathbb{Q}}_\ell$ 上既約スムーズ表現の同型類の集合
- $GL_n(\mathbb{Q}_p)$ の $\overline{\mathbb{Q}}_\ell$ 上既約スムーズ離散系列表現の同型類の集合

の間に自然な全単射が存在し，この対応は**局所ジャッケ・ラングランズ対応** (local Jacquet-Langlands correspondence) とよばれています．**離散系列表現** (discrete series representation) の定義はしませんが，局所ラングランズ対応によって，$W_{\mathbb{Q}_p}$ の既約表現と対応している**超尖点表現** (supercuspidal representation) を含む表現のクラスになっています．ここでも話の都合上 $\overline{\mathbb{Q}}_\ell$ 上の表現を考えましたが，普通は $\mathbb{C}$ 上の表現で考えます．局所ラングランズ対応の場合と違って，局所ジャッケ・ラングランズ対応の場合には，2つの群に，ある程度直接的な関係があります．具体的には，$A^\times$ を $\mathbb{Q}_p$ 上の線型代数群とみなしたときに，その $\overline{\mathbb{Q}}_p$ 値点のなす群を考えると，$GL_n(\overline{\mathbb{Q}}_p)$ と同型になっています．そうはいっても，$A^\times$ と $GL_n(\mathbb{Q}_p)$ の群としての構造は，一般にはまったく違うものですから，局所ジャッケ・ラングランズ対応の存在も，驚くべきことであるといえるでしょう．

局所ラングランズ対応や局所ジャッケ・ラングランズ対応は $\mathbb{R}$ 上でも定式化があります．今日は，ふれられませんが，大域的な話をする際には，それらを考えることも重要になります．

5 再び幾何

次に，GL_n に対する局所ラングランズ対応をどうやって構成するかという話をします．ここで再び幾何の力をかります．

簡単のために，$n = 2$ の場合に説明します．E を $\overline{\mathbb{F}}_p$ 上の**楕円曲線** (elliptic curve) であって，非自明な $\overline{\mathbb{F}}_p$ 値 p 等分点がないものとします．このような楕円曲線は，**超特異楕円曲線** (supersingular elliptic curve) とよばれています．一方で，$\overline{\mathbb{F}}_p$ 上の楕円曲線であって，超特異楕円曲線ではないものは，**通常楕円曲線** (ordinary elliptic curve) とよばれています．名前からもわかるように，通常楕円曲線のほうが多数派ですが，超尖点表現と関係づくのは超特異楕円曲線のほうです．E は**代数曲線** (algebraic curve) ですが，**群スキーム** (group scheme) とよばれる，群構造をもつ空間であるとみなすこともできます．正の整数 m に対して，E の群スキームとしての p^m 倍射の核 E_m を考えます．E_m の $\overline{\mathbb{F}}_p$ 値点は自明なものしかありませんが，群スキームとしては非自明なものになっています．これらの群スキームのなす列 $\{E_m\}_{m \geq 1}$ は，**p 可除群** (p-divisible group) とよばれる幾何学的対象になっています．この p 可除群のことを $\mathcal{G}$ とかきます．$D = \mathrm{End}(\mathcal{G}) \otimes_{\mathbb{Z}} \mathbb{Q}$ とおくと，この D は $\mathbb{Q}_p$ 上の 4 次元**中心的斜体** (central division algebra) になっています．

正の整数 N に対し

$$\mu_N(\overline{\mathbb{Q}}_p) = \left\{ \zeta \in \overline{\mathbb{Q}}_p^{\times} \,\middle|\, \zeta^N = 1 \right\}$$

とおき，

$$\mathbb{Q}_p^{\mathrm{ur}} = \bigcup_{p \text{ と素な正の整数 } N} \mathbb{Q}_p(\mu_N(\overline{\mathbb{Q}}_p)) \subset \overline{\mathbb{Q}}_p$$

とおきます．$\mathbb{Q}_p^{\mathrm{ur}}$ は $\mathbb{Q}_p$ の**最大不分岐拡大体** (maximal unramified extension) とよばれるものになっています．$I_{\mathbb{Q}_p} = \mathrm{Gal}(\overline{\mathbb{Q}}_p/\mathbb{Q}_p^{\mathrm{ur}})$ とおくと，これは**惰性群** (inertia group) とよばれる $W_{\mathbb{Q}_p}$ の部分群になっています．さらに $\mathbb{Q}_p^{\mathrm{ur}}$ の p 進完備化を $\widehat{\mathbb{Q}}_p^{\mathrm{ur}}$ とかきます．

$\mathcal{G}$ を無限小近傍にどのように延ばせるかを統制する**変形空間** (deformation space) を考え，それから得られる $\widehat{\mathbb{Q}}_p^{\mathrm{ur}}$ 上のリジッド**解析空間** (rigid analytic space) $\mathcal{M}$ を**ルビン・テイト空間** (Lubin-Tate space) といいます．リジッド解析空間とは，p 進的な空間の一種であり，解析的な側面と代数的な側面の両方をもち合わせています．さらに，$\mathcal{G}$ に**レベル構造** (level structure) とよばれる付加構造をつけて，変形空間を考えることによって，$\mathcal{M}$ の被覆空間のなす射影系 $\{\mathcal{M}_m\}_{m\geq 1}$ を構成することができます．この射影系は，**ルビン・テイト塔** (Lubin-Tate tower) とよばれています．今説明している $n=2$ の場合には，ルビン・テイト塔に出てくる空間はすべて 1 次元になっています．

$\overline{\mathbb{Q}}_p$ の p 進完備化を $\mathbb{C}_p$ とかき，ルビン・テイト塔の基礎体を $\widehat{\mathbb{Q}}_p^{\mathrm{ur}}$ から $\mathbb{C}_p$ に拡大して得られる射影系を $\{\mathcal{M}_{m,\mathbb{C}_p}\}_{m\geq 1}$ とかきます．次に $\{\mathcal{M}_{m,\mathbb{C}_p}\}_{m\geq 1}$ に出てきた空間の 1 次コンパクト台 ℓ 進エタールコホモロジーをとって，その極限

$$\mathcal{H} = \varinjlim_{m} H^1_{\mathrm{c}}(\mathcal{M}_{m,\mathbb{C}_p}, \overline{\mathbb{Q}}_\ell)$$

を考えます．すると，作り方から $\mathcal{H}$ には直積群 $I_{\mathbb{Q}_p} \times GL_2(\mathbb{Q}_p) \times D^\times$ が作用しているのですが，この作用を $W_{\mathbb{Q}_p} \times GL_2(\mathbb{Q}_p) \times D^\times$ の作用に自然に延ばすことができます．

これでようやく準備が整いました．局所ラングランズ対応の構成は，超尖点表現の場合が本質的なので，その場合にのみ説明します．π を $GL_2(\mathbb{Q}_p)$ の $\overline{\mathbb{Q}}_p$ 上既約スムーズ超尖点表現とします．このとき，$W_{\mathbb{Q}_p} \times GL_2(\mathbb{Q}_p) \times D^\times$ が $\mathcal{H}$ に作用していたことから，空間

$$\mathrm{Hom}_{GL_2(\mathbb{Q}_p)}(\mathcal{H}, \pi) \tag{5}$$

には $W_{\mathbb{Q}_p} \times D^\times$ が作用しています．この作用に関して，空間 (5) は $W_{\mathbb{Q}_p}$ の表現 σ と $D^\times$ の表現 ρ のテンソル積 $\sigma \otimes \rho$ と同型になります．この σ が局所ラングランズ対応によって π と対応する $W_{\mathbb{Q}_p}$ の表現になっており，さらに ρ は，局所ジャッケ・ラングランズ対応によって π と対応する $D^\times$ の表現になっています．つまり，局所ラングランズ対応と局所ジャッケ・ラングランズ対応というきわめて非自明な対応が，ルビン・テイト塔という幾何学的な対象のコホモロジーに，自然に実現されているのです．この実現は，ある種の p 可除群の等分点を用いて p 進数体の**最大アーベル拡大** (maximal abelian extension) を構成する**ルビン・テイト理論** (Lubin-Tate theory) のある種の非

可換化にもなっており，**非可換ルビン・テイト理論** (non-abelian Lubin-Tate theory) とよばれています．

問題 2 $\mathbb{Q}_p$ 上の 4 次元中心的斜体は同型を除いて 1 つに定まることが知られています．例えば，$p = 3$ の場合に，この斜体はどのように記述できるでしょうか？

6 2 つの話

ここまでで，有限体上の話と p 進数体上の話をしましたが，実はこれらの 2 つの話には関係があります．

あいかわらず GL_2 の場合で説明します．指標 $\chi\colon \mathbb{F}_{p^2}^\times \to \overline{\mathbb{Q}}_p^\times$ であって，ノルム写像 $\mathrm{Nr}_{\mathbb{F}_{p^2}/\mathbb{F}_p}\colon \mathbb{F}_{p^2}^\times \to \mathbb{F}_p^\times$ を経由しないものを考えます．すると，GL_2 に対するドリーニュ・ルスティック理論から，指標 χ に対して，マクドナルド対応で対応する $GL_2(\mathbb{F}_p)$ の尖点表現 τ_χ を構成することができます．

まず χ から $W_{\mathbb{Q}_p}$ の表現を作ります．$\mathbb{Z}_p$ 上 $\mu_{p^2-1}(\overline{\mathbb{Q}}_p)$ によって生成される環を $\mathbb{Z}_{p^2}$ とかき，その商体を $\mathbb{Q}_{p^2}$ とかきます．$\mathbb{Q}_{p^2}$ に対する局所類体論の同型と χ を用いて定義される指標

$$\widetilde{\chi}\colon W_{\mathbb{Q}_{p^2}} \to W_{\mathbb{Q}_{p^2}}^{\mathrm{ab}} \simeq \mathbb{Q}_{p^2}^\times = \mathbb{Z}_{p^2}^\times \times p^{\mathbb{Z}} \to \mathbb{Z}_{p^2}^\times \to \mathbb{F}_{p^2}^\times \xrightarrow{\chi} \overline{\mathbb{Q}}_\ell^\times$$

を考え，σ_χ を $\widetilde{\chi}$ の $W_{\mathbb{Q}_{p^2}}$ から $W_{\mathbb{Q}_p}$ への**誘導表現** (induced representation) とします．すると σ_χ は $W_{\mathbb{Q}_p}$ の $\overline{\mathbb{Q}}_\ell$ 上 2 次元既約連続表現になっています．

次に τ_χ から $GL_2(\mathbb{Q}_p)$ の表現を作ります．τ_χ と法 p 還元写像 $GL_2(\mathbb{Z}_p) \to GL_2(\mathbb{F}_p)$ によって得られる $GL_2(\mathbb{Z}_p)$ の表現を $p \in \mathbb{Q}_p^\times$ が $-p$ 倍で作用するように $\mathbb{Q}_p^\times GL_2(\mathbb{Z}_p)$ の表現に延ばしたものを $\widetilde{\tau}_\chi$ とかきます．ただし，ここで $\mathbb{Q}_p^\times$ は，対角成分に埋め込むことによって $GL_2(\mathbb{Q}_p)$ の部分群とみなしています．そして，π_χ を $\widetilde{\tau}_\chi$ の $\mathbb{Q}_p^\times GL_2(\mathbb{Z}_p)$ から $GL_2(\mathbb{Q}_p)$ への**コンパクト誘導表現** (compactly induced representation) とします．すると π_χ は $GL_2(\mathbb{Q}_p)$ の $\overline{\mathbb{Q}}_\ell$ 上既約スムーズ表現になっています．さらにいうと，π_χ は，**深さ 0 超尖点表現** (depth-zero supercuspidal representation) とよばれる**分岐** (ramification) の小さい超尖点表現になっています．

こうして作った $W_{\mathbb{Q}_p}$ の表現 σ_χ と $GL_2(\mathbb{Q}_p)$ の表現 π_χ は，局所ラングラン

ズ対応で対応しています．関係を図でかくと

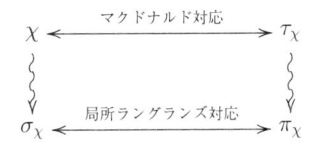

$$\begin{array}{ccc} \chi & \xleftrightarrow{\text{マクドナルド対応}} & \tau_\chi \\ \updownarrow & & \updownarrow \\ \sigma_\chi & \xleftrightarrow{\text{局所ラングランズ対応}} & \pi_\chi \end{array}$$

というふうになります．これで，2つの話が表現論的に結びつきました．

実は，さらに2つの話は幾何的にも関係があります．先ほど構成した表現 σ_χ は，実質的に $H^1_c(\mathcal{M}_{1,\mathbb{C}_p}, \overline{\mathbb{Q}}_\ell)$ によって実現されているのですが，$\mathcal{M}_{1,\mathbb{C}_p}$ の**形式モデル** (formal model) であって，その**特殊ファイバー** (special fiber) に，GL_2 に対するドリーニュ・ルスティック多様体が現れるものが構成できます．先ほどの表現論的なつながりは，この幾何的事実の表れになっています．

ドリーニュ・ルスティック理論を用いて，深さ 0 超尖点表現に対する局所ラングランズ対応を構成するという話は，かなり広いクラスの連結簡約代数群に一般化されています．一方で，分岐の大きい一般の表現に対して，局所ラングランズ対応が，有限体上の幾何とどのようにつながっているのかということは，GL_n の場合ですらよくわかっていません．

7 もっと整数論

タイトルが整数論ですから，本来なら**代数体** (number field) の話をしなければいけません．しかし，紙数もなくなってきました．

しばらく，局所ラングランズ対応の話をしてきましたが，その大域版である**大域ラングランズ対応** (global Langlands correspondence) というものがあります．むしろ，大域ラングランズ対応の局所版が局所ラングランズ対応であるといったほうがよいかもしれません．大域ラングランズ対応は，整数論のさまざまな問題と結びついており，有名な**フェルマー予想** (Fermat's conjecture) も $\mathbb{Q}$ 上の GL_2 に対する大域ラングランズ対応を部分的に解決することによって証明されました．大域ラングランズ対応は，局所ラングランズ対応よりもずっと難しいと考えられており，$\mathbb{Q}$ 上の GL_2 の場合ですら，まだわかっていないことがあります．また最近は p **進ラングランズ対応** (p-adic Langlands correspondence) や**法 p ラングランズ対応** (mod p Langlands correspondence)

といったものも考えられており，局所ラングランズ対応や大域ラングランズ対応と密接に関係していますが，まだまだわからないことだらけです．みなさんの中から，ラングランズ対応の進展に大きく貢献する人が出てくることを期待しています．

用語集

代数学

- 中心的単純環：体 F 上の中心的単純環とは，中心が F である F 代数で非自明な両側イデアルが存在しないもののことである．さらに，零でない任意の元が可逆元であるものを，F 上の中心的斜体という．$\mathbb{Q}_p$ 上の中心的単純環は，局所類体論の理論において重要な役割をはたす．
- アーベル拡大体：体のガロワ拡大体でガロワ群がアーベル群になるものをアーベル拡大体という．体の代数閉包の中でのすべてのアーベル拡大体の合併は再びアーベル拡大体になり，これを最大アーベル拡大体という．
- 代数体：有理数体の有限次拡大体のこと．代数体と有限体上の一変数関数体の間には類似があり，両者をあわせて大域体という．

代数幾何

- アフィン平面曲線：2 次元のアフィン空間の中で 1 つの多項式で定義される曲線を，アフィン平面曲線という．代数幾何の対象において，もっとも具体的に扱いやすいものであり，古くから研究されてきた．
- 代数多様体：大雑把にいうと，アフィン空間の中でいくつかの多項式によって定義される部分空間を考え，そのような空間を貼り合わせてできる空間のこと．実際にはもう少し条件を課して，よい空間だけをさすことが多い．1 次元の代数多様体のことを，代数曲線という．
- 楕円曲線：射影空間に閉埋め込みがある代数曲線で群構造をもつもの．楕円ではない．楕円の弧長を求める際にでてくる楕円積分と関係があるため，このようによばれる．

表現論

- 表現：群の線型空間への作用のことを，その群の表現という．現れる線型

空間の次元のことを，表現の次元という．群の指標とは，1 次元表現のことである．
- 線型代数群：体 F 上の線型代数群とは，ある n に対して，F 上の GL_n の中でいくつかの多項式によって定義される部分代数多様体であって，GL_n の群構造に関して閉じているもののことである．
- 誘導表現：群 G の部分群の表現が与えられたときに，それから G の表現を作ることができ，できた表現を誘導表現という．誘導表現の類似で，構成する際にある種の有限性を課してできるものを，コンパクト誘導表現という．

参考書

・堀田良之, 庄司俊明, 三町勝久, 渡辺敬一『群論の進化』朝倉書店（2004 年）

この本の第 3 章に，ドリーニュ・ルスティック理論の解説があり，参考になると思います．

・Iwasawa Kenkichi, *Local Class Field Theory*, Oxford University Press (1986)

ルビン・テイト理論に基づいた局所類体論の証明が書かれています．一方で，中心的単純環を用いた局所類体論へのアプローチも重要であり，そちらの方法による証明が書かれた本として

・斎藤秀司『整数論』共立出版（1997 年）

があります．

・Colin J. Bushnell and Guy Henniart, *The Local Langlands Conjecture for* GL(2), Springer (2006)

局所ラングランズ対応に関する専門的な和書はまだないようです．この本では，GL_2 の場合に限ってですが，局所ラングランズ対応の証明が書かれています．一般の GL_n に対する局所ラングランズ対応の証明の原論文は

・Michael Harris and Richard Taylor, *The Geometry and Cohomology of Some Simple Shimura Varieties*, Princeton University Press (2001)

になります．

・加藤文元『リジッド幾何学入門』岩波書店（2013 年）

タイトルの通りリジッド幾何学の入門書です．

・斎藤毅『フェルマー予想』岩波書店（2009 年）

ワイルズによるフェルマー予想の証明の解説書です．いろいろなことが基礎からかかれています．

問題の解答

1 $GL_2(\mathbb{F}_p)$ の元は，$\mathbb{F}_p^2$ の 0 でないベクトルとそのベクトルと 1 次独立な $\mathbb{F}_p^2$ のベクトルを並べてできるものなので，$GL_2(\mathbb{F}_p)$ の位数は $(p^2-1)(p^2-p)$ となる．行列式をとる準同型 $GL_2(\mathbb{F}_p) \to \mathbb{F}_p^\times$ は全射で，その核が $SL_2(\mathbb{F}_p)$ なので，$SL_2(\mathbb{F}_p)$ の位数は $p(p-1)(p+1)$ になる．

2 $D = \mathbb{Q}_3 \oplus \mathbb{Q}_3 i \oplus \mathbb{Q}_3 j \oplus \mathbb{Q}_3 k$ に $\mathbb{Q}_3$ 代数の構造を $i^2 = -1, j^2 = 3, ij = -ji = k$ によって入れる．このとき，D の 0 でない任意の元が逆元をもつことを示せば，D が $\mathbb{Q}_3$ 上の 4 次元中心斜体になることがわかる．$a,b,c,d \in \mathbb{Q}_p$ とし，$a+bi+cj+dk \in D$ が 0 でないとする．$(a+bi+cj+dk)(a-bi-cj-dk) \neq 0$ を示せばよい．

$a+bi+cj+dk$ に $\mathbb{Q}_3^\times$ の元をかけることで，$a,b,c,d \in \mathbb{Z}_3$ かつ a,b,c,d の少なくとも 1 つは $3\mathbb{Z}_3$ に入らないとしてよい．$(a+bi+cj+dk)(a-bi-cj-dk) = 0$ となったと仮定する．仮定から $a^2+b^2 = 3(c^2+d^2)$ となり，このことから $a^2+b^2 \in 3\mathbb{Z}_3$ となる．ここで $-1 \notin (\mathbb{F}_3^\times)^2$ に注意すると，$a,b \in 3\mathbb{Z}_3$ がわかる．すると，さらに $c^2+d^2 \in 3\mathbb{Z}_3$ となり，同様の議論により $c,d \in 3\mathbb{Z}_3$ を得て矛盾する．

第8講 代数幾何
―― 代数多様体の分類理論

川又雄二郎

　代数多様体とは連立代数方程式系によって定義された図形です．楕円，放物線や双曲線は2次式で定義された1次元の代数多様体です．代数多様体全体を分類するという問題を考えます．代数多様体全体のなす集合はとても巨大なので，単純リー群の分類のような完璧な分類は期待できません．そこで，もっとおおざっぱな分類を試みることにします．その過程で，代数多様体たちが満たしている法則を発見することができます．

　代数多様体を定義する方程式系を直接的に研究することは得策ではありません．変数変換によって見かけがいくらでも変わるからです．そのような表面的な観察ではなく，代数多様体の本質を捉えたいのです．

　代数多様体の本質に迫るには幾何学的な考察が不可欠になります．

　以下では，代数多様体の次元や代数曲線の種数といった離散的不変量を考えたあと，さらに細かく連続的不変量に対応したモジュライ空間の考え方について解説します．

1　代数多様体

　一般的な代数多様体をきちんと定義するには長い説明が必要になってしまうため，ここでは射影的な複素代数多様体のみを考えることにします．

　複素数体 $\mathbf{C}$ 上の多項式環 $\mathbf{C}[x_0,\ldots,x_n]$ の 0 ではない元 $f(x_0,\ldots,x_n)$ は，$t \neq 0$ に対して $f(tx_0,\ldots,tx_n) = t^d(x_0,\ldots,x_n)$ となるとき d-次の**同次多項式** (homogeneous polynomial) であるといいます．同次式は複素射影空間

$\mathbf{P}^n = \mathbf{P}^n(\mathbf{C})$ 上に零点集合

$$V(f) = \{[x_0 : \cdots : x_n] \in \mathbf{P}^n \mid f(x_0, \ldots, x_n) = 0\}$$

を定めます．射影空間上では $t \neq 0$ のとき，$[x_0 : \cdots : x_n] = [tx_0 : \cdots : tx_n]$ となります．$f(x_0, \ldots, x_n) = 0$ と $f(tx_0, \ldots, tx_n) = 0$ は同値になるからです．さらに，複数の同次式（次数は異なってもよい）$f_1, \ldots, f_r$ を考えれば，共通零点集合

$$V(f_1, \ldots, f_r) = \bigcap_{i=1}^{r} V(f_i)$$

が定まります．これを**ザリスキー閉集合** (Zariski closed subset) と呼びます．ザリスキー閉集合は通常の位相でも閉集合ですが，かなり特殊な閉集合です．

空ではないザリスキー閉集合 X は，X に真に含まれるザリスキー閉集合 X_1, X_2 によって $X = X_1 \cup X_2$ と書けるとき**可約** (reducible) であるといい，可約ではないとき**既約** (irreducible) であるといいます．既約なザリスキー閉集合が**射影的代数多様体** (projective algebraic variety) です．

射影的代数多様体 $X \subset \mathbf{P}^n$ のザリスキー閉集合とは，射影空間 $\mathbf{P}^n$ のザリスキー閉集合であって X に含まれるもののこととします．とくに既約なザリスキー閉集合は**閉部分多様体** (closed subvariety) と呼びます．

射影的代数多様体 X において，閉部分多様体 Y とそのザリスキー閉集合 $Z \neq \emptyset$ の差集合 $Y \setminus Z$ は，射影的ではない一般の代数多様体になり，X の部分多様体になります．そこで「閉」部分多様体と呼んで一般の部分多様体と区別するのです．

代数多様体 X の**次元** (dimension) とは以下のようにして定義されます：閉部分多様体の真の増大列

$$X_0 \subsetneq X_1 \subsetneq X_2 \subsetneq \cdots \subsetneq X_n = X$$

の長さ n の最大値を X の次元と呼び $\dim X$ で表すことにします．このとき X_0 は最小の代数多様体，つまり 1 点です．1 次元の代数多様体は**代数曲線** (algebraic curve)，2 次元の代数多様体は**代数曲面** (algebraic surface) と呼びます．

射影空間 $\mathbf{P}^n$ の**関数体** (function field) $\mathbf{C}(\mathbf{P}^n)$ とは，n 変数の有理式体

$\mathbf{C}(x_1/x_0,\ldots,x_n/x_0)$ のことです．関数体の元を**有理関数** (rational function) と呼びます．0 ではない有理関数 $f \in \mathbf{C}(\mathbf{P}^n)$ は，共通因子を持たない同じ次数の同次多項式 2 つによる商 $f = g/h$, $f, g \in \mathbf{C}[x_0, x_1, \ldots, x_n]$ の形で書けます．点 $x = [a_0 : \cdots : a_n] \in \mathbf{P}^n$ において，$h(x) \neq 0$ となるならば，関数 f の x における**値** (value) $f(x) \in \mathbf{C}$ が $g(x)/h(x)$ として定まります．$h(x) = 0$ で $g(x) \neq 0$ ならば，f は x で**極** (pole) を持つといいます．また $h(x) = g(x) = 0$ ならば，x は f の**不確定点** (indeterminacy) であるといいます．

一般の射影的代数多様体 $X \subset \mathbf{P}^n$ の関数体 $\mathbf{C}(X)$ は次のように定義します．X 上の少なくとも 1 つの点では値を持つような $\mathbf{P}^n$ 上の有理関数全体のなす環

$$A = \{f \in \mathbf{C}(\mathbf{P}^n) \mid f = 0 \text{ または } f = g/h, x \in X \text{ が存在して } h(x) \neq 0\}$$

の，X 上恒等的に 0 になるような関数全体のなす極大イデアル

$$M = \{f \in A \mid f = 0 \text{ または } g(X) = 0\}$$

による商体 $\mathbf{C}(X) = A/M$ を X の**関数体**といいます．X 上の有理関数とは「X のある空ではないザリスキー開集合上で定義された関数で，$\mathbf{P}^n$ 上の有理関数の X への制限になっているようなもの」というふうにも定義できます．上の定義では，埋め込み $X \subset \mathbf{P}^n$ を使って関数体 $\mathbf{C}(X)$ を定義しましたが，実は射影空間への埋め込みによらず，X だけで定まることが知られています．

代数多様体 X の次元は，基礎体 $\mathbf{C}$ 上で考えた関数体 $\mathbf{C}(X)$ の**超越次数** (transcendental degree) $\mathrm{tr.deg}_{\mathbf{C}}\mathbf{C}(X)$ と一致することが知られています．例えば，射影空間 $\mathbf{P}^n$ の次元は n です．また，次元が n の代数多様体の関数体は $\mathbf{C}(x_1, \ldots, x_n, y)$ の形に書くことができます．ここで $x_1, \ldots, x_n$ は独立変数で，y に対しては 0 ではない多項式 f が存在して，関係式 $f(x_1, \ldots, x_n, y) = 0$ が成り立ちます．

不変量 (invariant) は複数の代数多様体が同値（同型，双有理同値など）であるかどうかを判別するための道具です．不変量を使って代数多様体全体の集合の全体像を俯瞰することができます．

最も重要な代数多様体の不変量は**次元** (dimension) です．独立変数の個数と方程式の本数の差は，次元とは一般的には異なります．

例 1 (1) 楕円,放物線や双曲線は,2 次元複素射影空間の中で考えれば,すべて同じ 2 次式
$$x_0^2 + x_1^2 + x_2^2 = 0$$
で定義された代数曲線になります.楕円,放物線や双曲線は,代数曲線の実アフィン空間による切り口です.

(2) 2 次元複素射影空間の中で 2 次式 $x_1 x_2 = 0$ で定義されたザリスキー閉集合 X は可約です.実際,方程式 $x_i = 0$ で定義された直線を X_i とすれば,$X = X_1 \cup X_2$ です.

(3) 3 次元複素射影空間の中で 3 個の 2 次式
$$\mathrm{rank} \begin{pmatrix} x_0 & x_1 & x_2 \\ x_1 & x_2 & x_3 \end{pmatrix} \leq 1$$
で定義された代数多様体 X は,変数変換 $[t_0 : t_1] \mapsto [t_0^3 : t_0^2 t_1 : t_0 t_1^2 : t_1^3]$ を考えると,射影直線 $\mathbf{P}^1$ と同型になることがわかります.代数多様体の次元が,それを含む空間の次元と方程式の本数の差とは一致しない例です.

複素多様体 (complex manifold) とは,複素アフィン空間 $\mathbf{C}^n$ の通常の位相による開集合たちを貼り合わせて作ったものです.複素射影代数多様体 X は,複素多様体としての複素射影空間 $\mathbf{P}^N$ の中で複素部分多様体になっているとき,**滑らか** (smooth) であるといいます.滑らかな射影的代数多様体 (smooth projective variety) は英語では "projective manifold" とも呼びます."variety" と "manifold" は日本語では共に「多様体」になってしまい区別できませんが,英語では区別して使うのが普通です.滑らかではない点を**特異点** (singular point) と呼びます.特異点ではない点を**非特異** (non-singular) であるといいます.「非特異」と「滑らか」は同じです(代数的閉体ではない体を考えるときには異なってきます).

滑らかな代数多様体上では以下のような**局所座標系** (local coordinates) をとることができます.各点 $P \in X$ に対して,それを含むザリスキー開集合 U とその上の正則関数列 $(x_1, \ldots, x_n)$ が存在して,P の近くでは複素多様体としての局所座標系になります.滑らかな代数多様体上の余次元 1 のザリスキー閉集合 Z は,各点 P の近傍では局所座標系を使って,$x_1 \ldots x_r = 0$ の形に書けるとき,**正規交差因子** (normal crossing divisor) と呼びます.

例 2 $X = \mathbf{P}^1$ とし，$Y \subset \mathbf{P}^2$ を方程式 $x_0 x_1^2 - x_2^3 = 0$ で定義された射影的代数曲線とします．写像 $f : X \to Y$ を $[x_0 : x_1] \mapsto [x_0^3 : x_1^3 : x_0 x_1^2]$ で定義します．f は 1 対 1 写像になりますが，代数多様体としての同型にはなりません．X は滑らかであるのに，Y は特異点を持つからです．同型写像については次節で述べます．

2 双有理同値

代数多様体の分類理論では，双有理同値な代数多様体は同じものと見なします．これについて説明します．

2 つの代数多様体 X, Y において，真のザリスキー閉集合 $D \subsetneq X$ と $E \subsetneq Y$ が存在して，同型 $X \setminus D \cong Y \setminus E$ が成立するとき，X, Y は**双有理同値** (birationally equivalent) であるといい，$X \sim Y$ と表します（同型の定義は次の例の後に述べます）．X を中心にして考えるとき，対する Y は X の**双有理モデル** (birational model) と呼びます．

X, Y が双有理同値であることと，関数体が同型になること $\mathbf{C}(X) \cong \mathbf{C}(Y)$ は同値であることが知られています．

例 3 2 次元射影空間 $X = \mathbf{P}^2$ は射影空間の直積 $Y = \mathbf{P}^1 \times \mathbf{P}^1$ と双有理同値です．$D = \{[x_0 : x_1 : x_2] \mid x_0 = 0\}$，$E = \{([y_0 : y_1], [z_0 : z_1]) \mid y_0 z_0 = 0\}$ とすれば，$X \setminus D$ と $Y \setminus E$ は共にアフィン空間 $\mathbf{C}^2$ と同型になるからです．

このとき関数体は 2 変数の有理式体と同型になります．

なお，直積 Y も射影的代数多様体です．射影空間への埋め込み $Y \to \mathbf{P}^3$ が，$([y_0 : y_1], [z_0 : z_1]) \mapsto [y_0 z_0 : y_1 z_0 : y_0 z_1 : y_1 z_1]$ によって与えられるからです．Y の像の方程式は，$x_0 x_3 - x_1 x_2 = 0$ で与えられます．

代数多様体 X に適当な測度を入れて連続関数 h を積分することを考えます．このとき，X 上の積分の値と $X \setminus D$ 上の積分の値は一致します．このように，双有理同値な代数多様体は，おきかえても本質は変わらない場合が多いのです．

代数多様体 $X \subset \mathbf{P}^n$ の開集合 U 上で定義された関数は，U の各点の近傍で考えたとき，同じ次数の同次多項式の比を制限したものと一致しているとき，

正則関数 (regular function) と呼びます．代数多様体の間の写像 $f: X \to Y$ は，正則関数の引き戻しが正則関数になるとき，射 (morphism) であるといいます．射 f は，1対1の写像であり，しかも逆写像 f^{-1} も射になるとき，同型射 (isomorphism) と呼びます．射 $f: X \to Y$ は，X, Y のザリスキー閉集合 D, E が存在して，同型 $X \setminus D \cong Y \setminus E$ を誘導するとき，双有理射 (birational morphism) と呼びます．例えば，例2の写像 f は1対1双有理射ですが，逆写像 f^{-1} は射ではありません．

例 4　射影空間 $X = \mathbf{P}^n$ の，$n - r - 1$-次元線形部分空間

$$Z = \{[x_0 : \cdots : x_n] \in X \mid x_0 = \cdots = x_r = 0\}$$

を中心とする**爆発** (blowing up) を定義します．

直積 $X \times \mathbf{P}^r$ の部分多様体 Y を

$$Y = \{([x_0 : \cdots : x_n], [y_0 : \cdots : y_r]) \mid \text{すべての } i, j \text{ に関して，} x_i y_j = x_j y_i\}$$

で定め，第1成分への射影によって写像 $p: Y \to X$ を定めます．

点 $x = [x_0 : \cdots : x_n] \in X^o = X \setminus Z$ に対しては，$x_{i_0} \neq 0$ となるような $0 \leq i_0 \leq r$ が存在するので，式 $y_j = x_j y_{i_0} / x_{i_0}$ によってすべての y_j が定まってしまい，p が定める写像 $Y^o = p^{-1}(X^o) \to X^o$ は同型になります．一方，$x \in Z$ である場合には，$p^{-1}(x)$ は r-次元射影空間と同型になります．こうして，$p: Y \to X$ は，Z を爆発させて膨らませるような双有理射であることがわかります．

射影空間の部分多様体 X_1 に対しては，逆像 $p^{-1}(X_1 \cap X^o)$ の閉包 Y_1 を考え，誘導された射 $p_1: Y_1 \to X_1$ を，X_1 の $Z \cap X_1$ を中心とした爆発と呼びます．とくに，X_1 が Z に含まれる場合には，Y_1 は空集合になります．爆発して消えてなくなるわけです．

爆発という操作によって，2次元以上の代数多様体に対しては，双有理同値ですが互いに異なる代数多様体を，いくらでも多く作ることができます．

広中平祐が証明した特異点解消定理は「双有理幾何学」の基本定理です：

定理 1　任意の代数多様体 X に対して，滑らかな中心を持つ爆発の列

$$Y = Y_m \to Y_{m-1} \to \cdots \to Y_1 \to Y_0 = X$$

であって，Y が滑らかな代数多様体になるようなものが存在する．さらに，X の閉部分多様体 Z を与えたときには，その集合論的逆像 $f^{-1}(Z)$ が Y 上の正規交差因子になるようにできる．

この定理によって，代数多様体の双有理的な分類では，滑らかで射影的な代数多様体だけを考えればよいことになります．なお，標数が正の体の上の代数多様体を考える場合には，特異点解消の存在は未解決問題です．

代数曲線に対しては，滑らかで射影的な代数曲線で双有理同値なものはただ 1 つ存在します．そのため，代数曲線の分類は滑らかで射影的な代数曲線を分類すればよいことになります．代数曲面に対しては，後の節で説明しますが，線織面の場合を除いて双有理同値な極小モデルがただ 1 つ存在します．そこで，代数曲面の分類は極小モデルの分類になります．3 次元以上ではもう少し事情は複雑になります．

3　標準因子

n-次元非特異複素多様体 X の**接束** (tangent bundle)$\mathbf{T}_X$ を考えます．$\mathbf{T}_X$ は階数が n の正則ベクトル束で，その正則切断は正則ベクトル場です．双対ベクトル束 $\mathbf{T}_X^*$ は**余接束** (cotangent bundle) と呼ばれます．$\mathbf{T}_X^*$ の正則切断は正則微分形式です．局所座標系 $(x_1,\ldots,x_n)$ をとると，正則微分形式は $\sum_i h_i(x)dx_i$ のように表示されます．ここで h_i は正則関数です．別の局所座標系 $(y_1,\ldots,y_n)$ をとると，$\sum_{i,j} h_i(x(y))\frac{\partial x_i}{\partial y_j}dy_j$ と変換されます．

$\mathbf{T}_X^*$ の行列式束 $\mathbf{K}_X = \bigwedge^n \mathbf{T}_X^*$ を考えます．ここで $\bigwedge^n$ は n 次の外積を表します．$\mathbf{K}_X$ は正則直線束で，その正則切断は**標準形式** (canonical form) と呼ばれます．局所的には $h(x)dx_1 \wedge \cdots \wedge dx_n$ のように表示されます．変数変換すると，

$$h(x(y))\frac{\partial(x_1,\ldots,x_n)}{\partial(y_1,\ldots,y_n)}dy_1 \wedge \cdots \wedge dy_n$$

となります．ここで出てくるのはヤコビアン行列式です．

X は複素代数多様体であるとします．正則直線束 $\mathbf{K}_X$ は，X 全体の上で正則な大域切断を持つとは限らないのですが，**有理切断** (rational section) なら

ば必ず持ちます．これは局所的に $\omega = h(x)dx_1 \wedge \cdots \wedge dx_n$ と書くとき，$h(x)$ が有理関数になるものです．$h(x)$ は零点や極を持つので，重複度を込めて ω の**因子** (divisor) を

$$\mathrm{div}(\omega) = \sum d_i D_i$$

で定義します．ここで，D_i たちは余次元 1 の部分多様体で，d_i は $h(x)$ の D_i における零点の位数です．$h(x)$ が D_i において極を持つときには d_i は負の数になります．右辺は有限和になり，局所的表示の取り方に依存しません．

任意の 0 ではない有理標準形式 ω に対して，**標準因子** (canonical divisor) が $K_X = \mathrm{div}(\omega)$ で定義されます．K_X は ω の取り方に依存しますから，この記法は正確ではありませんが，便利なのでよく使います．X だけで決まるのは直線束 $\mathbf{K}_X$ のほうです．

4 代数曲線の分類

以下では X は滑らかで射影的な代数曲線とします．$n = 1$ です．X 上の正則標準形式，つまり $\mathbf{K}_X$ の大域的正則切断の全体は，有限次元の複素線形空間になります．これを $H^0(X, \mathbf{K}_X)$ と書きます．その次元 $g = g(X) = \dim H^0(X, \mathbf{K}_X)$ を X の**種数** (genus) と呼びます．

任意の大域的正則切断は，重複度を込めれば常に $2g - 2$ 個の零点を持ちます．つまり，標準因子は次数が $2g - 2$ の因子になります．

X は実 2 次元のコンパクト位相多様体に複素構造を入れたものと捉えることができます．そして種数は位相的不変量です．コホモロジー群 $H^1(X, \mathbf{C})$ の次元は $2g$ になります．

$g = 0$ ならば X は 2 次元球面 S^2 と同相になります．$g = 1$ ならばトーラスと同相です．一般には g 個の穴を持ち，トーラス g 個の連結和として表示されます．

例 5 アフィン平面 $V_i \cong \mathbf{A}^2$ ($i = 0, 1$) を 2 つ用意し，座標系をそれぞれ (x_i, y_i) とします．ザリスキー開集合 $V_i^o = V_i \setminus \{x_i = 0\}$ をとり，変数変換 $(x_0, y_0) \mapsto (x_1, y_1) = (x_0^{-1}, x_0^{-g-1} y_0)$ によって同型 $V_0^o \to V_1^o$ を定義します．ここで g は 1 以上の整数です．この同型によって貼り合わせて得られる代数

多様体を $V = V_0 \cup V_1$ とします（V をある射影空間に埋め込んで，その閉包が射影的代数多様体になるようにすることができます）．

射影直線 L は2つのアフィン直線 $L_i \cong \mathbf{A}^1$ $(i = 0, 1)$ を変数変換 $x_1 = x_0^{-1}$ によって貼り合わせて得られるので，自然な射影 $p : V \to L$ が $(x_i, y_i) \mapsto x_i$ で得られます．V は L 上の $\mathbf{A}^1$-束になっています．

V に含まれる代数曲線 $X = X_0 \cup X_1$ を

$$X_0 : y_0^2 = \prod_{j=1}^{2g+2} (x_0 - a_j),$$

$$X_1 : y_1^2 = \prod_{j=1}^{2g+2} (1 - a_j x_1)$$

で定めます．ここで，a_j たちは相異なる 0 ではない複素数です．変数変換と定義方程式はうまく両立しているので，X は確かに滑らかで射影的な代数曲線になっています．このようにして定義された代数曲線 X を**超楕円曲線** (hyperelliptic curve) と呼びます．ただし $g = 1$ の場合には，**楕円曲線** (elliptic curve) です．

射 $p : V \to L$ を X に制限した射 $p_X : X \to L$ を考えます．一般の点 $x \in L$ に対しては，$p_X^{-1}(x)$ は 2 点になるので，p_X は **2 重被覆** (double cover) と呼ばれます．$x_0 = a_j$ となるような $2g + 2$ 個の点では，$p_X^{-1}(x)$ は 1 点になります．これらの点は**分岐点** (ramification point) と呼ばれます．

X_0 上の微分形式 dx_0/y_0 を考えます．$y = 0$ となるのはちょうど p_X の分岐点なので，dx_0/y_0 は X_0 上の零点を持たない正則微分形式になります．実際，$(a_j, 0) \in X_0$ の近傍では y_0 が X の局所座標系になり，零にはならない正則関数 $u(y_0)$ によって，$x_0 = a_j + y_0^2 u(y_0)$ と書かれるので，$dx_0/y_0 = (2 + y_0 u'(y_0))dy_0$ となるからです．

X_1 上の座標系に変数変換すると微分形式がどのように変化するかを計算します．$dx_0 = \frac{\partial x_0}{\partial x_1} dx_1 = -x_1^{-2} dx_1$ となるので，式 $dx_0/y_0 = -x_1^{g-1} dx_1/y_1$ を得ます．こうして，$x_0^k dx_0/y_0$, $k = 0, \ldots, g-1$ が 1 次独立な正則微分形式となり，X の種数が g であることがわかります．

任意の代数曲線は，滑らかで射影的な代数曲線と双有理同値になりました．そして滑らかで射影的な代数曲線全体の集合は，種数の値によって分割され

ました．今度は種数が一定値 g であるような滑らかで射影的な代数曲線全体の集合を考えます．正確には，そのような代数曲線の同型類全体のなす集合を考えます．すると不思議なことに，この集合は再び代数多様体になるのです．これを**モジュライ空間** (moduli space) と呼び $\mathcal{M}_g$ で表します．$\mathcal{M}_g$ は特異点を持つ（既約な）代数多様体で，$g \geq 2$ のときは $\dim \mathcal{M}_g = 3g - 3$ となります．しかも**安定曲線のモジュライ空間** (moduli space of stable curves) と呼ばれる射影的代数多様体 $\overline{\mathcal{M}}_g$ が存在して，$\mathcal{M}_g$ はそのザリスキー開集合になるのです．

5 代数多様体の変形

代数幾何学では様々な対象のモジュライ空間を考えます．連続的変化を分類したものがモジュライ空間です．モジュライ空間はふたたび代数多様体（またはそれをすこし拡張したもの）になり，代数幾何学特有の手段を提供しています．

代数多様体の同型類たちをどのようにつなげて，連続的な代数多様体を作るのでしょうか？　それは代数多様体の「変形」と呼ばれるものです．

コンパクト複素多様体 X_0 に対して，その**変形族** (deformation family) とは，複素多様体の間の正則写像 $f: X \to Y$ であって，余接束の間の単射準同型 $f^* \mathbf{T}_Y^* \to \mathbf{T}_X^*$ を誘導し，各点 $y \in Y$ 上のファイバー $X_y = f^{-1}(y)$ がコンパクト複素多様体になり，しかも 1 点 $y_0 \in Y$ が存在して $X_{y_0} \cong X_0$ となるようなものです．Y は変形の底空間（パラメーター空間）であり，X は変形の全空間です．

例 6　種数 g の超楕円曲線は $2g + 2$ 個の分岐点 $[1 : a_i] \in \mathbf{P}^1$ を与えることによって定まります．分岐点を動かすと，超楕円曲線が変形します．こうして $2g + 2$ 次元の底空間を持つ変形族が得られます．しかし，射影直線 $\mathbf{P}^1$ には 3 次元の自己同型群 $PGL(2, \mathbf{C})$ が作用するので，実質的には $2g - 1$ 次元の超楕円曲線の変形族が得られます．$g = 2$ のときには $2g - 1 = 3g - 3$ なので，これですべての代数曲線が得られます．$g \geq 3$ のときは一部しか得られません．

代数多様体を変形するにはその方程式の係数を動かせばよいのですが，具

体的な方程式系の係数を動かそうと思っても何本もあってわかりにくいのです．そこで，座標系によらない変形理論というものが小平-Spencer によって開発され，コホモロジー理論を使って代数多様体の変形を記述できるようになりました．

小平-Spencer の変形理論によれば，無限小変形の空間が 1 次のコホモロジー群 $H^1(X_0, \mathbf{T}_{X_0})$ で与えられ，「変形の障害の空間」が 2 次のコホモロジー群 $H^2(X_0, \mathbf{T}_{X_0})$ で与えられます．そして，もしも $H^2(X_0, \mathbf{T}_{X_0}) = 0$ であれば，以下のような**半普遍局所変形族** (semi-universal local deformation family) $f : X \to Y$ の存在が証明されました：(1) $Y = D^r$ は多重円盤．ここで，$D = \{z \in \mathbf{C} \mid |z| < 1\}$．(2) $r = \dim Y = \dim H^1(X_0, \mathbf{T}_{X_0})$．(3) X_0 に「十分近い」コンパクト複素多様体はすべて f のファイバーとして現れます．(4) 変形 f の「小平-Spencer 写像」$\mathbf{T}_{Y,0} \to H^1(X_0, \mathbf{T}_{X_0})$ は同型になります．ここで $\mathbf{T}_{Y,0}$ は Y の原点における接空間です．

X_0 は種数が g の滑らかで射影的な代数曲線とします．このとき，$\dim H^1(X_0, \mathbf{T}_{X_0}) = 3g - 3$ かつ $H^2(X_0, \mathbf{T}_{X_0}) = 0$ となります．したがって，$3g - 3$ 次元の半普遍局所変形族が得られます．これを貼り合わせれば，種数 g の代数曲線のモジュライ空間 $\mathcal{M}_g$ が得られるわけですが，ここで問題が起こります．それは，代数曲線 X_0 が一般には自己同型群 G_0 を持つからです．$g \geq 3$ の場合には，X_0 に近い一般の代数曲線は自己同型を持たず，代わりに変形族の底空間 Y に G_0 が作用します．そして Y/G_0 を貼り合わせて $\mathcal{M}_g$ が得られます．つまり，代数曲線の変形には障害がないにもかかわらず，モジュライ空間は特異点を持ってしまうのです．特異点を回避するために，次のようなモジュライ・スタックというものを考えることもできます．Y/G_0 の代わりに $[Y/G_0]$ をとります．この括弧は G_0 の作用を覚えておくという意味です．これを貼り合わせればスタックとしての $\mathcal{M}_g$ が得られます．

6 離散的分類

さて，ここからは一般次元の滑らかで射影的な代数多様体を考えます．

代数多様体 X に対して定まる量 $f(X)$ で，双有理同値 $X \sim Y$ ならば $f(X) = f(Y)$ が成り立つようなものを，**双有理不変量** (birational invariant)

と呼びます．双有理不変量を使って代数多様体を分類するというのが方針です．まず，離散的不変量，つまり整数値をとるような不変量を使って，大まかな分類を行います．そのあとで，連続的に変化する不変量を使ってモジュライ空間の構造を調べます．

第 4 節で見たように，$\dim X = 1$ の場合には，種数が最も重要な離散的不変量でした．高次元では**多重種数** (plurigenus) というものを考えます．正の整数 m を固定して，**m-標準形式** (m-canonical form) というものを定義します．局所座標系 $(x_1,\ldots,x_n)$ をとると，m-標準形式は $h(x)(dx_1 \wedge \cdots \wedge dx_n)^{\otimes m}$ のように表示されます．ここで h は正則関数です．別の局所座標系 $(y_1,\ldots,y_n)$ をとると，
$$h(x(y))\left(\frac{\partial(x_1,\ldots,x_n)}{\partial(y_1,\ldots,y_n)}\right)^m (dy_1 \wedge \cdots \wedge dy_n)^{\otimes m}$$
と変換されます．X 上で定義された m-標準形式全体の集合は有限次元複素線形空間になり，$H^0(X, mK_X)$ で表します．そして **m-種数** (m-genus) を $P_m(X) = \dim H^0(X, mK_X)$ で定めます．ここで，K_X は標準因子です．多重種数は双有理不変量です．

$\dim X = 1$ の場合には $P_1(X) = g(X)$ です．$g(X) \geq 2$ で $m \geq 2$ ならば $P_m(X) = (2m-1)(g-1)$ となります．また，$g(X) = 1$ ならば常に $P_m(X) = 1$ で，$g(X) = 0$ ならば常に $P_m(X) = 0$ です．このように，代数曲線の場合には種数だけで多重種数が決まってしまうのですが，下の例に見るように高次元では状況はもっと複雑になります．

X 上の正則 1 次微分形式，つまり $\mathbf{T}_X^*$ の大域的正則切断の全体は，有限次元の複素線形空間になり，これを $H^0(X, \mathbf{T}_X^*)$ と書きます．これも双有理不変量です．その次元 $q = \dim H^0(X, \mathbf{T}_X^*)$ を X の**不正則数** (genus) と呼びます．$b_1 = \dim H^1(X, \mathbf{C})$ とすると，$b_1 = 2q$ となるので，不正則数は位相不変量でもあります．

例 7　(1) $X = \mathbf{P}^n$ のとき，$P_m = 0$ かつ $q = 0$ となります．射影空間と双有理同値な代数多様体を**有理多様体** (rational variety) と呼びます．有理多様体に対しては，多重を含めたすべての正則微分形式が 0 になってしまいます．微分形式を使った分類が通用しない世界です．

(2) 4 次の同次式 $h \in \mathbf{C}[x_0,\ldots,x_3]$ は 3 次元射影空間 $\mathbf{P}^3$ の中の 4 次曲面

X を定めます．h を一般にとれば，X は滑らかになります．このとき，すべての m に対して $P_m = 1$ かつ $q = 0$ となります．このような双有理不変量を持つ曲面（正確には後で述べる極小代数曲面）を **K3 曲面** (K3 surface) と呼びます．楕円曲線が代数曲線論の中心であったように，K3 曲面は代数曲面論の中心になります．

$\mathbf{P}^3$ のアフィン開集合 $\{x \in \mathbf{P}^3 \mid x_0 \neq 0\} \cong \mathbf{A}^3$ 上では，以下のような留数積分を使って X 上の標準形式が構成できます：

$$\omega = \oint \frac{d\bar{x}_1 \wedge d\bar{x}_2 \wedge d\bar{x}_3}{\bar{h}}.$$

ここで $\bar{x}_i = x_i/x_0$ $(i = 1, 2, 3)$, $\bar{h} = h/x_0^4$ です．X の各点の周りで，X と交わらないようなループに沿って 3 次の微分形式を積分することにより，X 上の 2 次の微分形式を得ます．ω は X 全体の上の正則な標準形式で零点を持たないものに延長されます．つまり $K_X = 0$ となります．

4 次式 h の係数は 35 個ありますから，$\mathbf{C}^{35}$ の点が 4 次曲面と対応し，$\mathbf{C}^{35}$ のあるザリスキー開集合 U の点が滑らかな 4 次曲面と対応します．$\mathbf{C}^{35}$ には変数の 1 次変換によって $GL(4, \mathbf{C})$ が作用し，その作用で移り合う 4 次式は同型な 4 次曲面を定めるので，滑らかな 4 次曲面のモジュライ空間として 19 次元の代数多様体が得られます．

一方，滑らかな 4 次曲面 X に対して，$\dim H^1(X, \mathbf{T}_X) = 20$ かつ $H^2(X, \mathbf{T}_X) = 0$ が成り立ちます．したがって，X の半普遍局所変形族は 20 次元の底空間 Y を持つことになります．X に「十分近い」4 次曲面たちは Y の 19 次元の部分多様体と対応しています．そして，Y の一般の点の上のファイバーは，代数的ではないコンパクト複素多様体（これも K3 曲面と呼ばれます）に対応していることがわかります．つまり，4 次曲面は変形すると射影空間の「外」に出て行ってしまうのです．射影空間内にとどまる限りは方程式によって記述される代数多様体ですが，一般の K3 曲面を具体的に構成することはできず，変形によって存在が知られるだけです．

(3) K3 曲面 X の中には，固定点を持たない自己同型 $f : X \to X$ が存在して，$f^2 = \mathrm{Id}_X$ であり，しかも標準形式 ω に対して，$f^*\omega = -\omega$ となるようなものを持つものがあります．このとき，商空間 $Y = X/f$ は滑らかな代数曲面になります．これを**エンリケス曲面** (Enriques surface) と呼びます．$P_1 = q = 0$

ですが，$P_2 = 1$ となります．つまり，通常の微分形式では有理曲面と区別がつかないのですが，2重種数を使うと区別できるのです．有理曲面は $P_2 = q = 0$ で特徴付けられることが Castelnuovo の定理として知られています．

7 小平次元

m-標準形式と m'-標準形式を掛けると $m+m'$-標準形式になります．そこで，直和 $R(X) = \bigoplus_{m=0}^{\infty} H^0(X, mK_X)$ は $\mathbf{C}$ 上の多元環の構造を持ちます．これを X の**標準環** (canonical ring) と呼びます．標準環は双有理不変量です．代数多様体の多重種数は変形しても不変な量であることが証明されていますが，標準環の環構造は連続的に変化することができます．最近，Birkar-Cascini-Hacon-McKernan により，標準環 $R(X)$ は $\mathbf{C}$ 上有限生成な環であることが証明されました．したがって，無限数列 $P_m(X)$ は有限個の情報から復元されることがわかります．しかし，3次元の代数多様体に限っても，必要な値の個数の上限は存在しないことがわかっています．

$R(X)$ の $\mathbf{C}$ 上の超越次元を記号 $\mathrm{tr.deg}_{\mathbf{C}} R(X)$ で表します．X の**小平次元** (Kodaira dimension) $\kappa(X)$ を以下の式で定義します：$\kappa(X) = \mathrm{tr.deg}_{\mathbf{C}} R(X) - 1$．ただし，$\mathrm{tr.deg}_{\mathbf{C}} R(X) = 0$ のときは，$\kappa(X) = -\infty$ とおきます．その理由は，このように定義すると以下の評価式が成り立つからです：$P_m(X) = O(m^{\kappa(X)})$．小平次元は次元に次いで重要な離散的不変量です．

例 8 代数曲線に対しては，$g = 0$ ならば $\kappa = -\infty$，$g = 1$ ならば $\kappa = 0$，$g \geq 2$ ならば $\kappa = 1$ となります．

n-次元代数多様体の小平次元の値は $-\infty, 0, 1, \ldots, n$ のいずれかの値をとります．有理多様体は $\kappa = -\infty$ となる代表的な例です．$\kappa = 0$ となるのは，楕円曲線，K3 曲面，アーベル多様体，カラビ=ヤウ多様体などがあり，いずれも重要な代数多様体です．$\kappa = n$ となるとき，X は**一般型** (general type) と呼ばれます．この「一般」には「その他」の意味あいが強く，千差万別な多様体がここに入ります．

小平次元が中間次元の場合，つまり $0 < \kappa(X) < \dim X$ となる場合の研究は重要です．この場合には，X は以下のような**代数的ファイバー空間** (algebraic fiber space) の構造を持ちます：X と双有理同値な滑らかで射影的な代数多様体 X' と，次元が $\kappa(X)$ と一致する滑らかで射影的な代数多様体 Y，および射 $f : X' \to Y$ が存在して，f は全射で連結なファイバーを持ち，一般のファイバー X'_y は小平次元が 0 になります．一般に，全射で連結なファイバーを持つ射は代数的ファイバー空間と呼ばれます．こうして，X の構造の研究が，κ が 0 であるような代数多様体の研究と，その変形および退化の研究に帰着されます．後者から連続的分類としてのモジュライ空間の研究に導かれます．

例 9 滑らかで射影的な代数曲面で $\kappa = 1$ となるものを考えます．このとき，$f : X \to Y$ の一般ファイバーは楕円曲線になりますから，X は**楕円曲面** (elliptic surface) と呼ばれます．楕円曲面の研究は小平の曲面論の重要な部分を占めています．退化ファイバーの完全な分類，小平の標準束公式などが有名です．

不正則数が 0 ではないような滑らかで射影的な代数多様体に対しては，以下のように定義される**アルバネーゼ写像** (Albanese map) $\alpha_X : X \to \mathrm{Alb}(X)$ も重要な双有理不変量になります．$H^0(X, \mathbf{T}_X^*)$ の基底 $\omega_1, \ldots, \omega_q$ をとります．また，X 上に基点 x_0 を任意に固定し，x_0 を始点かつ終点とするループ $L_1, \ldots, L_{2q}$ をとって，そのホモロジー類が $H_1(X, \mathbf{Z})/\mathrm{torsion}$ の基底になるようにします．$(q, 2q)$-行列 $P = [\int_{L_j} \omega_i]$ を**周期積分** (period integral) と呼びます．アルバネーゼ・トーラスを

$$\mathrm{Alb}(X) = \mathbf{C}^q / P\mathbf{Z}^{2q}$$

で定義し，アルバネーゼ写像 $\alpha_X : X \to \mathrm{Alb}(X)$ を線積分を使って

$$\alpha_X(x) = \left(\int_{x_0}^x \omega_i \right)$$

で定義します．x_0 から x までの経路の取り方によって積分の値は異なりますが，その差は $P\mathbf{Z}^{2q}$ に吸収されます．

$\mathrm{Alb}(X)$ は位相的には高次元トーラス $(S^1)^{2q}$ と同型ですが，**アーベル多様体** (abelian variety) と呼ばれる代数多様体になることがわかります．アーベル多様体のモジュライ空間はよく研究されています．

8　極小モデル

1次元の代数多様体に対しては，滑らかで射影的な双有理モデルはただ1つでした．しかし，2次元以上ではもう少し複雑になります．例えば，滑らかで射影的なn-次元代数多様体Xにおいて，1点$x \in X$を爆発させる写像$f : Y \to X$を考えます．Yは再び滑らかで射影的な代数多様体で，$E = f^{-1}(x)$は$n-1$-次元射影空間と同型になり，fは$Y \setminus E$から$X \setminus \{x\}$への同型を誘導します．Eは爆発fの**例外因子** (exceptional divisor) と呼ばれます．このとき，Eの法束$\mathbf{N}_{E/X} = (\mathbf{T}_X|_E)/\mathbf{T}_E$は次数$-1$の直線束になります．

代数多様体の爆発は標準因子の増大を伴います．xの周りの局所座標系$(x_1, \ldots, x_n)$をとるとき，E上の点$[1 : 0 : \cdots : 0]$の周りの局所座標系$(y_1, \ldots, y_n)$として，$y_1 = x_1$，$y_i = x_i/x_1$ $(i = 2, \ldots, n)$ととることができます．このとき，

$$f^*(dx_1 \wedge \cdots \wedge dx_n) = y_1^{n-1} dy_1 \wedge \cdots \wedge dy_n$$

となるので，X上の有理標準形式をYに引き戻すと，X上の零点の引き戻しのほかに，Eに$n-1$-位の零点を持つことになります．標準因子の言葉で書くと，$K_Y = f^* K_X + (n-1)E$となります．つまり，「爆発は標準因子を増大させる」ということがわかります．

極小モデル理論というのはこの操作の逆を考えることに相当します．標準因子が極小になるようにするのです．

以下では，Xが2次元の場合を考えます．爆発の例外因子Eは**自己交点数** (self-intersection number) -1を持ちます．自己交点数というのは変な言い方ですが，Eのホモロジー類を$[E] \in H_2(Y, \mathbf{Z})$と書くことにするとき，位相幾何学的な交点数$[E] \cap [E] \in H_0(Y, \mathbf{Z}) \cong \mathbf{Z}$が$-1$になることを意味します．これは$E$の法束の次数が$-1$になっていることと対応します．

一般に，滑らかで射影的な代数曲面上で，$\mathbf{P}^1$と同型で自己交点数が-1になるような曲線を(-1)-**曲線** ((-1)-curve) と呼びます．代数曲面論においては次の**Castelnuovo**の収縮定理 (Castelnuovo's contraction theorem) は基本的です：

定理 2 滑らかで射影的な代数曲面 Y とその上の (-1)-曲線 E を与えると,もう 1 つの滑らかで射影的な代数曲面 X と双有理射 $f: Y \to X$ が存在して,$x = f(E)$ は X 上の点になり,f は $x \in X$ を中心とする爆発と一致する.

(-1)-曲線を持たないような滑らかで射影的な代数曲面を**極小モデル** (minimal model) と呼びます.極小な双有理モデルという意味です.任意の滑らかで射影的な代数曲面を与えたとき,Castelnuovo の収縮定理を有限回適用することによって,極小モデルに到達します.極小モデルは曲線をつぶして得られるので,幾何学的な意味でも極小ですが,標準因子が同時に極小になることがポイントです.

小平次元が $-\infty$ であるような 2 次元の極小モデル X は,完全に分類されています.$\mathbf{P}^2$ か,または滑らかで射影的な代数曲線 C 上の $\mathbf{P}^1$ 束(線織面)のいずれかと同型になります.そして,X の双有理同値類は C の同型類と 1 対 1 に対応します.とくに,C が $\mathbf{P}^1$ と同型ならば,X は $\mathbf{P}^2$ と双有理同値になります.例 5 に出てきた曲面 V の閉包も $\mathbf{P}^1$ 上の $\mathbf{P}^1$ 束です.

一方,小平次元が 0 または正であるような 2 次元の極小モデルは,とてもよい性質を持っています.まず,各双有理同値類に対して,極小モデルが同型を除いてただ 1 つずつ存在します.こうして,「双有理幾何学」が「双正則幾何学」に帰着されることになります.

さらに重要な性質として,標準因子が以下の意味で**数値的に正** (numerically effective) になります.任意の X 上の曲線(1 次元の部分多様体)C は,標準因子 K_X との交点数が正または 0 になります:$(K_X, C) \geq 0$.ここで,$K_X = \sum d_i D_i$ ならば,交点数は $(K_X, C) = \sum d_i (D_i, C)$ で定義されます.曲線の間の交点数は位相的にカップ積で定義されます.

例 10 小平次元が 0 の 2 次元極小モデルは,K3 曲面,エンリケス曲面,アーベル曲面,および超楕円曲面に分類されます.小平次元が 1 の 2 次元極小モデルは,楕円曲面になります.これに対して,小平次元が 2 の 2 次元極小モデルは,一般型と呼ばれます.

9　3次元以上の極小モデル理論

3次元以上の代数多様体の極小モデル理論では特異点が出てきます．

例 11 $\tilde{X} = \mathbf{C}^n$ の原点を中心とする爆発 $\tilde{f} : \tilde{Y} \to \tilde{X}$ を考え，これを群 $G = \mathbf{Z}/(m)$ で割った以下の図式を考えます：

$$\begin{array}{ccc} Y & \longleftarrow & \tilde{Y} \\ f \downarrow & & \tilde{f} \downarrow \\ X & \longleftarrow & \tilde{X} \end{array}$$

ここで，$(\tilde{x}_1, \ldots, \tilde{x}_n)$ を $\tilde{X}$ の局所座標系とするとき，G は $\tilde{x}_i \mapsto e^{2\pi\sqrt{-1}/m}\tilde{x}_i$ によって作用し，$X = \tilde{X}/G$ とします．G の作用は $\tilde{Y}$ に持ち上がり，$Y = \tilde{Y}/G$ とします．$f, \tilde{f}$ の例外因子を $E, \tilde{E}$ とします．$f, \tilde{f}$ はそれぞれ $E, \tilde{E}$ を 1 点につぶす射です．$\tilde{E}$ は G の作用で不変なので，$E \cong \tilde{E} \cong \mathbf{P}^{n-1}$ です．$\tilde{E}$ の法束 $\mathbf{N}_{\tilde{E}/\tilde{Y}}$ は次数 -1 の直線束なので，E の法束 $\mathbf{N}_{E/Y}$ は次数 $-m$ の直線束になります．

X 上の正則関数は $\tilde{X}$ 上の正則関数で G-不変なものに一致します．$\tilde{X}$ 上の正則関数全体のなす環は，多項式環 $\mathbf{C}[\tilde{x}_1, \ldots, \tilde{x}_n]$ と一致し，X 上の正則関数全体のなす部分環は次数が m で割り切れる同次関数で生成されます．そこで，$m = 1$ の場合を除いて X は特異点を持ちます．

X, Y の標準因子の間の関係式を導きます．$\tilde{E}$ 上の 1 点における $\tilde{Y}$ の局所座標系 $(\tilde{y}_1, \ldots, \tilde{y}_n)$ は，$\tilde{y}_1 = \tilde{x}_1, \tilde{y}_i = \tilde{x}_i/\tilde{x}_1 \ (i = 2, \ldots, n)$ で与えられ，$\tilde{X}, \tilde{Y}$ の標準因子の間の関係式 $K_{\tilde{Y}} = \tilde{f}^* K_{\tilde{X}} + (n-1)\tilde{E}$ が導かれました．$(dx_1 \wedge \cdots \wedge dx_n)^{\otimes m}$ は G-不変なので，mK_X の切断になります．一方，Y の局所座標系 $(y_1, \ldots, y_n)$ は $y_1 = \tilde{y}_1^m, y_i = \tilde{y}_i \ (i = 2, \ldots, n)$ で与えられます．したがって，$mK_Y = f^* K_X + (n-m)E$，つまり

$$K_Y = f^* K_X + \Big(\frac{n}{m} - 1\Big) E$$

が得られました．

こうして，$n > m$ ならば，収縮写像 f によって標準因子が減少することがわかりました．$m \geq 2$ ならば X は特異点を持つので，極小モデルとは標準因

子が極小になるものと定義すると，必然的に特異点が現れることがわかりました．

3次元以上では，2次元の場合と違って，特異点を持った代数多様体のほうが滑らかな代数多様体よりも標準因子が小さくなりうる，つまり「簡単に」なりうるという事実は重要な発見でした．このように，極小モデルに必然的に現れる特異点を**末端特異点** (terminal singularity) と呼びます．3次元の末端特異点は完全に分類され，世界の国々の多くの人たちの努力によって，以下の定理が証明されました．

定理 3 任意の 3 次元の滑らかで射影的な代数多様体 X に対して，標準因子を徐々に減らしていく双有理写像のプロセス，**極小モデル・プログラム** (minimal model program) が存在して，有限回のプロセスのあと，末端特異点を持つような双有理モデル X' ともう 1 つの射影的代数多様体への全射で連結なファイバーを持つ射 $f : X' \to Y$ が存在して，以下のいずれかが成り立つ．

(1) 小平次元が $-\infty$ の場合：$\dim Y \leq 2$ であって，f のファイバーは**有理曲線** (rational curve)（$\mathbf{P}^1$ と双有理同値な代数曲線）の族で覆われる．f は**森ファイバー空間** (Mori fiber space) と呼ばれる．

(2) 小平次元が正または 0 の場合：正の整数 m が存在して，直線束 $\mathbf{K}_X^{\otimes m}$ は Y 上の**豊富直線束** (ample line bundle)（射影空間への埋め込みに対応した直線束）の引き戻しになる．f は**飯高ファイバー空間** (Iitaka fiber space) と呼ばれる．

極小モデルの存在定理は代数多様体の分類の出発点といえます．しかしそれだけではなく，極小モデルを求める研究をとおして代数多様体の構造に関して多くの知識を得ることができました．

3次元以上では 1 つの双有理同値類に複数の極小モデルが存在する場合があります．それらは**フロップ** (flop) と呼ばれる操作で結ばれていて，個数は高々有限個であると予想されています．

10　半正値性定理と小平次元の加法性

代数的ファイバー空間は「半正値性」という特有の性質を持っています．位相多様体は向きを逆にしたりできますが，代数多様体は自然な向きを持っているため，符号に偏りが出るのです．例えば，退化する代数曲線の変形族を考えると，退化ファイバーに現れる代数曲線の種数は一般ファイバーの種数よりも常に小さくなりますが，これも半正値性の現れと考えられます．

半正値性はまだ発展途上の概念ですが，例えば次のような定理があります：

定理 4　滑らかで射影的な代数多様体の間の全射で連結なファイバーを持つ射 $f: X \to Y$ を考える．X, Y 上にそれぞれ正規交差因子 B, C があって，f の制限 $X \setminus B \to Y \setminus C$ は滑らかで射影的な代数多様体の変形族になっているとする．このとき，標準因子の差の直像層 $f_* \mathcal{O}_X(K_X + B - f^*(K_Y + C))$ は半正値なベクトル束になる．

半正値性定理は代数多様体の性質をよく表しているので，幅広い応用が期待されます．小平次元の加法性（飯高予想）は重要な応用です：

定理 5　滑らかで射影的な代数多様体の間の全射で連結なファイバーを持つ射 $f: X \to Y$ を考える．$\dim X - \dim Y \leq 3$ と仮定する．このとき，不等式 $\kappa(X) \geq \kappa(Y) + \kappa(X_y)$ が成立する．ここで X_y は f の一般ファイバーである．

次元に関する仮定は，極小モデル理論が 3 次元までしか完成していないためです．紙数もつきましたのでこのくらいにしますが，ご興味を持たれた方には以下の参考文献をお勧めします．

参考書

・小平邦彦『複素多様体と複素構造の変形 I』東京大学数理科学レクチャーノート（1968 年）

　大家による生き生きした講義録．複素多様体が身近に感じられます．ウェブで公開しています．

・Ueno Kenji, *Algebraic Varieties and Compact Complex Spaces*, Lecture Notes in Mathematics, Springer (1975)

　代数多様体の分類に関するかつてのバイブル．

・Robin Hartshorne, *Algebraic Geometry*, Springer (1997)：邦訳『代数幾何学 1, 2, 3』（高橋宣能・松下大介訳），丸善出版（2012 年）

　代数幾何学の標準的教科書．

・川又雄二郎『高次元代数多様体論』岩波書店（2014 年）

　極小モデル理論の解説．半正値性定理についての記述もあります．

第9講　代数幾何
―― 特異点への弧空間からのアプローチ

石井志保子

　代数多様体とは，多項式の零点の集合のことで，滑らかな点もありますが，尖った点や自分自身と交叉している特異な点（特異点）も存在するのが普通です．本講の主テーマは，**弧空間** (arc space)，**ジェット空間** (jet scheme) を使って特異点を理解しようというものです．特異点の定義から始め，特異点解消を直観的に捉え，弧空間の果たす役目を概観します．

1　代数多様体の特異点

　代数多様体に現れる特異点というものは，永らく代数幾何学のお荷物でした．特異点があると，いろいろな不都合が起き，多様体が美しい性質を持てなくなってしまうのです．そのため先人達は非特異であることを仮定して代数多様体を研究し，多くの成果を得てきました．ところが様々な問題を考える上で，非特異な代数多様体だけを考えていたのでは理論がうまく完結せず，ある種の特異点も許したカテゴリーで問題を考える方がより合理的で，しかも解決の希望がある，ということが散見されるようになってきました．やむを得ず，という形で向き合った特異点ですが，いろいろなことが分かってくると特異点自身も極めて興味深い研究対象になりました．

　まず，特異点の定義から始めましょう．とは言っても，数学では通常イメージが最初にあり，それを厳密に記述する定義があとから構築されるという順序で進んでいきますので，その順序に従い，定義を「導き」ましょう．

　体 k 上の**代数多様体** (algebraic variety) とは，$(x_1, x_2, \ldots, x_n)$ を座標に持つ k^n の中の，有限個の方程式

$$f_1(x_1, x_2, \ldots, x_n) = 0, f_2(x_1, x_2, \ldots, x_n) = 0, \ldots, f_r(x_1, x_2, \ldots, x_n) = 0$$

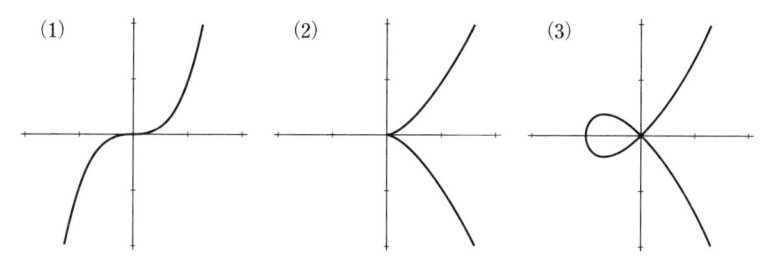

図 1 (1) $X = Z(x_2 - x_1^3)$, (2) $Y = Z(x_2^2 - x_1^3)$, (3) $W = Z(x_2^2 - x_1^2 - x_1^3)$

の解 $(x_1, x_2, \ldots, x_n)$ 全体の集合のことです．ただし $f_i \in k[x_1, x_2, \ldots, x_n]$ $(i = 1, \ldots, r)$．この集合を $Z(f_1, \ldots, f_r)$ と書きます．この集合は $f_1, \ldots, f_r$ の取り方によらず，これらで生成されるイデアルの根基 $\sqrt{(f_1, \ldots, f_r)}$ のみによって決まります．この根基イデアルを I_X と書き，X の k^n における定義イデアルと呼びます．このとき $X = Z(I_X)$ とも書きます．

またこれら $Z(f_1, \ldots, f_r)$ を貼り合わせたものも代数多様体と呼びます．特に $Z(f_1, \ldots, f_r) \subset k^n$ を**アファイン多様体** (affine variety) とも呼びます．簡単のため $k = \mathbb{R}$, $n = 2$ として，(1) $X = Z(x_2 - x_1^3)$, (2) $Y = Z(x_2^2 - x_1^3)$, (3) $W = Z(x_2^2 - x_1^2 - x_1^3)$ を考えてみましょう（図 1）．

これらを見ると (1) はすべての点が滑らかですが，(2) と (3) は原点が滑らかではないので，「特異な点」です．これを数学的にどのように特徴付けすれば良いのでしょうか．

図の滑らかな点ではすべて，ただ 1 本の接線が存在することがまず分かります．そこで，とりあえずは次のように定義しましょう．

定義 1 曲線 $X \subset \mathbb{R}^2$ とその上の点 $P = (a, b)$ を考える．点 P における X の接線がただ 1 つ決まるときに，X は P において**滑らか** (smooth) あるいは**非特異** (non-singular) であると言うことにする．また，「P は X の非特異点である」という言い方をすることもある．

定義 2 曲線 $X \subset \mathbb{R}^2$ とその上の点 $P = (a, b)$ を考える．P が X の非特異点でないときに「P は X の特異点である」という．

この定義は幾何学的な直観と合っており，なかなか良いのですが，残念ながら，その点が特異点かどうかはグラフを描いてみないと分からないし，そ

そもそもグラフは有限の範囲しかカバーできないので特異点をすべて求めることはできません．そこでもう少し数学的にこの定義を書き換えてみましょう．

簡単のため $P=(a,b)\in X\subset\mathbb{R}^2$ を座標変換して $P=(0,0)$ に移動させて考えます．原点 $P=(0,0)$ を通る直線 $l(x,y)=mx+ny=0$ $(m,n\in\mathbb{R})$ が曲線 $X=Z(f)$ に点 $P=(0,0)$ で接するとは，どういうことでしょうか？ 高校生レベルの知識で考えてみましょう．

定義 3 連立方程式 $\begin{cases} l(x,y)=0 \\ f(x,y)=0 \end{cases}$ が $x=0, y=0$ を重根に持つとき「直線 l が曲線 X と点 $(0,0)$ で接する」という．またこのとき「l は X の $(0,0)$ における**接線** (tangent line) である」ともいう．

この定義によると，(3) の原点は $x\pm y=0$ で与えられる「2 つの」接線を持っているように見えますので，当然特異点になります．しかし上記の接線の定義によると，原点を通る直線はすべて接線になることが分かります．(2) の原点は $y=0$ のみが唯一の接線のように思われますが，やはり定義 3 により，原点を通る直線はすべて接線になることに注意してください．

さて，どんなときに $P=(0,0)$ が特異点になるのか，方程式 $f(x,y)$ の形に注目して考えましょう．$(0,0)$ が $X=Z(f)$ 上にあるので，$f(0,0)=0$ でなければなりません．すなわち多項式 $f(x,y)\in\mathbb{R}[x,y]$ を昇べきの順序で表したときに定数項が 0 になるので，

$$f(x,y)=\alpha x+\beta y+\{x,y \text{ に関する 2 次以上の項}\}$$

(ただし $\alpha,\beta\in\mathbb{R}$) と表されます．このとき，次の定理が成立します．

定理 1 次は同値である．
　(i) X が $(0,0)$ で特異点である．
　(ii) $\alpha=\beta=0$.

証明 まず，$\alpha=\beta=0$ を仮定する．このとき原点を通る任意の直線 $l(x,y)=mx+ny=0$ を考える．直線であるので，$m\neq 0$ または $n\neq 0$ であるが，$n\neq 0$ として一般性を失わない．l と X との交点の x 座標は，$y=-\frac{m}{n}x$ を

$$f(x,y) = \alpha x + \beta y + \{x, y \text{ に関する 2 次以上の項 }\}$$

に代入して得られるが，$f(x, -\frac{m}{n}x) = x^2 g(x) = 0$ となるので，$x = 0$ は重根になる．したがって定義 3 により任意の l は X の原点における接線となる．これにより原点は X の特異点になる．

逆に α, β のいずれかが 0 でないとする．いま $l(x,y) = mx + ny = 0$ を原点における X の任意の接線とする．前半と同じように $n \neq 0$ として $y = -\frac{m}{n}x$ を $f(x,y)$ に代入すると

$$\begin{aligned} f(x, -\tfrac{m}{n}x) &= (\alpha x - \tfrac{m}{n}\beta x + \{x \text{ に関する 2 次以上の項 }\}) \\ &= x\left(\alpha - \tfrac{m}{n}\beta + \{x \text{ に関する 1 次以上の項 }\}\right) \end{aligned}$$

を得るが，ここで l が接線であることから $\alpha - \frac{m}{n}\beta = 0$，すなわち，$m : n = \alpha : \beta$ でなければならない．これは接線 l が一意的に定まることを示している． □

これにより，次のことが分かります．

系 1 $f(x,y) = 0$ で定義された曲線 $X \subset \mathbb{R}^2$ 上の点 (a,b) について次は同値である．

(i) X が $(a,b) \in X$ で特異点である．

(ii) $\frac{\partial f}{\partial x}(a,b) = \frac{\partial f}{\partial y}(a,b) = 0$.

証明 定理の記号のもとで，$\alpha = \frac{\partial f}{\partial x}(0,0), \beta = \frac{\partial f}{\partial y}(0,0)$ であることに注意し，座標を元に戻せば (i) と (ii) の同値が示される． □

これまでは 2 次元実数空間の中の曲線（つまり 1 次元実多様体）について考えてきましたが，もっと一般に点 $\mathbb{R}$ の代わりに体 k を考えます．k としては代数閉体を考えるのが議論しやすいので，今後はこれを仮定しましょう．N 次元の k 上の空間の中の n 次元多様体については，その点で n 次元接空間が一意的に定まらないときに特異点であると定義します．そうすると，特に $n = N - 1$ の場合に 2 次元空間の中の曲線の場合と同様に次が得られます．

定理 2 $n = N - 1$ 次元多様体 $X = Z(f)$ について次は同値である．

(i) $(a_1, a_2, \ldots, a_N) \in X \subset k^N$ は特異点である．

(ii) $\frac{\partial f}{\partial x_1}(a_1, a_2, \ldots, a_N) = \cdots = \frac{\partial f}{\partial x_n}(a_1, a_2, \ldots, a_N) = 0$.

さらに方程式の数が多い場合にも，以下のように拡張されます．

定理 3　r 個の多項式 $f_1,\ldots,f_r$ で定義される n 次元多様体 $X \subset k^N$ と X 上の点について次は同値である．

(i) X は $(a_1, a_2,\ldots, a_N) \in X \subset k^N$ で特異点である．

(ii) $\operatorname{rank} \begin{pmatrix} \frac{\partial f_1}{\partial x_1}(a_1,a_2,\ldots,a_N) & \cdots & \cdots & \frac{\partial f_1}{\partial x_N}(a_1,a_2,\ldots,a_N) \\ \vdots & & & \vdots \\ \vdots & & & \vdots \\ \frac{\partial f_r}{\partial x_1}(a_1,a_2,\ldots,a_N) & \cdots & \cdots & \frac{\partial f_r}{\partial x_N}(a_1,a_2,\ldots,a_N) \end{pmatrix} < N-n.$

ここで最後の不等式について，一般には等号付きの不等式 $\leq$ が成立します．したがって非特異点ということは，ここが等号 $=$ になっている点のことです．

定義 4　上の定理の (ii) の行列（ヤコビ行列と呼ぶ）の次数 $N-n$ の小行列式で生成されるイデアル $J \subset k[x_1,\ldots,x_n]$ に対応する $A(X) = k[x_1,\ldots,x_n]/I_X$ のイデアルを X の **Jacobi イデアル** (Jacobian ideal) と呼び，$\mathcal{J}_X$ と表す．

2　代数多様体上の正則関数

これまで登場した代数多様体はすべて k^n の中で多項式の零点として定義されていました．これら多項式の零点となっている k^n の部分集合全体 $\mathcal{Z}$ を考えます．そうすると次の性質が成り立っていることが分かります．

(1) $\emptyset, k^n \in \mathcal{Z}$,
(2) $Z_1, Z_2 \in \mathcal{Z}$ ならば $Z_1 \cup Z_2 \in \mathcal{Z}$,
(3) $Z_i \in \mathcal{Z}$ が任意の添字 $i \in I$ で成立しているとき，$\bigcap_{i \in I} Z_i \in \mathcal{Z}$．

これは $\mathcal{Z}$ が閉集合の公理を満たすということを意味しています．これにより k^n に位相が定義できます．この位相を **Zariski 位相** (Zariski topology) と呼びましょう．そして任意の k^n の代数多様体 X に k^n の位相から自然に導入できる位相を入れて考えましょう．これも X の Zariski 位相と呼びます．これで位相空間としての代数多様体の概念が決まったのですが，代数多様体というときはその上の「正則関数」も合わせて考えることにします．

代数多様体上の正則関数を説明するために，まず k^n 上の正則関数を考えましょう．多項式環 $k[x_1,\ldots,x_n]$ の元は自然に k^n 上の関数と見なせます．これを k^n 上の**正則関数** (regular function) と言います．これを k^n の代数多様体 X に制限するとやはり X 上の関数と見なせます．しかし $k[x_1,\ldots,x_n]$ の元としては異なっていても，X 上の関数としては一致するということが起こりえます．例えば，$f, g \in k[x_1,\ldots,x_n]$ が $f-g \in I_X$ を満たしているとき，f と g は X 上の関数として同じものになります．そこで，$A(X) := k[x_1,\ldots,x_n]/I_X$ を X の**アファイン座標環** (affine coordinate ring) と呼び，この元を X 上の正則関数と呼びます．アファイン多様体 X を考えるときは常にこの上の正則関数も考えます．

定義 5 X, Y をアファイン多様体とし，$\varphi : Y \to X$ を Zariski 位相に関して連続写像とする．X 上の任意の正則関数 $f : X \to k$ に対し合成写像 $f \circ \varphi : Y \to k$ が Y 上の正則関数になっているときに φ をアファイン多様体の**射** (morphism) と呼ぶ．

φ から導入される写像

$$A(X) \to A(Y); \ f \mapsto f \circ \varphi$$

を φ^* と表す．これは明らかに k-代数の準同型になる．

X, Y を代数多様体とし，$\varphi : Y \to X$ を Zariski 位相に関して連続写像とする．X, Y のアファイン開被覆 $\{X_j\}, \{Y_i\}$ が存在し，任意の i に対して適当な j が存在し，制限写像 $\varphi|_{Y_i} : Y_i \to X_j$ がアファイン多様体の射になっているとき，φ を**代数多様体の射** (morphism of algebraic varieties) と呼ぶ．

代数多様体の射 $\varphi : Y \to X$ が全単射であって，逆写像がまた射になっているとき，これを**同型射** (isomorphism) と呼ぶ．同型射がある場合 X と Y は**同型である** (isomorphic) という．

次の定理はよく知られており，本講ではしばしば使うことにします．

定理 4 2つのアファイン多様体 X, Y について次は同値である：
 (1) X と Y は同型である．
 (2) アファイン座標環 $A(Y)$ と $A(X)$ は同型である．

これにより，アファイン多様体の構造は，アファイン座標環という代数的な情報で決まってしまうことが分かります．例えば，$A(X)$ が正規環，つまり整域であって商体の中で整閉であるという性質を持つとき，X を**正規多様体** (normal variety) と呼びますが，正規多様体は次のような幾何学的に顕著な性質を持っています．

命題 1 X を正規多様体とすると，その特異点の集合 $\mathrm{Sing}(X)$ の次元は $\dim \mathrm{Sing}(X) \leq \dim X - 2$ を満たす．

さて射の中で重要な役割をするものが双有理射です．

定義 6 代数多様体の射 $\varphi: Y \to X$ が**双有理射** (birational morphism) であるとは，空でない開集合 $U \subset Y, V \subset X$ が存在して制限射 $\varphi|_U : U \to V$ が同型になることである．

定義 7 E が X 上空の因子であるとは，正規多様体 Y からの双有理射 $\varphi: Y \to X$ が存在し，$E \subset Y$ が余次元 1 の閉部分多様体である場合である．特に Y は正規であるので，Y を適当なアファイン開集合に取り替えれば E はひとつの正則関数の零点で定義されている．この正則関数が既約であるとき E を X **上空の既約因子** (prime divisor over X) である，という．

3 微分加群と標準加群

定義 8 アファイン多様体 X のアファイン座標環を $A := A(X)$ とする．任意の元 $f \in A$ に対し記号 $\mathrm{d}f$ を考え，A 上 $\mathrm{d}f$ $(f \in A)$ で生成されている自由 A-加群 $\mathcal{M}$ の中で

$$\mathrm{d}(f+g) - \mathrm{d}f - \mathrm{d}g \quad (f, g \in A),$$
$$\mathrm{d}(fg) - f\mathrm{d}g - g\mathrm{d}f \quad (f, g \in A),$$
$$\mathrm{d}a \quad (a \in k)$$

の形の元で生成される部分加群を $\mathcal{N}$ とする．このとき X の k に関する**微分加群** (differential module) を

$$\Omega_{X/k} = \mathcal{M}/\mathcal{N}$$

と定義する．

すると，定義から明らかなように次が成立します．

$$\mathrm{d}(f+g) = \mathrm{d}f + \mathrm{d}g \quad (f,g \in A),$$
$$\mathrm{d}(fg) = f\mathrm{d}g + g\mathrm{d}f \quad (f,g \in A),$$
$$\mathrm{d}a = 0 \quad (a \in k).$$

2つ目の公式をライプニッツルールと呼びます．

例 1 $X = k^n$ すなわち $A = A(X) = k[x_1, \ldots, x_n]$ に対して，

$$\Omega_{X/k} = \bigoplus_{i=1}^{n} A\mathrm{d}x_i$$

すなわち $\Omega_{X/k}$ は $\mathrm{d}x_i$ $(i=1,\ldots,n)$ で生成される自由 A-加群です．実際，任意の

$$\mathrm{d}f = \mathrm{d}(\sum a_{e_1,\ldots,e_n} x_1^{e_1} \cdots x_n^{e_n})$$

は右辺にライプニッツルールを繰り返し使うことによって $\mathrm{d}f = \sum_{i=1}^n f_i \mathrm{d}x_i$ の形に変形できます．

もっと一般化した次のことが成立します．

定理 5 n-次元代数多様体 X 上の点 $x \in X$ に対して次は同値である．

(1) X は点 x で非特異である．

(2) x のアファイン開近傍 $U \subset X$ が存在して $\Omega_{U/k}$ が階数 n の自由 $A(U)$-加群になる．

n 次元非特異アファイン多様体 X に対して $\Omega_{X/k}$ が階数 n の自由 $A(X)$-加群であるとき $\wedge^n \Omega_{X/k} \simeq A(X)$ となります．

いま $\varphi: Y \to X$ がアファイン多様体の射とすると $A(Y)$-加群の準同型

$$A(Y) \otimes_{A(X)} \Omega_{X/k} \to \Omega_{Y/k}; \ 1 \otimes \mathrm{d}f \mapsto \mathrm{d}\varphi^* f$$

が得られます．したがって任意の自然数 n について外積をとることにより，

$$A(Y) \otimes_{A(X)} \left(\wedge^n \Omega_{X/k}\right) \to \wedge^n \Omega_{Y/k} \tag{1}$$

を得ますが，特に Y が n 次元非特異で $\Omega_{Y/k}$ が自由 $A(Y)$-加群の場合は写像 (1) の最終項が $A(Y)$ に同型になるので

$$\mathrm{d}\varphi : A(Y) \otimes_{A(X)} \left(\wedge^n \Omega_{X/k}\right) \to A(Y) \tag{2}$$

が得られます．この像 $I_{Y/X} \subset A(Y)$ を **Mather イデアル** (Mather ideal) と呼びます．

4 Mather-Jacobian 食い違い数

E を X 上空の既約因子とします．E が現れる双有理射 $f: Y \to X$ をとると，E の一般の点で Y は非特異ですからアファイン開集合 U で $E \cap U \neq \emptyset$，$\wedge^n \Omega_{U/k} \simeq A(U)$ となっているものが取れます．U を十分小さく取り直せば E は U 上で正則関数 h により，$h = 0$ と表され，前節最後に定義した Mather イデアルは $I_{U/X} = h^e I'$ と表されます．ここで I' は $I' \not\subset (h)$ となるイデアルです．この e を $\mathrm{ord}_E I_{Y/X}$ と書いて，E における **Mather 食い違い数** (Mather discrepancy) と呼びます．

一方 X のヤコビイデアル $\mathcal{J}_X$ に対して h を用いて $\mathcal{J}_X A(U) = h^m J'$ と表します．ここで J' は $J' \not\subset (h)$ となるイデアルです．この m を $\mathrm{ord}_E J_{Y/X}$ と書いて，E における **Jacobi 食い違い数** (Jacobian discrepancy) と呼びます．

$$a_{\mathrm{MJ}}(E; X) := \mathrm{ord}_E I_{Y/X} - \mathrm{ord}_E J_{Y/X} + 1$$

を **Mather-Jacobian 対数的食い違い数** (Mather-Jacobian log discrepancy, 略して MJ-log discrepancy) と呼びます．

（通常の食い違い数をご存知の方のためにコメントをすると，これは，通常の対数的食い違い数を定義するときの $K_{Y/X}$ を $\mathrm{ord}_E I_{Y/X} - \mathrm{ord}_E J_{Y/X}$ に取り替えたものです．定義からも分かるように，X が正規でなくても，また $\mathbb{Q}$-Gorenstein でなくても定義できます．通常の食い違い数の定義のためにはこれら 2 つの条件が必須でした．）X 上空の任意の既約因子 E に対して $a_{\mathrm{MJ}}(E; X) \geq 1$ となるとき X は **MJ-標準特異点** (MJ-canonical singularities)

を持つと言い，$a_{\mathrm{MJ}}(E;X) \geq 0$ となるとき X は **MJ-対数的標準特異点** (MJ-log canonical singularities) を持つと言います．

そして最小 MJ-対数的食い違い数を以下で定義します．

$$\mathrm{mld}_{\mathrm{MJ}}(x;X) := \inf\{a_{\mathrm{MJ}}(E;X) \mid E \text{ は } X \text{ 上空の既約因子で } f(E)=\{x\}\}.$$

この食い違い数の定義は唐突に見えますが，実は次の節で登場する弧空間の言葉でうまく記述できるので，弧空間と双有理幾何学を勉強していると自然にたどり着く概念なのです．実際，筆者はこれを導入したのですが，同じ時期に De Fernex と Docampo も同じ概念を導入しています．誰でも自然に考えつくことなのでしょう．

例 2 (通常の食い違い数による最小対数的食い違い数 mld を知っている人のための例)　特に X が正規で完全交叉の場合は $K_{Y/X} = \mathrm{ord}_E I_{Y/X} - \mathrm{ord}_E J_{Y/X}$ が成立するので，

$$\mathrm{mld}_{\mathrm{MJ}}(x;X) = \mathrm{mld}(x;X)$$

が成立します．

例 3　X が $(x_1, x_2, \ldots, x_{d+1})$ を座標に持つ $d+1$ 次元空間の中で $x_1 \cdot x_2 = 0$ で定義される d 次元超曲面の場合，原点 0 における最小 MJ-対数的食い違い数は

$$\mathrm{mld}_{\mathrm{MJ}}(0;X) = d - 1$$

になります．

5　ジェット空間と弧空間

本講の主テーマは，弧空間，ジェット空間を使って特異点を理解しようということであることは最初に述べました．これらの空間を紹介するのが本節の役目です．これらを初めて考えたのは**ナッシュ** (John Forbes Nash) だと言われています．彼の 1968 年のプレプリント "Arc structure of singularities" にそのアイデアと，彼の提示したいわゆる「ナッシュ問題」が書かれています．ナッシュはそのゲーム理論があまりに有名なため一般の人は彼を経済学

者だと思っているようですが，実は数学者としての方がはるかに素晴らしい業績をあげているのです．（と数学者は思っています．）ナッシュは 2015 年 5 月に，数学でもっとも権威のある賞の 1 つであるアーベル賞を受賞しました．数学に，より情熱を注いでいた彼が精神の病を乗り越えて受賞したもので，弧空間をテーマの 1 つとして研究している筆者にとっても本当に喜ばしいことでした．しかし痛ましいことにオスロでの授賞式からの帰路，永年連れ添った妻とともに，交通事故で帰らぬ人となりました．

（ナッシュの半生についてはシルビア・ナサー著の『ビューティフル・マインド』に詳しく書かれています．）

さて，数学に戻りましょう．

(x,y) 平面上の点 (a_0,b_0) を通る曲線を考えますと，曲線は 1 次元ですから 1 つのパラメーターで表されるはずです．例えば $y=x^2$ という 2 次曲線は

$$x = t + a_0, \quad y = b_0 + 2a_0 t + t^2$$

と 1 つのパラメーターで表せます．$t=0$ に対応する点が (a_0,b_0) です．

それでは (x,y) 平面上の円 $x^2+y^2=1$ はどうでしょうか？ $(a_0,b_0)=(1,0)$ として，偏角 t をパラメーターとすると

$$x = \cos t = 1 - \frac{1}{2!}t^2 + \frac{1}{4!}t^4 - \cdots,$$
$$y = \sin t = t - \frac{1}{3!}t^3 + \frac{1}{5!}t^5 - \cdots$$

と無限級数で表されます．

一般に

$$x = \sum_{i=0}^{\infty} a_i t^i, \quad y = \sum_{i=0}^{\infty} b_i t^i$$

と表されるものを平面上の弧 (arc) と呼びます．その収束半径が気になるかもしれませんが，ここでは収束性は問題にしないで，純粋に代数的に上記の形の形式的冪級数を考えることにします．乱暴に見えますが，環論的にはこの方が合理的なのです．

これらの弧を有限段階 $i=m$ で断ち切ったもの

$$x = \sum_{i=0}^{m} a_i t^i, \quad y = \sum_{i=0}^{m} b_i t^i \tag{3}$$

を m-ジェット (m-jet) と呼びます．このように考えると X の点は 0-ジェットと見なされます．

すると (x,y) 平面上の m-ジェット全体は，(3) で与えられる m-ジェットに対して登場する係数をすべて座標として並べたもの $(a_0, a_1, \ldots, a_m, b_0, b_1, \ldots, b_m)$ に対応させることにより，$2(m+1)$ 次元空間に対応します．同様に $(x_1, x_2, \ldots, x_n)$ を座標に持つ n-次元空間上の m-ジェットは

$$x_1 = \sum_{i_1=0}^{m} a_1^{(i_1)} t^{i_1}, \ x_2 = \sum_{i_2=0}^{m} a_2^{(i_2)} t^{i_2}, \ldots, \ x_n = \sum_{i_n=0}^{m} a_n^{(i_n)} t^{i_n} \quad (4)$$

と表され，それら全体の集合は (4) で表される m-ジェットを $(a_1^{(i_1)}, a_2^{(i_2)}, \ldots, a_n^{(i_n)})$ $(0 \leq i_1, i_2, \ldots, i_n \leq m)$ に対応させることにより $n(m+1)$-次元空間に対応します．

さて，今 $x_1, x_2, \ldots, x_n$ に関する r 個の多項式によって定義される方程式 $f_1(x_1, x_2, \ldots, x_n) = 0, f_2(x_1, x_2, \ldots, x_n) = 0, \ldots, f_r(x_1, x_2, \ldots, x_n) = 0$ で定まる代数多様体 X を考えます．(4) の形で与えられる m-ジェットは n-次元空間の m-ジェットですが，これが X 上の m-ジェットであるためには $f_i(x_1, x_2, \ldots, x_n)$ のそれぞれの変数 x_j に $\sum_{i_j=0}^{m} a_j^{(i_j)} t^{i_j}$ を代入したものが 0 になっていなければなりません．ですから

$$f_i \left(\sum_{i_1=0}^{m} a_1^{(i_1)} t^{i_1}, \sum_{i_2=0}^{m} a_2^{(i_2)} t^{i_2}, \ldots, \sum_{i_n=0}^{m} a_n^{(i_n)} t^{i_n} \right)$$
$$= F_i^{(0)}(a_s^{(j)}) + F_i^{(1)}(a_s^{(j)}) t + F_i^{(2)}(a_s^{(j)}) t^2 + \cdots + F_i^{(m)}(a_s^{(j)}) t^m = 0$$

を満たしていなければなりません．ここで $F_i^{(j)}$ は $a_s^{(j)}$ の多項式で表されます．つまり，$a_s^{(j)}$ は自由に取れるわけではなく

$$F_i^{(j)} = 0 \quad (i = 1, \ldots, r, \ j = 0, 1, \ldots, m)$$

を満たしていなければなりません．したがって，X 上の m-ジェット全体は $n(m+1)$-次元空間の中の代数多様体になります．これを X の **m-ジェット空間** (m-jet scheme) と呼び，X_m と表します．また同じように X 上の弧全体は無限次元の「代数多様体」になります．これを X の **弧空間** (arc space) と呼び，X_∞ と表します．

例 4　X を 2-次元空間内の $f(x,y) = x^2 + y^3 = 0$ で定義される代数多様体とします．この m-ジェット空間を $m = 1, 2, 3$ のときに求めてみましょう．f に (1) を代入したものを次のように表すと，

$$f\left(\sum_{i=0}^{m} a_i t^i, \sum_{i=0}^{m} b_i t^i\right)$$
$$= F^{(0)}(a_s^{(j)}) + F^{(1)}(a_s^{(j)})t + F^{(2)}(a_s^{(j)})t^2 + \cdots + F^{(m)}(a_s^{(j)})t^m$$

であるので，1-ジェット空間は (a_0, a_1, b_0, b_1) を座標に持つ 4 次元空間の中で

$$F^{(0)} = a_0^2 + b_0^3 = 0,$$
$$F^{(1)} = 2a_0 a_1 + 3b_0^2 b_1 = 0$$

で定義される代数多様体です．2-ジェット空間は $(a_0, a_1, a_2, b_0, b_1, b_2)$ を座標に持つ 6 次元空間の中で上記の 2 つの方程式に加え

$$F^{(2)} = 2a_0 a_2 + a_1^2 + 3b_0^2 b_2 + 3b_0 b_1^2 = 0$$

で定義される代数多様体です．

6　弧空間の最小 MJ-対数的食い違い数への応用

　多様体 X の弧空間により，X の特異点を知ろうという試みは，前節でもふれたナッシュの 1968 年のプレプリントに始まったと言って良いでしょう．ここでナッシュは，特異点を通る弧を集めた弧空間の既約因子と特異点解消の本質的因子が 1 対 1 に対応するであろうという問題を提起しています（いわゆるナッシュ問題）．これはある条件のもとでは正しく，一般には正しくないということで決着がついたのですが，この問題は弧空間の特異点理論や双有理幾何学への応用の発端になりました．その後，X の弧空間のある種の既約閉部分集合が，X 上空の既約因子（E とする）に対応すること，そしてその既約閉部分集合の余次元が，$\mathrm{ord}_E(I_{Y/X}) + 1$ になることも確かめられ，弧空間で，X 上の情報が得られることが分かってきました．

　この節では，$\mathrm{mld}_{\mathrm{MJ}}$ がジェット空間の情報で表されることに絞って紹介し

ましょう．代数多様体 X と任意の $m > n$ $(m, n \in \mathbb{Z}_{\geq 0})$ に対して m-ジェット空間 X_m と n-ジェット空間の間には，級数の断ち切りにより**断ち切り射** (truncation morphism) $\psi_{mn} : X_m \to X_n$ が自然に定義されます．次の定理はジェット空間を用いて $\mathrm{mld}_{\mathrm{MJ}}$ が計算できることを示しています．

定理 6 d-次元の代数多様体 X の点 $x \in X$ に対して，最小 MJ-対数的食い違い数 $\mathrm{mld}_{\mathrm{MJ}}(x; X)$ は次の公式で計算できる．

$$\mathrm{mld}_{\mathrm{MJ}}(x; X) = \inf_{m} \left\{ d(m+1) - \dim \psi_{m0}^{-1}(x) \right\}$$

これは基礎体の標数が何であっても成立することに注意してください．m-ジェット空間 X_m から基底空間 $X = X_0$ への断ち切り射による点 x の逆像の次元で $\mathrm{mld}_{\mathrm{MJ}}$ が表されるのです．この公式は inf を考慮しなければならない（つまり無限個の対象を扱わなければならない）という難点はありますが，計算をするために特異点解消を使わなくてもよいというメリットがあります．そもそもジェット空間というものは X に付随して存在するものなので，工夫して特異点解消を作る必要はないのです．

上記の定理を使うと次の Shokurov 予想の $\mathrm{mld}_{\mathrm{MJ}}$ 版は肯定的に解決されます．

系 2 d が $\mathrm{mld}_{\mathrm{MJ}}(x; X)$ の最大値であって，$\mathrm{mld}_{\mathrm{MJ}}(x; X) = d$ となるのは (X, x) が非特異である場合のみである．

7 標数 0 の場合の MJ-特異点

この節では基礎体はすべて標数 0 と仮定します．前節の定理 6 を用いると標数 0 の場合にいろいろなことが分かります．標数が 0 であるということは特異点解消の存在が保証されているだけではなく強い Bertini の定理が成立したり，コホモロジー消滅定理が証明されているのでこれらを縦横に使って例えば次のようなことが得られます．

命題 2（$\mathrm{mld}_{\mathrm{MJ}}$ の下半連続性）
(1) 代数多様体 X 上の関数

$$X \to \mathbb{Z} \cup \{-\infty\}, \quad x \mapsto \mathrm{mld}_{\mathrm{MJ}}(x; X)$$

は下半連続になる．つまり任意の $n \in \mathbb{Z}$ に対して集合 $\{x \in X \mid \mathrm{mld}_{\mathrm{MJ}}(x; X) \geq n\}$ が開集合になる．

(2) $\pi : \mathcal{X} \to \Delta$ を平坦な射とし，任意の切断 $s : \Delta \to \mathcal{X}$ を取ると関数

$$\Delta \to \mathbb{Z} \cup \{-\infty\}, \quad t \mapsto \mathrm{mld}_{\mathrm{MJ}}(s(t); \mathcal{X}_t)$$

は下半連続になる．ここで点 $t \in \Delta$ の逆像を $\mathcal{X}_t := \pi^{-1}(t)$ と表している．

命題 3（MJ-標準特異点，MJ-対数的標準特異点の小変形不変性） $\pi : \mathcal{X} \to \Delta$ を平坦射とし，ある $0 \in \Delta$ の逆像 $\mathcal{X}_0$ が高々 MJ-標準特異点（あるいは MJ-対数的標準特異点）を持つとする．すると π を $0 \in \Delta$ の開近傍 D_0 に制限すれば，任意の $t \in \Delta_0$ に対して逆像 $\mathcal{X}_t$ は高々 MJ-標準特異点（あるいは MJ-対数的標準特異点）を持つ．また，$\mathcal{X}|_{D_0}$ も MJ-標準特異点（あるいは MJ-対数的標準特異点）を持つ．

ここで「π が平坦射」という条件をつけましたが，実はもっと緩い条件のもとで主張は成立するということを注意しておきます．

命題 4（射影多様体の一般超平面切断） 代数多様体 X が射影空間 $\mathbb{P}^N$ に埋め込まれているとする．X が MJ-標準特異点を持つとき，$\mathbb{P}^N$ の一般の超平面 H に対して，共通部分 $X \cap H$ はまた MJ-標準特異点を持つ．

これらはすべて定理 6 とジェット空間の性質から比較的たやすく証明できます．一方通常の食い違い数による mld や標準特異点，対数的標準特異点について，これらと同様の問題はすでに考察されていますが，命題 2 の形の主張はまだ完全には証明されておらず，命題 3 の形の主張は証明はされましたが大変な難問でした．（ただし，対数的標準特異点について，主張が成立するためには $\mathcal{X}$ が $\mathbb{Q}$-Gorenstein 的であるという条件が必要です．）最後の命題 4 の形の主張だけは比較的容易に証明されています．

8 正標数特異点への応用

　同様の問題を，基礎体が正標数の場合に考えます．そうすると，標数 0 の場合に使えたいろいろな定理が使えなくなり，前節の 3 つの主張は通常の mld についても mld$_{\text{MJ}}$ についても大変難しい問題になります．しかしながら，定理 6 の公式を使えば，mld$_{\text{MJ}}$ についてはこれらの問題はすべてジェット空間の構造の問題に帰着されるので，特異点解消や強い Bertini の定理は不要になります．一方通常の mld については，今のところこのような公式はなく，低次元でのアドホックな取り組み以外は打つ手が見当たりません．そこで，基礎体が正標数の場合は，まずは mld$_{\text{MJ}}$ を考えて理論を組み立て，それがどこまで通常の mld に通用するかを見ていけば，MJ-特異点だけでなく，通常の標準特異点や対数的特異点の研究への打開策も見つかるかもしれません．今後の発展が期待されます．

用語集

代数幾何学

- 射影空間：n-次元射影空間 $\mathbb{P}^n$ とは座標 $(x_0, x_1, \ldots, x_n) \neq (0, \ldots, 0)$ を持つ空間であるが，ここで座標の比が同じであるものを同一の点と見なしている．
- 超平面切断：射影空間 $\mathbb{P}^n$ 上斉次 1 次式 $a_0 x_0 + a_1 x_1 + \cdots + a_n x_n = 0$ で定義される多様体 H を超平面と呼ぶ．特に係数 $\{a_i\}$ の取り方が一般的であるとき一般超平面と呼ぶ．射影空間に埋め込まれている代数多様体 X と超平面 H との共通集合 $X \cap H$ を X の超平面切断と呼ぶ．
- 因子：正規代数多様体 X の上の余次元 1 の既約で被約な閉部分集合で生成される $\mathbb{Z}$-加群の元．しかし本講ではほとんど係数が 1 のものしか扱わない．
- 正規多様体：代数多様体の各点の近傍で正則な関数の集合が商体の中で整閉な部分環になる場合に，X を正規多様体と呼ぶ．

- 強い Bertini の定理：「標数 0 の基礎体上の代数多様体の上で，線形同値な因子達からなるベクトル空間 Λ を線形系と呼ぶ．X 上の任意の点についてその点を含まない因子が Λ 内に存在するとき，Λ の一般的な因子は非特異である」という主張のことである．これは正標数の場合には成立しない．ちなみに，Bertini のオリジナルな定理は X が射影空間 $\mathbb{P}^n$ に埋め込まれている場合で Λ が $\mathbb{P}^n$ の超平面切断からなっている場合に「Λ の一般的な因子は非特異である」という主張である．これは標数によらず成立する．
- 平坦射：代数多様体の射 $f:Y \to X$ で局所的に Y の正則関数の集合からなる環が X の正則関数の集合からなる環上平坦加群になっているものである．

参考書

・石井志保子『特異点入門』丸善（1997 年）
大学院生または，他分野の研究者のための特異点の入門書．

・Shihoko Ishii, *Introduction to Singularities*, Springer Verlag（2014）
『特異点入門』の著者自身による英訳書であるが，最近の発展も踏まえ，少し改訂したものになっている．

・石井志保子「(論説) 弧空間とナッシュ問題」『数学』第 62 巻，第 3 号 (2010), 346–365
弧空間の基本的な知識を紹介し，ナッシュ問題の紹介をしている．

・シルビア・ナサー (塩川優訳)『ビューティフル・マインド』新潮社（2002 年）
ナッシュの半生を紹介した読み物．

第10講　代数幾何
―― 特異点論における正標数の手法

髙木俊輔

特異点論とは，代数・幾何・解析が交叉する分野横断的な研究領域です．この講では，標数 0 の特異点の解析的な不変量と複素幾何的な不変量を 1 つずつ紹介し，それらを正標数の代数的手法を用いて調べる方法について解説します．

1 特異点

まず特異点を定義しましょう．$\mathbb{C}[x_1,\dots,x_n]$ を複素数体 $\mathbb{C}$ 上の n 変数多項式環とします．$0 \neq f \in \mathbb{C}[x_1,\dots,x_n]$ を多項式写像 $f\colon \mathbb{C}^n \to \mathbb{C}$ とみなし，

$$H = f^{-1}(0) = \{a \in \mathbb{C}^n \mid f(a) = 0\}$$

を f で定義される $\mathbb{C}^n$ の**超曲面** (hypersurface) といいます．そして，$a = (a_1,\dots,a_n) \in H$ に対し，

$$\frac{\partial f}{\partial x_1}(a) = \cdots = \frac{\partial f}{\partial x_n}(a) = 0$$

が成り立つとき，H は a で**特異点** (singularity) を持つと定義します．より代数的にいえば，これは，剰余環 $\mathbb{C}[x_1,\dots,x_n]/(f)$ の極大イデアル $(x_1 - a_1,\dots,x_n - a_n)$ での局所化 $S = (\mathbb{C}[x_1,\dots,x_n]/(f))_{(x_1-a_1,\dots,x_n-a_n)}$ が正則局所環 (regular local ring) でないこと，すなわち，局所環 S の極大イデアルが $n-1$ 個の元で生成されないことと同値です．さらに，H の特異点集合 $\mathrm{Sing}\, H$ を

$$\mathrm{Sing}\, H = \{a \in H \mid H \text{ は } a \text{ で特異点を持つ }\}$$

と定義します．$\mathrm{Sing}\, H = \emptyset$ のとき H は**非特異** (nonsingular) であるといい，$\mathrm{Sing}\, H = \{a\}$ のとき H は a で**孤立特異点** (isolated singularity) を持つとい

います．

問題 1 $f = x^2 + y^3$ とすると，H は $(0,0)$ で孤立特異点を持つ．実際，$(\mathbb{C}[x,y]/(x^2+y^3))_{(x-1,y+1)}$ は正則局所環であるが，$(\mathbb{C}[x,y]/(x^2+y^3))_{(x,y)}$ は正則局所環でないことを確認せよ．

コホモロジーの消滅定理など，滑らかな（= 特異点を持たない）多様体の幾何学における基本的な定理の多くが，特異点があると成り立ちません．それならば，「滑らかな多様体だけ考えれば良いのでは？」と思われるかもしれませんが，滑らかな多様体の構造を解析しようとして幾何学的な操作を施すと，特異点が出てきてしまうのです．特異点が比較的「良い」場合には滑らかな場合と類似の性質が成り立つため，特異点の「悪さ」を測る不変量が様々な文脈で導入されました．第 2 節以降でそのような不変量をいくつか紹介し，一見まったく異なるそれらの不変量が実は密接に関係していることを説明します．

2　b 関数

$\mathbb{C}[x_1,\ldots,x_n]$ を n 変数多項式環，$\mathbb{C}[[x_1,\ldots,x_n]]$ を形式的冪級数環とし，

$$\mathcal{D}_n = \mathbb{C}[x_1,\ldots,x_n]\langle \partial_1,\ldots,\partial_n\rangle \subset \mathrm{End}_{\mathbb{C}}(\mathbb{C}[x_1,\ldots,x_n])$$
$$\widehat{\mathcal{D}}_n = \mathbb{C}[[x_1,\ldots,x_n]]\langle \partial_1,\ldots,\partial_n\rangle \subset \mathrm{End}_{\mathbb{C}}(\mathbb{C}[[x_1,\ldots,x_n]])$$

という環を考えます．ただし，R を $\mathbb{C}[x_1,\ldots,x_n]$ もしくは $\mathbb{C}[[x_1,\ldots,x_n]]$ としたとき，x_i は g を $x_i g$ に送る R の $\mathbb{C}$ 自己準同型とみなし，∂_i は g を $\partial g/\partial x_i$ に送る R の $\mathbb{C}$ 自己準同型とします．$\mathcal{D}_n$ を $\mathbb{C}[x_1,\ldots,x_n]$ 上の，$\widehat{\mathcal{D}}_n$ を $\mathbb{C}[[x_1,\ldots,x_n]]$ 上の**微分作用素環** (ring of differential operators) といいます[1]．任意の $g \in R$ に対し $(\partial_i x_i)(g) = \partial_i(x_i g) = x_i(\partial g/\partial x_i) + g = (x_i \partial_i + 1)(g)$ となるので，$\partial_i x_i = x_i \partial_i + 1$ が成り立ちます．一方で，$i \neq j$ ならば $\partial_i x_j = x_j \partial_i$，$\partial_i \partial_j = \partial_j \partial_i$ が成り立ちます．よって，$\mathcal{D}_n$ もしくは $\widehat{\mathcal{D}}_n$ の元は

$$\sum_{\beta=(\beta_1,\ldots,\beta_n)\in\mathbb{Z}_{\geq 0}^n} g_\beta(x_1,\ldots,x_n)\partial_1^{\beta_1}\cdots\partial_n^{\beta_n} \quad (g_\beta(x_1,\ldots,x_n)\in R)$$

---

[1] $\mathcal{D}_n$ は n 次ワイル代数 (n-th Weyl algebra) ともいいます．

の形に書くことができます．

引き続き，R は $\mathbb{C}[x_1,\ldots,x_n]$ もしくは $\mathbb{C}[[x_1,\ldots,x_n]]$ とします．$0 \neq f \in (x_1,\ldots,x_n) \subset \mathbb{C}[x_1,\ldots,x_n]$ を1つ固定し，R_f を f による R の局所化とします．さらに s を不定元とし，階数 1 の自由 $R_f[s]$ 加群 $L := R_f[s]f^s$ を考えます．ただし，f^s は形式的な記号です（不定元 T のことを f^s と表していると思ってください）．そして任意の $r \in \mathbb{Z}$ に対し，$f^r \in R_f[s]$ による $f^s \in L$ のスカラー倍 $f^r f^s$ を f^{s+r} と書くことにします．この L に $\mathcal{D}_n[s] = \mathcal{D}_n \otimes_\mathbb{C} \mathbb{C}[s]$, $\widehat{\mathcal{D}}_n[s] = \widehat{\mathcal{D}}_n \otimes_\mathbb{C} \mathbb{C}[s]$ の作用を次のように定義します：

$$\partial_i \cdot f^s := \frac{\partial f}{\partial x_i} s \frac{1}{f} f^s = \frac{\partial f}{\partial x_i} s f^{s-1} \in L$$

とし，x_i, s の作用はスカラー倍として定めます．ここで，s と ∂_i は $\mathcal{D}_n[s]$, $\widehat{\mathcal{D}}_n[s]$ において可換であることに注意しましょう．したがって $\mathcal{D}_n[s], \widehat{\mathcal{D}}_n[s]$ の元は，多重指数を用いて

$$\sum_{k \in \mathbb{Z}_{\geq 0}, \beta \in \mathbb{Z}_{\geq 0}^n} g_{k,\beta}(x) s^k \partial^\beta \quad (g_{k,\beta}(x) \in R)$$

の形に書くことができます．このとき，次が成り立ちます．

定理 1（ベルンスタイン）

$$I_f := \{b(s) \in \mathbb{C}[s] \mid P \in \mathcal{D}_n[s] \text{ が存在して}, b(s)f^s = P \cdot f^{s+1} \in L\},$$
$$I_{f,0} := \{b(s) \in \mathbb{C}[s] \mid P \in \widehat{\mathcal{D}}_n[s] \text{ が存在して}, b(s)f^s = P \cdot f^{s+1} \in L\}$$

は共に $\mathbb{C}[s]$ の非零イデアルである．

$\mathbb{C}[s]$ は単項イデアル整域なので，$I_f, I_{f,0}$ は単項生成です．I_f のモニックな生成元を f の b 関数 (b-function) もしくは**ベルンスタイン・佐藤多項式** (Bernstein-Sato polynomial)，$I_{f,0}$ のモニックな生成元を f の**局所 b 関数** (local b-function) もしくは**局所ベルンスタイン・佐藤多項式** (local Bernstein-Sato polynomial) といいます．$I_f \subset I_{f,0}$ より，$b_{f,0}(s)$ は $b_f(s)$ の因数であることに注意しましょう．b 関数の理論は佐藤幹夫とベルンスタインによって独立に導入されました．

まず例を計算してみましょう．手始めに $f = x_1^2 + x_2^2 + \cdots + x_n^2$ の場合を考えま

す. $P = \partial_1^2 + \partial_2^2 + \cdots + \partial_n^2$ とおくと, $P \cdot f^{s+1} = 4(s+1)(s+n/2)f^s$ となります. よって $b_f(s)$ は $(s+1)(s+n/2)$ の因数ですが, $f^{-1}(0)$ は原点 $\mathbf{0}$ で孤立特異点を持つので, 後で説明する命題 1 の (1), (2) を使うと, $b_f(s) = b_{f,0}(s) = (s+1)(s+n/2)$ であることがわかります. 次にもう少し複雑な例として, $f = x^2 + y^3$ の場合を考えます. $P = (1/12)y\partial_x^2\partial_y + (1/27)\partial_y^3 + (1/4)s\partial_x + (3/8)\partial_x^2$ とおくと, $P \cdot f^{s+1} = (s+1)(s+5/6)(s+7/6)f^s$ が成り立ちますが, 実際, $b_f(s) = b_{f,0}(s) = (s+1)(s+5/6)(s+7/6)$ であることが知られています.

微分作用素 P の取り方は一意的ではありません. $f = x^2 + y^3$ の場合に $Q = 2x\partial_y - 3y^2\partial_x$ とおくと, $Q \cdot f^{s+1} = 0$ となるので, P の代わりに $P + Q$ を考えても $(P+Q) \cdot f^{s+1} = b_f(s)f^s$ が成り立ちます.

f が比較的簡単な式の場合には, コンピュータを使って b 関数を計算することができます. b 関数の計算アルゴリズムは, 大阿久俊則によって最初に発見され, その後多くの研究者によって改良されています[2]. しかし計算量は非常に大きく, f が高次の多項式の場合にはしばしば計算が終わらなくなります. Risa/Asir や Macaulay2, Singular といった数式処理システムには b 関数を計算するコマンドが用意されているので, 興味がある人は試してみるとよいでしょう.

問題 2 $f = x(x+y+1)$ の場合に $b_f(s)$ と $b_{f,0}(s)$ を計算せよ.

b 関数の根については次のことが知られています.

命題 1
(1) $f^{-1}(0)$ が原点 $\mathbf{0}$ で孤立特異点を持つならば, $b_{f,0}(s) = b_f(s)$ である.
(2) $b_{f,0}(-1) = 0$ である. さらに, $b_f(s) = s+1$ であることと, 超曲面 $f^{-1}(0)$ が非特異であることは同値である.
(3) (柏原正樹) $b_f(s)$ の根はすべて負の有理数である.
(4) (齋藤盛彦) $b_f(s)$ の根はすべて $-n$ より大きい.

b 関数が導入された動機の 1 つをかいつまんで説明します. f を実数係数の多項式としたとき, f の複素数冪 f^s ($s \in \mathbb{C}$) は, **超関数** (distribution) に値

---

[2] これらのアルゴリズムには, 微分作用素環上の**グレブナ基底** (Gröbner basis) の理論が用いられています.

を持つ s の解析関数とみなすことができます．ゲルファントは，この解析関数は全複素平面上の有理型関数に解析接続されると予想し，ベルンスタインは b 関数を使ってゲルファントの予想の初等的な証明を与えました[3]．

このように元々の動機は解析的なものでしたが，70 年代に入るとマルグランジュや柏原正樹によって，$b_f(s)$ は $f^{-1}(0)$ の特異点の幾何学的情報を多く含むことがわかってきました．簡単のため，$f^{-1}(0)$ は原点 $\mathbf{0}$ で孤立特異点を持つとします．十分小さい実数 $\varepsilon > 0$ と $\varepsilon \gg |c| > 0$ となるような $c \in \mathbb{C}$ に対し，**ミルナーファイバー** (Milnor fiber) M_c を次のように定義します：

$$M_c := f^{-1}(c) \cap \{x \in \mathbb{C}^n \mid |x| < \varepsilon\}.$$

ε を十分小さくとれば，M_c は微分同相を除いて c, ε の取り方によらず一意的に定まるので，この微分同相類を $M_{f,0}$ と表すことにします．マルグランジュは，$n-1$ 次コホモロジー群（ベクトル空間）$H^{n-1}(M_{f,0}, \mathbb{C})$ への**モノドロミー** (monodromy) 作用の固有値の集合は $\{e^{2\pi\sqrt{-1}\cdot t} \mid t \neq -1,\ b_f(t) = 0\}$ と一致することを証明しました．例えば，$f = x^2 + y^3$ の場合，モノドロミーの固有値は $e^{2\pi\sqrt{-1}\cdot -5/6} = e^{2\pi\sqrt{-1}\cdot 1/6}$ と $e^{2\pi\sqrt{-1}\cdot -7/6} = e^{2\pi\sqrt{-1}\cdot 5/6}$ です．

3 対数的標準閾値

前節では，解析的に定義された b 関数が特異点の情報を多く含んでいることをみました．この節では，代数幾何的あるいは複素幾何的に定義される特異点の不変量について説明します．

任意の $0 \neq f \in (x_1, \ldots, x_n) \subset \mathbb{C}[x_1, \ldots, x_n]$ と任意の実数 $t > 0$ に対し，**乗数イデアル** (multiplier ideal) $\mathcal{J}(f^t)$ と呼ばれるイデアルを定義することができます．代数幾何的な定義は，**対数的特異点解消** (log resolution) と呼ばれる，超曲面 $f^{-1}(0)$ の特異点を「解消」する操作を用いて与えられますが，きちんと定式化するには**代数多様体** (algebraic variety) 上の**因子** (divisor) の理論が必要となるため，ここでは立ち入らないことにします．その代わり，複素幾何的な定義について説明します．$\mathbb{C}\{x_1, \ldots, x_n\}$ を**収束冪級数環** (convergent power series) としたとき，複素幾何的な定義は次のように 2 乗可積分条件を

---

[3] より詳しくは，参考書 [2] の 5 章 §33 を参照してください．

用いて与えられます：

$$\mathcal{J}(f^t)_0 = \left\{ g \in \mathbb{C}\{x_1, \ldots, x_n\} \;\middle|\; \frac{|g|}{|f|^t} \text{ は原点 } \mathbf{0} \text{ の近傍で 2 乗可積分} \right\}.$$

$\mathcal{J}(f^t)_0$ は $\mathbb{C}\{x_1, \ldots, x_n\}$ のイデアルです．t が大きくなればなるほど，$\mathcal{J}(f^t)_0$ はイデアルとして小さくなります．$\mathcal{J}(f^t)_0$ が単位イデアル $\mathbb{C}\{x_1, \ldots, x_n\}$ より真に小さくなる t の閾値を**対数的標準閾値** (log canonical threshold) といいます．つまり，f の対数的標準閾値 $\mathrm{lct}_0(f)$ は

$$\begin{aligned}\mathrm{lct}_0(f) &= \sup\{t > 0 \mid \mathcal{J}(f^t)_0 = \mathbb{C}\{x_1, \ldots, x_n\}\} \\ &= \sup\left\{t > 0 \;\middle|\; \frac{1}{|f|^t} \text{ は原点 } \mathbf{0} \text{ の近傍で 2 乗可積分}\right\} \in \mathbb{R}\end{aligned}$$

と定義されます．$\mathrm{lct}_0(f) \in (0, 1] \cap \mathbb{Q}$ であることが知られています．$\mathrm{lct}_0(f)$ は，超曲面 $f^{-1}(0)$ の特異点の「悪さ」を測る，代数幾何，複素幾何における重要な不変量です．$\mathrm{lct}_0(f)$ が大きいほど $f^{-1}(0)$ は原点で良い特異点を持ち，$\mathrm{lct}_0(f)$ が小さいほど悪い特異点を持つと考えられます．例えば，$f = x_1^{d_1} \cdots x_n^{d_n}$ $(d_i \in \mathbb{N})$ ならば，$\mathrm{lct}_0(f) = \min_i\{1/d_i\}$ です．

上の例は定義から直ちに計算できますが，一般に対数的標準閾値の計算は簡単ではありません．しかし，f が次の条件を満たす場合には，組み合わせ論的に計算することができます．多重指数を用いて

$$f = \sum_{i=1}^r c_i x^{m_i} \in \mathbb{C}[x] = \mathbb{C}[x_1, \ldots, x_n] \quad (c_i \in \mathbb{C} \setminus \{0\}, m_i \in \mathbb{Z}_{\geq 0}^n) \qquad (\dagger)$$

と書いたとき，$m_1, \ldots, m_r$ がアフィン独立ならば，「f は**条件 $(*)$ を満たす**」ということにします．$m_1, \ldots, m_r$ が**アフィン独立** (affinely independent) とは，$\lambda_1, \ldots, \lambda_r \in \mathbb{R}$ に対し，$\sum_{i=1}^r \lambda_i = 0$ かつ $\sum_{i=1}^r \lambda_i m_i = 0$ ならば，$\lambda_1 = \cdots = \lambda_r = 0$ が成り立つという意味です．これは，$m_2 - m_1, \ldots, m_r - m_1$ が $\mathbb{R}$ 上線形独立といっても同じことです．また，f を $(\dagger)$ のように書いたとき，$\mathbb{C}[x]$ の単項式イデアル $(x^{m_1}, \ldots, x^{m_r})$ を $\mathfrak{a}_f$ と表すことにします．

一般に，単項式イデアル $\mathfrak{a}$ が与えられたとき，$\{m \in \mathbb{Z}_{\geq 0}^n \mid x^m \in \mathfrak{a}\}$ の $\mathbb{R}^n$ における凸包を**ニュートン凸多面体** (Newton polytope) といい，この講では $C(\mathfrak{a})$ と表すことにします．さらに任意の実数 $t > 0$ に対し，$C(\mathfrak{a})$ を t 倍して

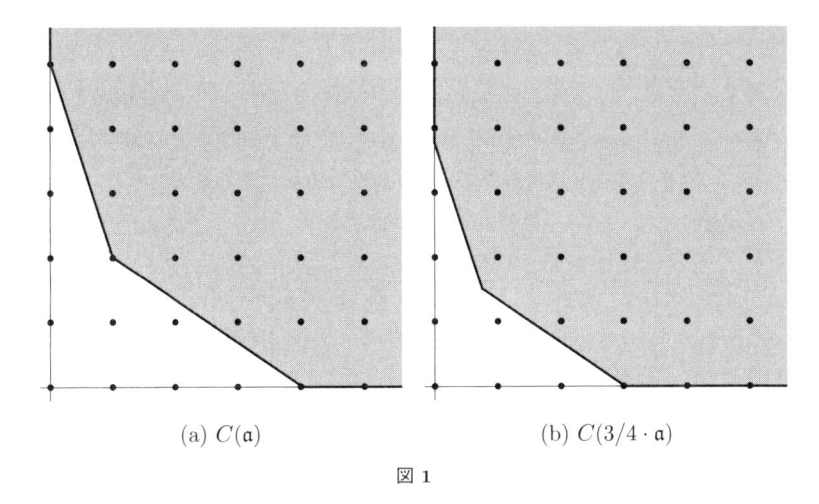

(a) $C(\mathfrak{a})$ (b) $C(3/4 \cdot \mathfrak{a})$

図 1

得られる凸包を $C(t \cdot \mathfrak{a})$ と表すことにします. 例えば $\mathfrak{a} = (x^4, xy^2, y^5)$ のとき, $C(\mathfrak{a})$ は図 1 の (a), $C(3/4 \cdot \mathfrak{a})$ は (b) のようになります.

定理 2（ハワード）　f が条件 $(*)$ を満たすならば, 次が成り立つ.

$$\mathrm{lct}_0(f) = \min\{1, \max\{t > 0 \mid \mathbf{1} \in C(t \cdot \mathfrak{a}_f)\}\} \quad (\mathbf{1} = (1, 1, \ldots, 1) \in \mathbb{R}^n)^{4)}$$

ハワードの定理は, $\mathrm{lct}_0(f) < 1$ ならば, $\mathbf{1}$ は $C(\mathrm{lct}_0(f) \cdot \mathfrak{a}_f)$ の境界上にあると主張しています. ハワードの定理を使うと, $f = x^2 + y^3$ の対数的標準閾値が簡単に計算できます. まず $f = x^2 + y^3$ は条件 $(*)$ を満たしていることに注意しましょう. $c = \max\{t > 0 \mid \mathbf{1} \in C(t \cdot \mathfrak{a}_f)\}$ を計算します. $\mathfrak{a}_f = (x^2, y^3)$ より, $(2, 0), (0, 3)$ を通る直線 $(1/2)x + (1/3)y = 1$ を c 倍して得られる直線 $(1/2)x + (1/3)y = c$ 上に $\mathbf{1} = (1, 1)$ があります. よって $c = 5/6$ となり, $\mathrm{lct}_0(f) = \min\{1, 5/6\} = 5/6$ を得ます.

問題 3　$f = x^4 + xy^2 + y^5$ の場合に $\mathrm{lct}_0(f)$ を計算せよ.

対数的標準閾値と b 関数は一見何の関係もないように思えますが, 実は次の定理が成り立ちます.

定理 3（コラール）　$-\mathrm{lct}_0(f)$ は $b_{f,0}(s)$ の最大の根である.

---

4) より一般に, f が**非退化** (non-degenerate) な多項式の場合に, 同様の式が成り立ちます.

4　F 純閾値

最後に，副題にある正標数の手法の一例として，F 純閾値についてお話しします．F 純閾値は対数的標準閾値の正標数における類似とみなすことができますが，定義はずっと初等的です．簡単のため，$0 \neq f \in (x_1, \ldots, x_n) \subset \mathbb{Z}[x_1, \ldots, x_n]$ とします．そして任意の素数 p に対し，自然な全射

$$\mathbb{Z}[x_1, \ldots, x_n] \twoheadrightarrow \mathbb{F}_p[x_1, \ldots, x_n]$$

による f の像を f_p と書くことにします．このような f_p を f の**法 p 還元** (mod p reduction) といいます．さらに任意の $e \in \mathbb{N}$ に対し，

$$v_f(p^e) = \max\{r \in \mathbb{N} \mid f_p^r \notin (x_1^{p^e}, \ldots, x_n^{p^e}) \subset \mathbb{F}_p[x_1, \ldots, x_n]\}$$

とおきます．ここで，正標数の可換環論において最も基本的な定理であるクンツの定理を使います．まず，クンツの定理を紹介するために，いくつか記号を用意します．R を素数標数 p の整域とすると，幸運にも（！）任意の $a, b \in R$ に対し $(a+b)^p = a^p + b^p$ が成り立つので，**フロベニウス写像** (Frobenius map)

$$F : R \to R, \quad a \mapsto a^p$$

と呼ばれる環自己準同型を考えることができます．

$$R^{1/p} = \{a \in \overline{Q(R)} \mid a^p \in R\} \quad (\overline{Q(R)} \text{ は } R \text{ の商体の代数閉包})$$

とおくと，$R^{1/p}$ は R の拡大環で，フロベニウス写像 F は自然な単射 $R \hookrightarrow R^{1/p}$ と同一視することができます．

定理 4（クンツ） 次の 2 条件は同値である．

(i) R は正則環である．つまり，任意の極大イデアル $\mathfrak{m} \subset R$ による局所化 $R_\mathfrak{m}$ は正則局所環である．

(ii) R のフロベニウス写像 F は**平坦** (flat) である．つまり，$R^{1/p}$ は平坦 R 加群である．

以下，$R = \mathbb{F}_p[x_1,\ldots,x_n]$ とします．R は正則なので，クンツの定理より，$R^{1/p} = \mathbb{F}_p[x_1^{1/p},\ldots,x_n^{1/p}]$ は平坦 R 加群です．$z \in R$ に対し $z^p \in (x_1^{p^{e+1}},\ldots,x_n^{p^{e+1}})$ とすると，

$$zR^{1/p} = (z^p)^{1/p} \subset (x_1^{p^{e+1}},\ldots,x_n^{p^{e+1}})^{1/p} = (x_1^{p^e},\ldots,x_n^{p^e})R^{1/p} \subset R^{1/p}$$

となり，$R^{1/p}$ の平坦性と次の問題 4 から $z \in (x_1^{p^e},\ldots,x_n^{p^e})$ がわかります．

問題 4 一般に，可換ネーター環の単射準同型 $A \hookrightarrow B$ が平坦ならば，任意のイデアル $I, J \subset A$ に対し，$(IB : JB) = (I : J)B$ が成り立つ[5]．

この考察から，$f_p^r \notin (x_1^{p^e},\ldots,x_n^{p^e})$ ならば $f_p^{pr} \notin (x_1^{p^{e+1}},\ldots,x_n^{p^{e+1}})$ となり，$v_f(p^{e+1}) \geq pv_f(p^e)$ という不等式が得られます．一方，仮定より $f_p \in (x_1,\ldots,x_n)$ なので，任意の $e \in \mathbb{N}$ に対し $f_p^{p^e} \in (x_1^{p^e},\ldots,x_n^{p^e})$ となり，$v_f(p^e) \leq p^e - 1$ が成り立ちます．したがって，数列 $\{v_f(p^e)/p^e\}_{e \in \mathbb{N}}$ は上に有界な単調増加列であるので，収束します．この極限値を f_p の F **純閾値** (F-pure threshold) といい，$\mathrm{fpt}(f_p)$ と表します．つまり，

$$\mathrm{fpt}(f_p) = \lim_{e \to \infty} \frac{v_f(p^e)}{p^e} \in (0, 1]$$

です．$\mathrm{fpt}(f_p)$ は有理数になることが知られています．

感触をつかむために，$f = x^2 + y^3$ の場合に $\mathrm{fpt}(f_p)$ を計算してみましょう．この場合，$\mathrm{fpt}(f_p)$ の挙動は 6 を法とする p の合同類に依存します．

$\underline{p \equiv 1 \bmod 6 \text{ の場合}}$

このとき $(5/6)(p-1)$ は整数で，$f_p^{(5/6)(p-1)}$ は 2 項定理により次のように展開されます．

$$f_p^{(5/6)(p-1)} = \binom{(5/6)(p-1)}{(p-1)/2} x^{p-1} y^{p-1} + (x^p, y^p) \text{ に含まれる項} \quad (\star)$$

$0 \neq \binom{(5/6)(p-1)}{(p-1)/2} \in \mathbb{F}_p$ なので，$(\star)$ から $v_f(p) \geq (5/6)(p-1)$ であることがわかります．さらに $f_p^{(5/6)(p-1)+1} \in (x^p, y^p)$ であることもわかるので，$v_f(p) = (5/6)(p-1)$ となります．次に $v_f(p^2)$ を計算します．$(\star)$ の両辺

---

5) A のイデアル $\{a \in A \mid aJ \subset I\}$ を $(I : J)$ と表し，**コロンイデアル** (colon ideal) といいます．$(IB : JB)$ も同様に定義します．

を $p+1$ 乗すると，

$$f_p^{(5/6)(p^2-1)} = \binom{(5/6)(p-1)}{(p-1)/2}^{p+1} x^{p^2-1} y^{p^2-1} + (x^{p^2}, y^{p^2}) \text{ に含まれる項}$$

という式が得られます．この式から $f_p^{(5/6)(p^2-1)} \notin (x^{p^2}, y^{p^2})$, $f_p^{(5/6)(p^2-1)+1} \in (x^{p^2}, y^{p^2})$ であることがわかるため，$v_f(p^2) = (5/6)(p^2-1)$ となります．同様に，$v_f(p^e)$ $(e \geq 3)$ も $(\star)$ の両辺を $p^{e-1} + p^{e-2} + \cdots + 1$ 乗することで計算でき，$v_f(p^e) = (5/6)(p^e-1)$ となります．したがって，$\mathrm{fpt}(f_p) = \lim_{e \to \infty} v_f(p^e)/p^e = 5/6$ を得ます．

$p \equiv 5 \bmod 6$ の場合

このとき $(5/6)p - 7/6$ は整数で，$f_p^{(5/6)p-7/6}$ は次のように展開されます．

$$f_p^{(5/6)p-7/6} = \binom{(5/6)p-7/6}{(p-1)/2} x^{p-1} y^{p-2} + (x^p, y^p) \text{ に含まれる項} \qquad (\star\star)$$

$0 \neq \binom{(5/6)p-7/6}{(p-1)/2} \in \mathbb{F}_p$ なので，$(\star\star)$ から $v_f(p) \geq (5/6)p - 7/6$ であることがわかります．さらに $f_p^{(5/6)p-1/6} \in (x^p, y^p)$ であることもわかるので，$v_f(p) = (5/6)p - 7/6$ となります．次に $v_f(p^2)$ を計算します．$f_p^{(5/6)p^2-(1/6)p} = (f_p^{(5/6)p-1/6})^p \in (x^{p^2}, y^{p^2})$ より，$v_f(p^2) \leq (5/6)p^2 - (1/6)p - 1$ であることがわかります．そこで，$f_p^{(5/6)p^2-(1/6)p-1}$ を計算してみましょう．$(\star\star)$ の両辺を p 乗すると，

$$f_p^{(5/6)p^2-(7/6)p} = \binom{(5/6)p-7/6}{(p-1)/2}^p x^{p^2-p} y^{p^2-2p} + (x^{p^2}, y^{p^2}) \text{ に含まれる項}$$

となります．一方，f_p^{p-1} は

$$f_p^{p-1} = \binom{p-1}{(p-1)/2} x^{p-1} y^{(3/2)p-3/2} + (x^p, y^{(3/2)p+3/2}) \text{ に含まれる項}$$

と表せますから，$f_p^{(5/6)p^2-(1/6)p-1} = f_p^{(5/6)p^2-(7/6)p} f_p^{p-1}$ の展開式に $x^{p^2-1} y^{p^2-(1/2)p-3/2}$ という単項式が現れます．つまり，$f_p^{(5/6)p^2-(1/6)p-1}$ は (x^{p^2}, y^{p^2}) に含まれず，$v_f(p^2) = (5/6)p^2 - (1/6)p - 1$ となります．同様に，$v_f(p^e)$ $(e \geq 3)$ も $(\star\star)$ の両辺を p^{e-1} 乗したものに $f_p^{p^{e-1}-1}$ をかけることで計算できます．まとめると，

$$v_f(p^e) = \begin{cases} (5/6)p - 7/6 & (e = 1) \\ (5/6)p^e - (1/6)p^{e-1} - 1 & (e \geq 2) \end{cases}$$

となり,$\mathrm{fpt}(f_p) = \lim_{e \to \infty} v_f(p^e)/p^e = 5/6 - 1/(6p)$ を得ます.

第3節で計算したように,$f = x^2 + y^3$ の対数的標準閾値は $5/6$ でしたが,f_p の F 純閾値の計算でも $5/6$ という数字がでてきました.これは単なる偶然ではありません.

定理 5(原伸生・吉田健一)

(1) 任意の素数 p に対し,$\mathrm{fpt}(f_p) \leq \mathrm{lct}_0(f)$ が成り立つ.

(2) $\lim_{p \to \infty} \mathrm{fpt}(f_p) = \mathrm{lct}_0(f)$.

さらに,次が成り立つと予想されています.

予想 1 無限個の p について,$\mathrm{fpt}(f_p) = \mathrm{lct}_0(f)$ が成り立つ.

予想1は正標数の特異点論と標数0の特異点論を結びつける重要な予想であり,数論幾何と密接に関係しています.f が第3節の条件 $(*)$ を満たすならば,予想1は正しいことが知られています.

定理3,定理5より,対数的標準閾値や F 純閾値を使って b 関数の根のうち最大のものを計算することができます.b 関数の他の根は,対数的標準閾値を使って計算することはできませんが,F 純閾値を使うと計算できる場合があります.主張を述べる前に,$\mathrm{fpt}(f_p)$ と $v_f(p^e)$ の関係について補足しておきます.

$\mathrm{fpt}(f_p)$ は $v_f(p^e)$ を用いて定義されましたが,$\mathrm{fpt}(f_p)$ から $v_f(p^e)$ を求めることもできます.まず記号を用意します.有理数 $\lambda \in (0, 1]$ に対し,λ の無限 p 進展開 $\lambda = \sum_{e \geq 1} \lambda_e / p^e$ を考えます.つまり,各 $e \in \mathbb{N}$ に対し $0 \leq \lambda_e \leq p - 1$ で,$\lambda_e \neq 0$ となる e が無限個存在するとします.このような表示は一意的であることに注意しましょう.このとき,任意の $e \in \mathbb{N}$ に対し,$\langle \lambda \rangle_e := \sum_{k=1}^{e} \lambda_k / p^k$ と書くことにします.この記法を用いると,任意の $e \in \mathbb{N}$ に対し,$v_f(p^e) = p^e \langle \mathrm{fpt}(f_p) \rangle_e$ が成り立つことが知られています.

命題 2(ムスタタ・髙木・渡辺敬一) $e \in \mathbb{N}$ を1つ固定する.多項式 $Q_e(t) \in \mathbb{Q}[t]$ が,無限個の素数 p に対して $p^e \langle \mathrm{fpt}(f_p) \rangle_e = v_f(p^e) = Q_e(p)$ を満たすならば,$Q_e(0)$ は $b_{f,0}(s)$ の根である.

例として，再び $f = x^2 + y^3$ の場合を考えてみましょう．$p \equiv 1 \bmod 6$ ならば $v_f(p^e) = (5/6)(p^e - 1)$ でしたから，命題 2 から $-5/6$ が $b_{f,0}(s)$ の根であることがわかります．もっとも，$\mathrm{lct}_0(f) = 5/6$ でしたから，この根は対数的標準閾値を使っても見つけることができます．次に $p \equiv 5 \bmod 6$ ならば $v_f(p) = (5/6)p - 7/6$ だったので，$-7/6$ が $b_{f,0}(s)$ の根であることがわかります．さらに $v_f(p^2) = (5/6)p^2 - (1/6)p - 1$ であることから，-1 という $b_{f,0}(s)$ の自明な根も F 純閾値を使って見つけることができます．$b_{f,0}(s)$ の根は $-1, -5/6, -7/6$ でしたから，F 純閾値を使って $b_{f,0}(s)$ のすべての根を見つけることができました．

残念ながら，どんな f に対しても F 純閾値を使って $b_{f,0}(s)$ のすべての根を見つけることができる，というわけではありません．例えば，$f = x_1^2 + \cdots + x_n^2$（$n \geq 3$ とする）を考えると，第 2 節で説明したように $b_{f,0}(s)$ の根は -1 と $-n/2$ です．しかし，$p \neq 2$ ならば，任意の $e \in \mathbb{N}$ に対し $v_f(p^e) = p^e - 1$ なので，F 純閾値を使って見つけることのできる根は -1 だけです．「$b_{f,0}(s)$ の根のうち，F 純閾値を使って見つけることができるものはどのようなものか？」という問いに対する満足のいく答えは，現在のところ得られていません．例えば，$b_{f,0}(s)$ の根のうち，-1 以上のものはすべて F 純閾値を使って見つけることができるのでしょうか？

最後に F 純閾値について 2 つ注意を与えて，この講を終わりにしたいと思います．

(1) p を動かしたときの $\mathrm{fpt}(f_p)$ の挙動について

$f = x^2 + y^3$ の場合の F 純閾値の計算をみると，ある $N \in \mathbb{N}$ が存在して $\mathrm{fpt}(f_p)$ の挙動は N を法とする p の合同類に依る，と期待するかもしれません．しかし，このような N は一般には存在しません．

$f \in \mathbb{Z}[x, y, z]$ を 3 次斉次多項式とし，$f^{-1}(0)$ は原点 $\mathbf{0}$ で孤立特異点を持つと仮定します．このとき，f は $\mathbb{P}^2_\mathbb{C}$ 内の**楕円曲線** (elliptic curve)

$$E = \{[x : y : z] \in \mathbb{P}^2_\mathbb{C} \mid f(x, y, z) = 0\}$$

を定義します．$\mathbb{F}_p$ の代数閉包を $\overline{\mathbb{F}_p}$ とおくと，同様に f_p は（有限個の p を除いて）$\mathbb{P}^2_{\overline{\mathbb{F}_p}}$ 内の楕円曲線 E_p を定義します．$\overline{\mathbb{F}_p}$ 上の楕円曲線には 2 種類あり，E_p が自明な p 捩れ点 (torsion point) しか持たないとき E_p は**超特異楕円曲線**

(supersingular elliptic curve) であるといい，そうでないとき E_p は **通常楕円曲線** (ordinary elliptic curve) であるといいます．例えば，$f = y^2z - yz^2 - x^3 + x^2z$ の場合，E_p が超特異楕円曲線になるような p は $2, 19, 29, 199, 569, 809, \ldots$ です．

fpt(f_p) の値は E_p の超特異性に依り，

$$\mathrm{fpt}(f_p) = \begin{cases} 1 & (E_p \text{ が通常楕円曲線}) \\ 1 - 1/p & (E_p \text{ が超特異楕円曲線}) \end{cases}$$

となることが知られています．エルキースは，E_p が超特異楕円曲線になるような素数 p は無限個存在することを証明しました．一方で，E が **虚数乗法** (complex multiplication) を持たなければ，E_p が超特異楕円曲線になるような素数 p の密度は 0 であることがセールによって示されています．したがって，E が虚数乗法を持たなければ，fpt(f_p) の値は合同類では決まらないことがわかります．

問題 5 $f = x^3 + y^3 + z^3$ の場合に fpt(f_p) を計算せよ．また $f = x^3 + y^3 + z^3 + \lambda xyz$ $(\lambda \neq 0)$ の場合に fpt(f_p) の計算を試みて，その難しさを実感せよ．

(2) fpt$(f_p) \neq \mathrm{lct}_0(f)$ の場合の fpt(f_p) の値について

$f = x^2 + y^3$ の場合の F 純閾値の計算をみると，fpt$(f_p) \neq \mathrm{lct}_0(f)$ ならば fpt(f_p) の分母は p で割り切れる，と期待するかもしれません．実際，f が斉次多項式で $f^{-1}(0)$ が原点 $\mathbf{0}$ で孤立特異点を持つならば，この期待は正しいです．しかし，一般には fpt$(f_p) \neq \mathrm{lct}_0(f)$ でも fpt(f_p) の分母が p で割り切れるとは限りません．例えば，$f = x^5 + y^4 + x^3y^2$ とし，$p \equiv 19 \bmod 20$ の場合を考えると，fpt$(f_p) = (9p-11)/(20p-20)$ となり，fpt(f_p) の分母は p で割り切れません．この場合，$v_f(p^e) = ((9p)/20 - 11/20)(1 + p + \cdots + p^{e-1})$ なので，$-11/20$ が $b_{f,0}(s)$ の根であることがわかります．この根は次の意味で興味深い例となっています．

任意の $\varepsilon > 0$ に対し $\mathcal{J}(f^t)_0 \subsetneq \mathcal{J}(f^{t-\varepsilon})_0$ が成り立つとき（乗数イデアル $\mathcal{J}(f^t)_0$ の定義は第 3 節の冒頭参照），$t > 0$ を乗数イデアルの **跳躍数** (jumping number) といいます．最小の跳躍数が対数的標準閾値であり，跳躍数は対数的標準閾値の一般化とみなすことができます．アイン・ラザーズフェルド・ス

ミス・ヴァロリンは，跳躍数が $b_{f,0}(-s)$ の根であることを証明しました．しかし，$f = x^5 + y^4 + x^3 y^2$ の場合，$11/20$ は跳躍数ではありません．$-11/20$ という $b_{f,0}(s)$ の根は，跳躍数を使って見つけることはできませんが，F 純閾値を使うと見つけることができるのです．

用語集

環論

- **正則局所環**：極大イデアルがクルル次元個の元で生成される，可換ネーター局所環のこと．$(R, \mathfrak{m})$ が可換ネーター局所環のとき，$\mathfrak{m}$ の極小生成系の元の個数は $\dim_{R/\mathfrak{m}} \mathfrak{m}/\mathfrak{m}^2$ と等しいので，$\dim R = \dim_{R/\mathfrak{m}} \mathfrak{m}/\mathfrak{m}^2$ が成り立つ環といってもよい．
- **グレブナ基底**：多項式環 S に単項式順序 $<$ を定めたとき，$f \in S$ に現れる単項式の中で $<$ に関して最大のものを $\mathrm{in}_<(f)$ と表す．S のイデアル I に対し，$\{g_1, \ldots, g_s\} \subset I$ がグレブナ基底であるとは，単項式イデアル $\mathrm{in}_<(I) = (\mathrm{in}_<(f) \mid 0 \neq f \in I)$ が $\mathrm{in}_<(g_1), \ldots, \mathrm{in}_<(g_s)$ で生成されるときにいう．同様の概念は，ワイル代数上でも定義できる．
- **平坦性**：可換環 R 上の加群 M が平坦であるとは，R 加群の任意の完全列に M をテンソルしても完全性が保たれるときにいう．

位相幾何

- **モノドロミー**：X を弧状連結かつ局所弧状連結な位相空間とし，$(\widetilde{X}, p)$ を X の被覆空間とする．$x \in X$ を固定したとき，x を基点とするループ γ の持ち上げ $\widetilde{\gamma}$ を考えることにより，基本群 $\pi_1(X, x)$ のファイバー $F = p^{-1}(x)$ への作用が定義できる．この作用をモノドロミー作用という．

複素幾何

- **収束冪級数環**：$f = \sum_\alpha c_\alpha x^\alpha \in \mathbb{C}[[x]] = \mathbb{C}[[x_1, \ldots, x_n]]$ が収束冪級数であるとは，ある $a = (a_1, \ldots, a_n) \in \mathbb{C}^n$ が存在して，$\{\sum_{|\alpha| \leq N} c_\alpha a^\alpha\}_{N \in \mathbb{N}}$ が収束するときにいう．収束冪級数環 $\mathbb{C}\{x_1, \ldots, x_n\}$ は収束冪級数からなる $\mathbb{C}[[x_1, \ldots, x_n]]$ の部分環のこと．

代数幾何

- **代数多様体**：有限個の（斉次）多項式の共通零点として表される，アフィン空間（射影空間）の部分集合を（射影）代数的集合という．（射影）代数的集合 X がより小さい（射影）代数的集合の有限和として表せないとき，X はアフィン代数多様体（射影代数多様体）であるという．代数多様体には代数的集合を閉集合とする位相が入る．代数多様体 X の任意の閉部分多様体の真減少列の長さの最大値を X の次元という．
- **因子**：非特異代数多様体 X 上の因子とは，X の余次元 1 の閉部分多様体の整数係数の形式和のこと．$\pi: Y \to X$ が非特異代数多様体の全射で D が X 上の因子ならば，Y 上の因子 $\pi^* D$ が定義できる．
- **対数的特異点解消**：非特異代数多様体 X とその上の因子 D の対数的特異点解消とは，次の性質を満たす代数多様体の"コンパクト"な射 $\pi: Y \to X$ のこと：(i) Y は非特異, (ii) π は X の開集合上で同型, (iii) $\pi^* D$ の各成分は非特異な余次元 1 の閉部分多様体で，互いに横断的に交わる．$\mathbb{C}$ 上の任意の (X, D) に対して対数的特異点解消が存在することが，広中平祐によって証明された．
- **楕円曲線**：種数 1 の非特異射影代数曲線のこと．ただし，1 次元の射影代数多様体のことを射影代数曲線という．点を 1 つ決めると，その点を 0 とする加法群の構造が入る．$n \in \mathbb{N}$ に対し，楕円曲線 E の n 捩れ点とは，$nP = \overbrace{P + \cdots + P}^{n} = 0 \in E$ となる点 $P \in E$ のことをいう．
- **虚数乗法**：$\mathbb{C}$ 上の楕円曲線 E が虚数乗法を持つとは，定数倍写像 $[n]: E \to E,\ P \mapsto nP$ と異なる E の自己準同型が存在するときにいう．

参考書

この講を読んで特異点についてもっと知りたいと思ったならば，[1] を読むことをお勧めします．数少ない（代数幾何的な）特異点論の入門書です．可換環論とホモロジー代数の知識を適宜補いながら読むとよいでしょう．b 関数に興味を持った方は，何はともあれ [2] の 5 章を読んでください．予備知識をほとんど仮定せずに b 関数の勘所を押さえている名著です．その後で $\mathcal{D}$

加群 ($\mathcal{D}$-module) のことをもっと勉強したいと思ったならば，[3] に進むとよいでしょう．乗数イデアルに関する教科書としては，[4] が有名です．ただ予備知識として，R. Hartshorne, *Algebraic Geometry*, GTM 52, Springer (1977) 程度の代数幾何の知識が要求されます．F 純閾値に代表されるような正標数の手法に興味を持ったならば，手前味噌ではありますが，[5] を見てみてはいかがでしょう．ただ紙面の都合で，F 純閾値についてはほとんど触れていません．

[1] 石井志保子『特異点入門』丸善出版（2012 年）

[2] 堀田良之『代数入門——群と加群』朝倉出版（1987 年）

[3] 柏原正樹『代数解析概論』岩波書店（2008 年）

[4] R. Lazarsfeld, *Positivity in Algebraic Geometry II*, Ergeb. Math. Grenzgeb., 3, Folge, A Series of Modern Surveys in Mathematics, vol. 49, Springer (2004)

[5] 髙木俊輔，渡辺敬一「F 特異点——正標数の手法の特異点論への応用」，『数学』，**66** (2014), no.1, 1–30

第11講　量子可積分系
—— Lassalleの予想とAskey-Wilson多項式

白石潤一

　フランスの美しい街アヌシーでLassalleさんに会ったとき，彼は「定義はされていても，未だに計算できないような何か」について語ってくれました．忙しすぎるパリよりもアヌシーのような自然の豊かな静かな所での交流を好む，気さくで茶目っ気のある話し好きな紳士．今日はそのようなことを思い出しながら，Lassalleさんの予想の解決に関わる，ある種の組合わせ的な定理を紹介しようと思います．

　実は，このなかなか計算できないものの背後に潜む構造は，Askey-Wilson多項式と呼ばれている直交多項式によって切り出してみることができます．もうすこし具体的に言うと，Askey-Wilson多項式を，これまであまり試みられてこなかったようなやり方で，四重和の級数の形に書いてみることでその糸口をつかむのです．

1　水素原子

　本講では，ある種の直交多項式に関する組合わせ的構造を紹介するつもりです．まず，筆者がどういう数学的世界を体験しようとしているのか，何を大切に思ってその探索の手がかりをつかもうとしているのかについて話してみます．

　教養学部の講義で初めて水素原子の波動関数に触れたとき，偏微分方程式の変数分離や，直交多項式系についてのいくつかの事実が非常に巧妙に用いられたことを私は思い出します．実のところ，当時（もちろん今もですが）その技術的な側面に大変苦労して消化不良を起こしてしまったものです．「なん

だかよくわからないが，水素はとんでもなくエラいな」と割り切った考えでその場をやり過ごしてしまったかもしれません．ともかく，水素原子の量子力学には奇跡的に素晴らしい数学的構造が隠されている，そう捉えるのが正解だと思います．

　万有引力を距離の2乗に反比例する中心力と捉え，それによって支配される物理現象をニュートンは哲学しました．そして，彼の古典力学的世界観はその後の世の中をすっかり変えてしまいました．やがて，安直で楽観的な決定論的ものの見方はポアンカレによって否定されてしまいますが，それと同時に，もう一方の極端である完全可積分性の研究も（なかなか進まない暗黒の時代もありましたが）着実に進められていました．運河を進む波の方程式（KdV方程式）や，指数関数をポテンシャルに持つ戸田格子など，工学的な側面からの研究が，その後の完全可積分性を持つ古典力学的な系の研究の大きな進展を促しました．

　すべての惑星の軌道は太陽を1つの焦点とする楕円軌道を描きます．距離の2乗に反比例する中心力に従う2体系は，古典力学における奇跡です．その理由をレンツベクトルという隠された保存則の存在まで辿ることもできるでしょう．一般の中心力ではふつう軌道がきれいに閉じることはないのです．ともあれ，（どんな偶然か必然か私にはよくわかりませんが，これも距離の2乗に反比例する中心力に従う）水素原子の量子力学が大学の教養で教えられているという事実は，それが古典力学的なミラクルの上に量子力学的なそれ（直交多項式系の数学！）をのせたような，二重の幸運に恵まれているからに違いありません．

　私は，完全可積分性を持つ古典力学的な系の量子化を調べることは，「水素原子の波動関数のときのようななにかいいことが，もっと広いクラスの完全可積分系からくるシュレーディンガー方程式の固有関数にも見つからないかな？」と自問自答すること，と考えています．

　完全可積分性を持つ量子力学（量子可積分系）はまだまだ解らないことだらけで，その世界観（数学観!?）についてその展望を語る段階ではないと思われます．しかし，例として量子可積分系から抽出された概念である「ドリンフェルト・神保の量子群」が数学に与えたインパクトは大きいと私は（というか私も!!）考えています．

2 量子可積分系と特殊関数

以下，ある特殊関数の話を取り上げます．量子可積分系の研究者全員が感じる不満（と責任感？）としてよく話されることですが，この量子可積分系というくくりはとても緩やかなもので，スローガンや合い言葉のような意味で使われているに過ぎません．我々はまだ「定義と基礎定理」を述べるすべさえ持っていないのです．完全可積分な古典力学系が持つ数学的構造の量子化というシリアスで魅力的な目標を掲げているのですが，まだそれぞれの話題は個々それぞれの職人芸として鍛えられているような段階でしょうか．

我々はいつも特殊関数を心の友として愛してやまないのです．興味を持ってこの先へ進みたいと考える読者のために，（本講では紙数の都合上一切説明することができませんが）関連する話題のキーワードをいくつか書いておきます．ヤン・ミルズ方程式のインスタントン解のモジュライ空間や量子コホモロジーの理解を目指して進んでいる研究者たちは，代数幾何学や幾何学的表現論の立場から進みますが，たいていの場合，その理論の着地点にはある種の無限級数，超幾何的な関数，ないし特殊関数が現れます．多変数の特殊関数の親玉だと思われている（A 型の）Macdonald 多項式 (Macdonald polynomial)（これもある種の超幾何級数）が，Laumon 空間のド・ラーム複体のオイラー指標そのものズバリになっていたりします．

あるいは，特殊関数や超幾何級数の持つ組合わせ的構造そのものに魅せられてしまうこともあるでしょう．もし，q-超幾何級数 (q-basic hypergeometric series) の変換公式や和公式のバイブルである Gasper と Rhaman の赤い本（参考書 [2]）をむさぼるように読みはじめたなら，そんなあなたはもう量子化の研究にはまっているのかもしれません．

こんな状況を踏まえて，今日は超幾何級数の組合わせ論サイドの話で，まだ代数幾何学的には理解できていないような（やがて理解できる日がくると信じていますが），Askey-Wilson 多項式の四重級数表示についてお話することにします．

この話の面白い所といえば，「なんだか恐ろしく複雑だけれども，なんだ，やればチャンとできるではないか」という達成感と充実感だと思います．私

の夢はというと，「この子はこんなにいい所を見せてくれているのだ．ヨシ，では一人前になるまで育てたい！」という感じでしょうか．自然で一般的な構成法や内在的な理解などを目指して進み，最後には数学の醍醐味を味わえたらナア，と考えています．

　組合わせ的構造だけに頼りますので，非常に大きな変換公式や，変わった和公式などを駆使した証明（の筋道）がすべてとなります．極力証明をサボらずに書くことにしましょう．以下で用いられる恒等式はどれもすべて「有理式の恒等式」ばかりです．とはいえ，それらはいずれも「ナンダ, コレは??」という見た目の，俄には信じがたいような，面白い（が，超フクザツな）恒等式たちです．それでも筆者は，このような世界があるということを，一人でも多くの読者に感じてもらいたいと本気で思っているのです．

　人間たちを説得しようとして，変化狸が集まって化け物の大パレードを繰り広げる，というアニメの映画が好きなのですが，今ふとそれを思い出してしまいました．ともかく，将来，このような数学的現象の観察からより深い内在的な理解が得られることを期待します．

3　Askey-Wilson 多項式の定義

　ルジャンドル，エルミート，ヤコビ等，いろいろな名前のついた直交多項式系が知られています．それぞれが適当な重み関数と積分で指定される内積に関する直交多項式系と定められます．おのおの印象的な 2 階の常微分方程式を満足しています．このような古典的な直交多項式系は，線形代数の入門講義で，抽象的ベクトル空間やグラム・シュミットの直交化法の格好の例題として取り上げられます．

　そんな直交多項式の一族に，差分方程式で定められるような親類も参加させて，より大きなものへと育てたいと願うのは自然なことかもしれません．そのような一族の頂点に君臨するのが Askey-Wilson 多項式 (Askey-Wilson polynomial) です．差分間隔を指定するパラメータを q, 方程式に含まれる 4 つのパラメータを a, b, c, d と書くのが習わしです．

　もちろん，一族の親玉をつかまえるための「シュレーディンガー方程式」は一朝一夕には発見されませんでした．（2 階の差分演算子であって欲しい等,

いろいろな期待と要求が込められていますので $\cdots$．）私は，この q-差分方程式の発見そのものに大変な感動を覚えます．では，ここで Askey-Wilson の差分作用素 D を導入しましょう．q-差分作用素 $T_{q,x}^{\pm 1}$ を $T_{q,x}^{\pm 1} f(x) = f(q^{\pm 1} x)$ で定めます．D は，差分作用素 $T_{q,x}^{+1}, T_{q,x}^{-1}$ と恒等作用素 1 を用いて次のように定められます．

定義 1 Askey-Wilson の差分作用素を

$$D = \frac{(1-ax)(1-bx)(1-cx)(1-dx)}{(1-x^2)(1-qx^2)} \left(T_{q,x}^{+1} - 1 \right) \qquad (1)$$
$$+ \frac{(1-a/x)(1-b/x)(1-c/x)(1-d/x)}{(1-1/x^2)(1-q/x^2)} \left(T_{q,x}^{-1} - 1 \right),$$

と定める．

差分作用素 D の作用する空間を調べましょう．簡単のため，パラメータ a, b, c, d, q の有理関数体を $\mathbb{K} = \mathbb{Q}(a,b,c,d,q)$，変数の反転 $x \leftrightarrow x^{-1}$ によって生成される群（指標や多項式の対称性を表す群を我々はワイル群と呼びます）を $W = \mathbb{Z}/2\mathbb{Z}$ と書くことにします．$W = \mathbb{Z}/2\mathbb{Z}$ 不変な x のローラン多項式の空間を $\Lambda = \mathbb{K}[x, x^{-1}]^W$ とします．つまり，Λ の元は $c_0, c_1, c_2, \ldots \in \mathbb{K}$ を用いて

$$c_0 x^n + c_1 x^{n-1} + c_2 x^{n-2} + \cdots + c_2 x^{-n+2} + c_1 x^{-n+1} + c_0 x^{-n},$$

と書くことができます．

命題 1 Askey-Wilson の差分作用素 D は Λ 上に作用する．

x に関する有理式の分母が消えることを確認するために，$f(x) \in \Lambda$ として

$$Df(x) = \frac{(1-ax)(1-bx)(1-cx)(1-dx)}{(1-x^2)(1-qx^2)} (f(qx) - f(x))$$
$$+ \frac{(1-a/x)(1-b/x)(1-c/x)(1-d/x)}{(1-1/x^2)(1-q/x^2)} (f(x/q) - f(x)),$$

の $x = \pm 1, \pm q^{1/2}, \pm q^{-1/2}$ での留数がすべて消えていることを見てください．モノミアル対称多項式を $m_n(x) = x^n + x^{-n}$ $(n > 0), m_0(x) = 1$ と書けば，(m_n) は Λ の基底であり，D の作用は基底 (m_n) に関して三角的であること

$$Dm_n(x) = \left(q^{-n} + abcdq^{n-1} - 1 - abcdq^{-1}\right)m_n(x) + 低次の項,$$

がわかります.

定義 2 次数 n の Askey-Wilson 多項式 $p_n(x)$ を, x^n を首項に持つモニックな Λ の元で, Askey-Wilson の差分作用素 D の固有関数となるもの

$$Dp_n(x) = \left(q^{-n} + abcdq^{n-1} - 1 - abcdq^{-1}\right)p_n(x), \tag{2}$$

と定める.

注意 1 Askey-Wilson 多項式 $p_n(x)$ は a, b, c, d の置換に関して不変である.

例 1 感じをつかむために $p_2(x)$ まで書き下してみれば, 次のようになります.

$$p_0(x) = 1,$$
$$p_1(x) = x + x^{-1} + \frac{(1/a + 1/b + 1/c + 1/d)abcd - (a + b + c + d)}{1 - abcd},$$
$$p_2(x) = x^2 + x^{-2}$$
$$\quad + (1+q)\frac{(1/a + 1/b + 1/c + 1/d)abcd q - (a + b + c + d)}{1 - abcdq^2}(x + x^{-1})$$
$$\quad + \frac{C}{(1 - abcdq)(1 - abcdq^2)},$$

ここに, 複雑な係数 C は次のように与えられます:

$$C = (1+q) + (1+q)\bigl(ab + ac + ad + bc + bd + cd\bigr) + q\bigl(a^2 + b^2 + c^2 + d^2\bigr)$$
$$\quad - (1+q)(1 + 4q + q^2)abcd$$
$$\quad - q(1+q)\bigl(a^2bc + a^2bd + a^2cd + b^2ac + b^2ad + b^2cd$$
$$\qquad\qquad + c^2ab + c^2ad + c^2bd + d^2ab + d^2ac + d^2bc\bigr)$$
$$\quad + q^2\bigl(a^2b^2c^2 + a^2b^2d^2 + a^2c^2d^2 + b^2c^2d^2\bigr)$$
$$\quad + q^2(1+q)abcd\bigl(ab + ac + ad + bc + bd + cd\bigr) + q^2(1+q)a^2b^2c^2d^2.$$

4　Askey-Wilson 多項式の明示公式

　Askey-Wilson 多項式の明示公式を紹介します．q-超幾何級数に関する記号は標準的なものを用います（必要ならばバイブルの赤い本 [2] を参照してください）．まず，ガウスの超幾何級数 $_2F_1$ でおなじみの，起点のずれた階乗 $(\alpha)_n = \alpha(\alpha+1)\cdots(\alpha+n-1)$ のまねをして，q-ずらし階乗を導入しましょう：

$$(a;q)_n = (1-a)(1-qa)\cdots(1-q^{n-1}a) = \prod_{i=0}^{n-1}(1-q^i a). \tag{3}$$

プランク定数 $\hbar$ は，非常に小さい数です．そして，$q = e^\hbar, a = e^{\alpha\hbar}$ とおいて $\hbar$ を零のまわりでテーラー展開すれば，

$$\frac{(a;q)_n}{(1-q)^n} = \frac{(1-a)(1-qa)\cdots(1-q^{n-1}a)}{(1-q)(1-q)\cdots(1-q)}$$
$$= \alpha(\alpha+1)\cdots(\alpha+n-1) + O(\hbar) = (\alpha)_n + O(\hbar),$$

となって，ずれた階乗 $(\alpha)_n$ が出てきます．

　このずらしを与えるパラメータ q はベース (base) と呼ばれます．私は，このような素朴なテーラー展開の意味で，公式の q 類似を考えることも量子化（パラメータ $q = e^\hbar$ を用いて $\hbar$ 変型するという意味での "quantize"）と言っていいのではないかと思いますが，いかがでしょう？　でも，プランクによって量子力学が発見されるよりずっと前，オイラーやガウスのころから q 解析が考えられ，文字 q が使われていたのは本当に不思議です．

　たくさんの q-階乗の積を書く必要があるときには，場所の節約のために次のように略記するのが便利です：

$$(a_1, a_2, \ldots, a_k; q)_n = \prod_{j=1}^k (a_j; q)_n = \prod_{j=1}^k \prod_{i=0}^{n-1}(1-q^i a_j). \tag{4}$$

　ガウスの超幾何級数 $_2F_1$ には，2 階に 2 人と 1 階に 1 人（都合 3 人）パラメータが住んでいます．その住人を，2 階に $r+1$ 人と 1 階に r 人に増加させて量子化したようなもの $_{r+1}\phi_r$ を考えます．

定義 3　ベースが q の超幾何級数 $_{r+1}\phi_r$ を

$$_{r+1}\phi_r \begin{bmatrix} a_1, a_2, \ldots, a_{r+1} \\ b_1, b_2, \ldots, b_r \end{bmatrix}; q, x \end{bmatrix} = \sum_{m \geq 0} \frac{(a_1, a_2, \ldots, a_{r+1}; q)_m}{(q, b_1, b_2, \ldots, b_r; q)_m} x^m, \quad (5)$$

と定める．

注意 2 n を非負整数とする．超幾何級数 $_{r+1}\phi_r$ のパラメータが $a_1 = q^{-n}$ を満たすならば，級数 (5) は有限和となる：

$$_{r+1}\phi_r \begin{bmatrix} q^{-n}, a_2, \ldots, a_{r+1} \\ b_1, b_2, \ldots, b_r \end{bmatrix}; q, x \end{bmatrix} = \sum_{m=0}^{n} \frac{(q^{-n}, a_2, \ldots, a_{r+1}; q)_m}{(q, b_1, b_2, \ldots, b_r; q)_m} x^m. \quad (6)$$

定理 1（Askey-Wilson 多項式の明示公式） Askey-Wilson 多項式 $p_n(x)$ は（有限和に切れている）超幾何級数 $_4\phi_3$ を用いて次のように書ける：

$$p_n(x) = \frac{(ab, ac, ad; q)_n}{a^n (abcdq^{n-1}; q)_n} \,_4\phi_3 \begin{bmatrix} q^{-n}, abcdq^{n-1}, ax, a/x \\ ab, ac, ad \end{bmatrix}; q, q \end{bmatrix}. \quad (7)$$

注意 3 この $_4\phi_3$ による表示では，パラメータ a が特別扱いされ，残りの3つのパラメータ b, c, d の置換の不変性だけがあらわに見えている．

例 2 例 1 に挙げた式と $_4\phi_3$ による表示を比較してみましょう．

$$p_0(x) = 1,$$

$$p_1(x) = \frac{(1-ab)(1-ac)(1-ad)}{a(1-abcd)} \left(1 - \frac{(1-abcd)(1-ax)(1-a/x)}{(1-ab)(1-ac)(1-ad)}\right),$$

$$p_2(x) = \frac{(1-ab)(1-abq)(1-ac)(1-acq)(1-ad)(1-adq)}{a^2(1-abcdq)(1-abcdq^2)}$$

$$\times \left(1 + \frac{(1-q^{-2})(1-abcdq)(1-ax)(1-a/x)}{(1-q)(1-ab)(1-ac)(1-ad)} q \right.$$

$$\left. + \frac{(1-abcdq)(1-abcdq^2)(1-ax)(1-qax)(1-a/x)(1-qa/x)}{q(1-ab)(1-abq)(1-ac)(1-acq)(1-ad)(1-adq)}\right).$$

5 どうしても x の冪級数に展開してみたい

Askey-Wilson 多項式の表示式 (7) では，$p_n(x)$ を対称なローラン多項式

$$(ax, a/x; q)_n,$$

の積み上げで与えることになります．この構成単位 $(ax, a/x; q)_n$ は，パラメー

タ a で指定される規則正しい $2n$ 個の零点 $x^{\pm 1} = a, qa, \ldots, q^{n-1}a$ を持つことに注意してください．実際，Askey-Wilson 多項式の明示公式 (7) は，このような零点を持つ多項式系 $(ax, a/x; q)_n$ に関する $p_n(x)$ の展開係数の持つ組合わせ的構造とみることができます．基本的構成分子を $(ax, a/x; q)_n$ にすると，一分の隙もない合理的な理解と美しい明示公式 (7) の桃源郷に至ります．そして，そのような事情から $(ax, a/x; q)_n$ は展開していじってはいけないものであるかのような空気が醸し出されていた気もします．

ところが，Lassalle さんの言っていた「なかなか計算できないあるもの」の正体とは，$p_n(x)$ を $(ax, a/x; q)_n$ ではなく冪関数 x^n で展開するときに見えてくる（はず）の何者かなのです．

面白いことを見つけるのが大好きで，子どものように純真な心を持つ Lassalle さん．フランスの静かな田舎で何ものにも邪魔されずに膨大な組合わせ的計算を積み上げ，なかなか計算できないなにかに挑む，いたずら好きな人．そんな彼の予想に導かれて，超幾何級数の変換公式が極めて複雑に絡み合い織りなすもうひとつの桃源郷を見極めようと思います．

6 はじめのダイイッポ

はじめに二項定理を思い出さねばなりません．$(x; q)_\infty = \prod_{i=0}^{\infty}(1 - q^i x)$ としましょう．

命題 2（二項定理）
$$\frac{(ax; q)_\infty}{(x; q)_\infty} = \sum_{n=0}^{\infty} \frac{(a; q)_n}{(q; q)_n} x^n. \tag{8}$$

もちろん，これは解析でおなじみのテーラー展開公式
$$(1+x)^\alpha = \sum_{n=0}^{\infty} \frac{\alpha(\alpha-1)\cdots(\alpha-n+1)}{n!} x^n,$$
の差分類似です．

$p_n(x)$ の構成要素 $(ax, a/x; q)_n$ を二項定理で展開すればただちに次のような結果が得られます．

定義 4 s をパラメータとし，級数 $\Psi(x; s|a, b, c, d|q)$ を，

$$\Psi(x;s|a,b,c,d|q) = \frac{(ax;q)_\infty}{(qx/a;q)_\infty} \sum_{n\geq 0} \frac{(qs^2/a^2;q)_n}{(q;q)_n}(ax/s)^n \qquad (9)$$

$$\times {}_6\phi_5 \left[\begin{array}{c} q^{-n}, q^{n+1}s^2/a^2, s, qs/ab, qs/ac, qs/ad \\ q^2s^2/abcd, q^{1/2}s/a, -q^{1/2}s/a, qs/a, -qs/a \end{array}; q, q\right],$$

と定める．

定理 2 Askey-Wilson 多項式 $p_n(x)$ は級数 $\Psi(x;s|a,b,c,d|q)$ を用いて ($s = q^{-m}$ として) 書ける：

$$p_m(x) = \frac{(ab, ac, ad; q)_m}{a^m(abcdq^{m-1}; q)_m} {}_4\phi_3 \left[\begin{array}{c} q^{-m}, abcdq^{m-1}, ax, a/x \\ ab, ac, ad \end{array}; q, q\right]$$

$$= x^{-m}\Psi(x; q^{-m}|a,b,c,d|q). \qquad (10)$$

注意 4 この書き換えは，明示公式 (7) の構成要素 $(ax, a/x; q)_n$ に二項定理を当てはめただけである．$p_m(x)$ を，首項 x^{-m} を持つ x の昇冪の冪級数に書き直した公式 (10) を出発点として長い変換公式の探索が始まる！

7 Askey-Wilson 多項式の退化のようす

パラメータ a, b, c, d をうまく退化させれば，Askey-Wilson 多項式が簡単な表示を持つことがわかります．まず，$b = -a, d = -c$, すなわち,

$$(a, b, c, d) = (a, -a, c, -c) \qquad (11)$$

としてみましょう．すると，Askey-Wilson の差分作用素は

$$D = \frac{(1-a^2x^2)(1-c^2x^2)}{(1-x^2)(1-qx^2)}\left(T_{q,x}^{+1} - 1\right) + \frac{(1-a^2/x^2)(1-c^2/x^2)}{(1-1/x^2)(1-q/x^2)}\left(T_{q,x}^{-1} - 1\right), \qquad (12)$$

と退化して，Askey-Wilson 多項式 p_n は首項 x^n からの次数の差が奇数の項 $x^{n-1}, x^{n-3}, \ldots$ はすべて消えて，次数の差が偶数である項 $x^{n-2}, x^{n-4}, \ldots$ のみが生き残るような多項式となることがわかります．

ここでさらに，$c^2 = q$, すなわち,

$$(a, b, c, d) = (a, -a, q^{1/2}, -q^{1/2}) \qquad (13)$$

とすると，

$$D = \frac{1-a^2x^2}{1-x^2}T_{q,x}^{+1} + \frac{1-a^2/x^2}{1-1/x^2}T_{q,x}^{-1} - (1+a^2), \tag{14}$$

となります．この場合，D の固有関数の計算は非常に簡単に実行できます．ぜひここで時間を取って (14) の固有関数を求めてみてください．

命題 3　級数 $\Phi(x;s)$ を

$$\Phi(x;s) = \sum_{n=0}^{\infty} \frac{(a^2;q^2)_n(s^2;q^2)_n}{(q^2;q^2)_n(q^2s^2/a^2;q^2)_n}(q^2x^2/a^2)^n, \tag{15}$$

とおけば，パラメータが $(a,b,c,d) = (a,-a,q^{1/2},-q^{1/2})$ の場合に Askey-Wilson 多項式は

$$p_m(x) = x^{-m}\Phi(x;q^{-m}), \tag{16}$$

と書ける．

注意 5　ここでは，差分作用素 (14) の固有関数を直接計算して級数 $\Phi(x;s)$ が Askey-Wilson 多項式を与えるという方針で進んだ．このことは，恒等式

$$\Psi(x;s|a,-a,q^{1/2},-q^{1/2}|q) = \Phi(x;s),$$

が成り立つことを意味する．実は，差分方程式を用いないで組合わせ的にこの恒等式を証明することは案外難しい．

ちょうど好都合なので，ここで本講の目標を述べておきたいと思います．それは，

(1) 一般のパラメータ (a,b,c,d) でなにか $\Phi(x;s)$ の拡張になっているようなもの $\Phi(x;s|a,b,c,d|q)$（実は四重級数）を定義すること．

(2) 次に，恒等式 $\Psi(x;s|a,b,c,d|q) = \Phi(x;s|a,b,c,d|q)$ を（組合わせ的な手法で）証明すること．

さて，ふたたび退化を緩めて $b=-a, d=-c$ の状況まで戻りましょう．差分作用素 (12) の固有関数を求めることには多少の経験が必要になりますが，Lassalle さんを見習って計算してみると次のように表示されることがわかってきます．

定義 5　係数 $c_e(k,l;s) = c_e(k,l;s|a,c|q)$ を次のように定める：

$$c_e(k,l;s) = \frac{(a^2;q^2)_k (q^{4l}s^2;q^2)_k}{(q^2;q^2)_k (q^{4l}q^2s^2/a^2;q^2)_k}(q^2/a^2)^k \tag{17}$$

$$\times \frac{(c^2/q;q^2)_l (s^2/a^2;q^2)_l}{(q^2;q^2)_l (q^3s^2/a^2c^2;q^2)_l} \frac{(s;q)_{2l}(q^2s^2/a^4;q^2)_{2l}}{(qs/a^2;q)_{2l}(s^2/a^2;q^2)_{2l}}(q^2/c^2)^l.$$

そして，級数 $\Phi(x;s|a,-a,c,-c|q)$ を二重級数によって

$$\Phi(x;s|a,-a,c,-c|q) = \sum_{k,l \geq 0} c_e(k,l;s)x^{2k+2l}, \tag{18}$$

と定める．

定理 3　パラメータが $(a,b,c,d) = (a,-b,c,-c)$ の場合，恒等式

$$\Psi(x;s|a,-a,c,-c|q) = \Phi(x;s|a,-a,c,-c|q), \tag{19}$$

が成立する．したがって Askey-Wilson 多項式 $p_m(x)$ は規格化因子を除いて $x^{-m}\Phi(x;q^{-m}|a,-a,c,-c|q)$ に一致する．

8　Verma の一般変換公式，Andrews の和公式，Shing の 2 次変換公式

我々が証明したいことを掲げてみましょう（(18)=(20)）:

$$\Phi(x;s|a,-a,c,-c|q) = \sum_{k,l \geq 0} c_e(k,l;s)x^{2k+2l}, \tag{20}$$

$$\Psi(x;s|a,-a,c,-c|q)$$
$$= \frac{(ax;q)_\infty}{(qx/a;q)_\infty} \sum_{n \geq 0} \frac{(qs^2/a^2;q)_n}{(q;q)_n}(ax/s)^n \tag{21}$$
$$\times {}_6\phi_5 \begin{bmatrix} q^{-n}, q^{n+1}s^2/a^2, s, -qs/a^2, qs/ac, -qs/ac \\ q^2s^2/a^2c^2, q^{1/2}s/a, -q^{1/2}s/a, qs/a, -qs/a \end{bmatrix};q,q \end{bmatrix},$$

の両者が等しい．

まず，次のような（とんでもなく巨大な）Verma の一般変換公式が成り立ちます[1]．

---
[1] Verma's q-extension of the Field and Wimp expansion [2,p.76, (3.7.9)].

$$_{r+t}\phi_{s+u}\begin{bmatrix} a_R, c_T \\ b_S, d_U \end{bmatrix};q,xw \end{bmatrix} \tag{22}$$

$$= \sum_{j=0}^{\infty} \frac{(c_T, e_K; q)_j}{(q, d_U, \gamma q^j; q)_j} x^j [(-1)^j q^{\binom{j}{2}}]^{u+3-t-k}$$

$$\times {}_{t+k}\phi_{u+1}\begin{bmatrix} c_T q^j, e_K q^j \\ \gamma q^{2j+1}, d_U q^j \end{bmatrix};q, xq^{j(u+2-t-k)} \end{bmatrix} {}_{r+2}\phi_{s+k}\begin{bmatrix} q^{-j}, \gamma q^j, a_R \\ b_S, e_K \end{bmatrix};q, wq \end{bmatrix}.$$

ここに,パラメータの組 $a_1,\ldots,a_r$ を a_R 等と略記しました.パラメータがとてつもなく多すぎて読みにくいですが,「a」は r 個,「b」は s 個,「c」は t 個,「d」は u 個,「e」は k 個,他に,w,x,γ が自由に選べるパラメータです.

Verma の公式 (22) のパラメータを次のように指定しましょう:

$$r=2, \quad s=2, \quad t=4, \quad u=3, \quad k=1, \tag{23}$$

$$w=1, \quad x=q, \tag{24}$$

$$a_R = (qs/ac, -qs/ac), \qquad b_S = (q^{1/2}s/a, -q^{1/2}s/a),$$

$$c_T = (q^{-n}, q^{n+1}s^2/a^2, s, -qs/a^2), \qquad d_U = (qs/a, -qs/a, q^2s^2/a^2c^2), \tag{25}$$

$$e_K = q^2s^2/a^2c^2, \qquad \gamma = s^2/a^2.$$

そうすると,パラメータの選び方 (23) から, ${}_6\phi_5 = \sum {}_5\phi_4 \cdot {}_4\phi_3$ の形の変換公式になることがわかります.さらに,この ${}_5\phi_4$ 級数は選び方 (25) によって実際には ${}_4\phi_3$ に退化してしまいます.これを書ききってみると次の補題を得ます.

補題 1

$${}_6\phi_5\begin{bmatrix} q^{-n}, q^{n+1}s^2/a^2, s, -qs/a^2, qs/ac, -qs/ac \\ q^2s^2/a^2c^2, q^{1/2}s/a, -q^{1/2}s/a, qs/a, -qs/a \end{bmatrix};q,q\end{bmatrix} \tag{26}$$

$$= \sum_{j\geq 0} \frac{(q^{-n}, q^{n+1}s^2/a^2, s, -qs/a^2, q^2s^2/a^2c^2; q)_j}{(q, qs/a, -qs/a, q^2s^2/a^2c^2, q^j s^2/a^2; q)_j} (-1)^j q^{j+\binom{j}{2}}$$

$$\times {}_4\phi_3\begin{bmatrix} q^{-n+j}, q^{j+n+1}s^2/a^2, q^j s, -q^{j+1}s/a^2 \\ q^{2j+1}s^2/a^2, q^{j+1}s/a, -q^{j+1}s/a \end{bmatrix};q,q\end{bmatrix}$$

$$\times {}_4\phi_3\begin{bmatrix} q^{-j}, q^j s^2/a^2, qs/ac, -qs/ac \\ q^{1/2}s/a, -q^{1/2}s/a, q^2s^2/a^2c^2 \end{bmatrix};q,q\end{bmatrix}.$$

それでは (26) の右辺の 2 つの ${}_4\phi_3$ を変換しましょう.まず必要になるの

は次の和公式です[2]:

$$
{}_4\phi_3\left[\begin{array}{c} q^{-n}, aq^n, c, -c \\ (aq)^{1/2}, -(aq)^{1/2}, c^2 \end{array}; q, q\right] = \begin{cases} 0, & n \text{ は奇数}, \\ \dfrac{c^n(q, aq/c^2; q^2)_{n/2}}{(aq, c^2q; q^2)_{n/2}}, & n \text{ は偶数}. \end{cases}
$$
(27)

次に，もう1つの ${}_4\phi_3$ について考えます．ベースを q から q^2 に変化させる次の恒等式が知られています[3]: 両辺が有限項で打ち切れる場合に

$$
{}_4\phi_3\left[\begin{array}{c} a^2, b^2, c, d \\ abq^{1/2}, -abq^{1/2}, -cd \end{array}; q, q\right] = {}_4\phi_3\left[\begin{array}{c} a^2, b^2, c^2, d^2 \\ a^2b^2q, -cd, -cdq \end{array}; q^2, q^2\right], \quad (28)
$$

が成立する．

証明は省略しますが，(28) から次の恒等式を導くことができます:

補題 2 $n, j \in \mathbb{Z}_{\geq 0}$ かつ $2j \leq n$ とするとき，

$$
{}_4\phi_3\left[\begin{array}{c} q^{-n+2j}, q^{2j+n+1}s^2/a^2, q^{2j}s, -q^{2j+1}s/a^2 \\ q^{4j+1}s^2/a^2, q^{2j+1}s/a, -q^{2j+1}s/a \end{array}; q, q\right] \qquad (29)
$$
$$
= \frac{(q/a^2; q)_{n-2j}}{(q^{4j+1}s^2/a^2; q)_{n-2j}}\left(q^{2j}s\right)^{n-2j}
$$
$$
\times {}_4\phi_3\left[\begin{array}{c} q^{-n+2j}, q^{-n+2j+1}, q^{4j}s^2, a^2 \\ q^{4j+2}s^2/a^2, q^{-n+2j}a^2, q^{-n+2j+1}a^2 \end{array}; q^2, q^2\right],
$$

が成り立つ．

ここまで考えてきた級数の変換のようすをまとめてみましょう:

$$
\Psi(x; s|a, -a, c, -c|q) = \frac{(ax; q)_\infty}{(qx/a; q)_\infty} \sum_{n \geq 0} \sum_{j=0}^{\lfloor \frac{n}{2} \rfloor} \sum_{m=0}^{\lfloor \frac{n-2j}{2} \rfloor} A(n, j, m), \qquad (30)
$$

ここに

$$
A(n, j, m) = \frac{(qs^2/a^2; q)_n}{(q; q)_n}(ax/s)^n \frac{(q^{-n}, q^{n+1}s^2/a^2, s, -qs/a^2; q)_{2j}}{(q, qs/a, -qs/a, q^{2j}s^2/a^2; q)_{2j}} q^{j(2j+1)}
$$
$$
\times \frac{(q/a^2; q)_{n-2j}}{(q^{4j+1}s^2/a^2; q)_{n-2j}}(q^{2j}s)^{n-2j} \times \frac{(q, c^2/q; q^2)_j}{(qs^2/a^2, q^3s^2/a^2c^2; q^2)_j}\left(\frac{qs}{ac}\right)^{2j}
$$
$$
\times \frac{(q^{-n+2j}, q^{-n+2j+1}, q^{4j}s^2, a^2; q^2)_{2m}}{(q^2, q^{4j+2}s^2/a^2, q^{-n+2j}a^2, q^{-n+2j+1}a^2; q^2)_{2m}} q^{2m}. \qquad (31)
$$

---

2) Andrews' terminating q-analogue of Watson's ${}_3F_2$ sum [2, p.237, (II.17)].
3) Singh's quadratic transformation [2, p.89, (3.10.13)].

最後に，和の順序交換を行います：

$$\sum_{n\geq 0}\sum_{j=0}^{\lfloor \frac{n}{2}\rfloor}\sum_{m=0}^{\lfloor \frac{n-2j}{2}\rfloor} A(n,j,m) = \sum_{l\geq 0}\sum_{j\geq 0}\sum_{m\geq 0} A(l+2j+2m,j,m). \tag{32}$$

補題 3 次が成り立つ．

$$\frac{A(l+2j+2m,j,m)}{A(2j+2m,j,m)} = \frac{(q/a^2;q)_l}{(q;q)_l}(ax)^l, \tag{33}$$

$$A(2j+2m,j,m) = c_e(m,j;s)x^{2m+2j}. \tag{34}$$

これでようやく証明の最終段階に到達しました：

$$\Psi(x;s|a,-a,c,-c|q)$$
$$= \frac{(ax;q)_\infty}{(qx/a;q)_\infty}\sum_{l\geq 0}\sum_{j\geq 0}\sum_{m\geq 0} A(l+2j+2m,j,m)$$
$$= \sum_{j\geq 0}\sum_{m\geq 0} A(2j+2m,j,m) = \Phi(x;s|a,-a,c,-c|q).$$

9 一般のパラメータ (a,b,c,d) の場合

退化したパラメータ $(a,b,c,d)=(a,-a,c,-c)$ の場合は，一般のパラメータ (a,b,c,d) の場合を考察するためのとても重要な一段階となっています．

まず，級数 $\Phi(x;s|a,b,c,d|q)$ を構成するためのデータを用意しましょう．

定義 6 係数 $c_e(k,l;s)=c_e(k,l;s|a,c|q)$ と $c_o(m,n;s)=c_o(m,n;s|a,b,c,d|q)$ を次のように定める：

$$c_e(k,l;s) = \frac{(a^2;q^2)_k(q^{4l}s^2;q^2)_k}{(q^2;q^2)_k(q^{4l}q^2s^2/a^2;q^2)_k}(q^2/a^2)^k \tag{35}$$
$$\times \frac{(c^2/q;q^2)_l(s^2/a^2;q^2)_l}{(q^2;q^2)_l(q^3s^2/a^2c^2;q^2)_l}\frac{(s;q)_{2l}(q^2s^2/a^4;q^2)_{2l}}{(qs/a^2;q)_{2l}(s^2/a^2;q^2)_{2l}}(q^2/c^2)^l,$$

$$c_o(m,n;s) = \frac{(-b/a;q)_m(s;q)_m(qs/cd;q)_m(qs^2/a^2c^2;q)_m}{(q;q)_m(q^2s^2/abcd;q)_m(qs^2/a^2c^2;q^2)_m}(q/b)^m \tag{36}$$
$$\times \frac{(-d/c;q)_n(q^ms;q)_n(qs/ab;q)_n(-q^mqs/ac;q)_n(q^mqs^2/a^2c^2;q)_n}{(q;q)_n(q^mq^2s^2/abcd;q)_n(-qs/ac;q)_n(q^{2m}qs^2/a^2c^2;q^2)_n}(q/d)^n.$$

注意 6 ここに，係数 $c_e(k,l;s) = c_e(k,l;s|a,c|q)$ は前出のものをそのまま用いる．$c_e(k,l;s) = c_e(k,l;s|a,c|q)$ に入っているパラメータは a,c だけで b,d には依存しない．他方，新しく導入した係数 $c_o(m,n;s) = c_o(m,n;s|a,b,c,d|q)$ は a,b,c,d すべてに依存する．

定義 7 級数 $\Phi(x;s|a,b,c,d|q)$ を四重和

$$\Phi(x;s|a,b,c,d|q) \tag{37}$$
$$= \sum_{k,l,m,n \geq 0} c_e(k,l;q^{m+n}s|a,c|q) c_o(m,n;s|a,b,c,d|q) x^{2k+2l+m+n},$$

によって定める．

我々の主定理（[3] を参照）を述べましょう：

定理 4（星野，野海，白石） 次の恒等式が成り立つ：

$$\Psi(x;s|a,b,c,d|q) = \Phi(x;s|a,b,c,d|q). \tag{38}$$

10 もう一度 Verma の変換公式に登場してもらう

再度 Verma の変換公式に登場してもらいます．今度はパラメータを次のように指定しましょう：

$$r = 2, \quad s = 1, \quad t = 4, \quad u = 4, \quad k = 2, \tag{39}$$
$$w = 1, \quad x = q, \tag{40}$$
$$a_R = (qs/ab, qs/ad), \quad b_S = q^2 s^2/abcd, \quad c_T = (q^{-n}, q^{n+1} s^2/a^2, s, qs/ac),$$
$$d_U = (q^{1/2} s/a, -q^{1/2} s/a, qs/a, -qs/a), \quad e_K = (-qs/a^2, -qs/ac), \tag{41}$$
$$\gamma = qs^2/a^2 c^2.$$

選び方 (39) から，Verma の変換公式は $_6\phi_5 = \sum _6\phi_5 \cdot _4\phi_3$ という形の変換公式となります．そして，パラメータの選び方 (40), (41) により，変換後に現れる $_6\phi_5$ 級数が $\Psi(x;a|a,-a,c,-c|q)$ に含まれるそれと同じ構造を持つように仕組まれています．

補題 4 次の恒等式が成り立つ：

$$\Psi(x;s|a,b,c,d|q) \tag{42}$$

$$= \frac{(ax;q)_\infty}{(qx/a;q)_\infty} \sum_{n\geq 0} \frac{(qs^2/a^2;q)_n}{(q;q)_n}(ax/s)^n$$

$$\times \sum_{j\geq 0} \frac{(q^{-n},q^{n+1}s^2/a^2,s,qs/ac,-qs/a^2,-qs/ac;q)_j}{(q,q^{1/2}s/a,-q^{1/2}s/a,qs/a,-qs/a,q^{j+1}s^2/a^2c^2;q)_j}(-1)^j q^{j+\binom{j}{2}}$$

$$\times {}_6\phi_5\left[\begin{array}{c}q^{-n+j},q^{n+j+1}s^2/a^2,q^js,q^{j+1}s/ac,-q^{j+1}s/a^2,-q^{j+1}s/ac\\q^{2j+2}s^2/a^2c^2,q^{1/2+j}s/a,-q^{1/2+j}s/a,q^{j+1}s/a,-q^{j+1}s/a\end{array};q,q\right]$$

$$\times {}_4\phi_3\left[\begin{array}{c}q^{-j},q^{j+1}s^2/a^2c^2,qs/ab,qs/ad\\q^2s^2/abcd,-qs/a^2,-qs/ac\end{array};q,q\right].$$

和の順序交換をするために，$n=m+j$ とおいて $\sum_{n=0}^\infty \sum_{j=0}^n = \sum_{j=0}^\infty \sum_{m=0}^\infty$ と書き換えましょう．そうすると，退化したパラメータ $(a,b,c,d) = (a,-a,c,-c)$ の場合の変換公式（定理 3）を ${}_6\phi_5$ 級数を含む部分に適用でき，$\Psi(x;s|a,b,c,d|q)$ を次のように書くことができます．

補題 5

$$\Psi(x;s|a,b,c,d|q) = \sum_{j\geq 0}\sum_{k,l\geq 0}c_e(k,l;q^js)x^{2k+2l}\frac{(qs^2/a^2;q)_j}{(q;q)_j}(ax/s)^j \tag{43}$$

$$\times \frac{(q^{-j},q^{j+1}s^2/a^2,s,qs/ac,-qs/a^2,-qs/ac;q)_j}{(q,q^{1/2}s/a,-q^{1/2}s/a,qs/a,-qs/a,q^{j+1}s^2/a^2c^2;q)_j}(-1)^j q^{j+\binom{j}{2}}$$

$$\times {}_4\phi_3\left[\begin{array}{c}q^{-j},q^{j+1}s^2/a^2c^2,qs/ab,qs/ad\\q^2s^2/abcd,-qs/a^2,-qs/ac\end{array};q,q\right].$$

他方，${}_4\phi_3$ 級数に私の大好きな Sears 変換（今回は紙数の都合で説明できなかったので [2] を参照）を施すと，少しみかけが変化して，(43) の右辺は，

$$= \sum_{j\geq 0}\sum_{k,l\geq 0}c_e(k,l;q^js)x^{2k+2l}\frac{(-d/c,qs/ab,s,qs^2/a^2c^2;q)_j}{(q,q^2s^2/abcd,q^{1/2}s/ac,-q^{1/2}s/ac;q)_j}(qx/d)^j$$

$$\times {}_4\phi_3\left[\begin{array}{c}q^{-j},-b/a,qs/cd,-q^{-j}ac/s\\-qs/ac,-q^{-j+1}c/d,q^{-j}ab/s\end{array};q,q\right],$$

となります．

補題 6 係数 $c_o(m,n;s)$ に関する二重級数は次のように書ける：

$$\sum_{m,n\geq 0} c_o(m,n;s) x^{m+n} = \sum_{l\geq 0} x^l \sum_{m=0}^{l} c_o(m, l-m; s)$$
$$= \sum_{l\geq 0} \frac{(-d/c, qs/ab, s, qs^2/a^2c^2; q)_l}{(q, q^2 s^2/abcd, q^{1/2} s/ac, -q^{1/2} s/ac; q)_l} (qx/d)^l$$
$$\times {}_4\phi_3 \left[\begin{matrix} q^{-l}, -q^{-l} ac/s, -b/a, qs/cd \\ -q^{-l+1} c/d, q^{-l} ab/s, -qs/ac \end{matrix}; q, q \right].$$

これで，恒等式

$$\Psi(x; s|a, b, c, d|q) = \Phi(x; s|a, b, c, d|q),$$

が証明されました．

気がつくと Askey-Wilson 多項式の 4 重和公式について長々と説明したところで，もう紙数が尽きてしまいました！ Macdonald 多項式についての Lassalle さんの予想式そのものを書くゆとりは残念ながらもう残されていません．フランスの古都アヌシーでおおらかに話してくれた Lassalle さんがつかまえた世界が，ここまでの行間になんとかにじみ出ていることを期待します．

話し好きな Lassalle さんならば，私の迂遠な解説を喜んでくれるものと期待して，ここで筆を置くことにします．

参考書

[1] R. Askey and J. A. Wilson, Some basic hypergeometric orthogonal polynomials that generalize Jacobi polynomials, *Memoirs Amer. Math. Soc.*, **54**, No.319, (1985)

　この論文が Askey-Wlison 多項式の嚆矢です．ぜひ読んでみて欲しいと思います．

[2] G. Gasper and M. Rahman, *Basic Hypergeometric Series*, Cambridge University Press, Cambridge (1990)

　この赤い表紙の本には，q-超幾何級数の変換・和公式がギッチリ詰め込まれています．必要に迫られて読み始めると，良いことを見つけだすことがで

きて，とても役に立ちます．

[3] A. Hoshino, M. Noumi and J. Shiraishi, Some transformation formulas associated with Askey-Wilson polynomials and Lassalle's formulas for Macdonald-Koornwinder polynomials, *Mascow Mathematical Journal*, **15** (2015), 293–318

　星野さんや野海さんと書いたこの論文では，Lassalle さんの予想の証明及び一般化と，その背後にある Askey-Wlison 多項式の 4 重和公式との関係が議論されています．

[4] I. G. Macdonald, Orthogonal polynomials associated with root systems, *Sém. Lotha. Combin.* **45** (2000), Art. B45a

　一般のルート系に対する Macdonald 多項式について知りたい方はこちらをお読みください．

[5] M. Lassalle, Some conjecture for Macdonald polynomials of type B, C, D, *Sém. Lotha. Combin.* **52** (2004), Art. B52h, 24 pp.

　ルート系が B, C および D 型の場合の Macdonald 多項式の明示的公式に関する予想が述べられています．本講の導入部で触れた，Lassalle さんの話してくれた「なかなか計算できないあるもの」について知りたい方はこれを読んでください．本講の話題に少しでも興味を持たれ，Lassalle さんの原論文を開いてみたくなった方がいれば幸いです．

第12講　数論幾何学
——p 進微分方程式とアイソクリスタル

志甫　淳

　実生活において我々が扱う数は有理数，実数や複素数であることが多いと思います．しかしながら，各素数 p に対して，有理数を含み，かつ実数とは異なる数の体系である p 進数の世界があります．つまり数の世界は一方向でなく，無限に多くの方向に広がっています．この広がりとそれらの調和は整数論において重要な役割を果たしていますので，実数，複素数の世界と同じくらいに p 進数の世界を研究することが本質的に大事です．p 進数の世界をつきつめて調べていくと，実数，複素数の世界と類似しつつも異なった数学が展開されます．この「異なった類似」，言い換えれば「類似していない類似」が p 進数の世界の魅力のひとつだと思います．この講義では，p 進数の世界での解析学である p 進微分方程式と，そのある種の大域化，高次元化であるアイソクリスタルについて述べたいと思います．この講義では p 進解析的な側面を主に述べますが，実は p 進微分方程式はガロア表現など数論幾何学の中心に現れるものと密接に関連した対象でもあります．

1　p 進数体

　素数 p をひとつ固定します．まず有理数体 $\mathbb{Q}$ から出発して p **進数体** (the field of p-adic numbers) $\mathbb{Q}_p$ を定義します．

　任意の 0 でない有理数 a は $a = p^r \dfrac{b}{c}$（r は整数，$b, c \neq 0$ は p で割り切れない整数）の形に書くことができます．この表示は一意的ではありませんが，整数 r は表示の仕方によらないことがわかります．このとき a の p **進絶対値**

(p-adic absolute value) $|a|_p$ を $|a|_p := p^{-r}$ と定めます．また $|0|_p := 0$ と定めます．すると，p 進絶対値は次の 4 つの性質を満たします．

(abs0) $|a|_p \neq 0, 1$ を満たす a が存在する．
(abs1) 常に $|a|_p \geq 0$ であり，また $|a| = 0 \iff a = 0$.
(abs2) $|ab|_p = |a|_p |b|_p$.
(abs3) $|a + b|_p \leq \max(|a|_p, |b|_p)$.

なお，p 進絶対値の代わりに通常の絶対値 $|a| := \max(a, -a)$ を考えた場合は (abs0), (abs1), (abs2) の類似は成り立ちますが，(abs3) の類似は成り立たず，(abs3) に相当する不等式は少し弱い不等式

$$(\text{abs3})' \quad |a + b| \leq |a| + |b|$$

となることに注意しましょう．(abs3) と数学的帰納法により，任意の有理数 a に対して

$$|a + \cdots + a|_p \leq |a|_p$$

が成り立つことがわかります．つまり，通常の絶対値で考えた場合では，「ちりも積もれば山となる」という諺にあるとおり，0 でない有理数を何回も何回も足していくと絶対値がいくらでも大きくなるのですが，p 進絶対値で数の大きさを測った場合は，絶対値の小さな数 a を何回足しても絶対値が小さいままだということになります．p 進絶対値の世界では「ちりが積もれどちり以下なり」というわけです．

$a, b \in \mathbb{Q}$ に対して $\mathrm{d}_p(a, b) := |a - b|_p$ と定めると，p 進絶対値の性質を用いることにより，d_p が 3 条件

(dis1) 常に $\mathrm{d}_p(a, b) \geq 0$ であり，また $\mathrm{d}_p(a, b) = 0 \iff a = b$.
(dis2) $\mathrm{d}_p(a, b) = \mathrm{d}_p(b, a)$.
(dis3) $\mathrm{d}_p(a, b) + \mathrm{d}_p(b, c) \leq \mathrm{d}_p(a, c)$.

を満たすことが言えます．つまり，d_p は $\mathbb{Q}$ 上の距離を定めます．そこで，$\mathbb{Q}_p$ を距離 d_p に関する $\mathbb{Q}$ の完備化と定義します．つまり，距離 d_p に関してコーシー列となる有理数列の全体を X とし，$(a_n)_n, (b_n)_n \in X$ に対して $\mathrm{d}_p(a_n, b_n) \to 0 \, (n \to \infty)$ となるときに $(a_n)_n \sim (b_n)_n$ と書くとき，$\sim$ は X 上の同値関係になるので，$\sim$ による商集合 $X/\sim$ のことを $\mathbb{Q}_p$ と定義します．

以下, $(a_n)_n \in X$ の定める類を $[(a_n)_n]$ と書きます. $\mathbb{Q}_p$ における加法, 乗法は $[(a_n)_n] + [(b_n)_n] := [(a_n + b_n)_n]$, $[(a_n)_n][(b_n)_n] := [(a_n b_n)_n]$ と定めると well-defined であることがわかり, これにより $\mathbb{Q}_p$ が体となることがわかります. そこで $\mathbb{Q}_p$ を p 進数体と呼び, $\mathbb{Q}_p$ に属する元を p **進数** (p-adic number) と呼びます. $a \in \mathbb{Q}$ は定数列の類 $[(a, a, ...)]$ とみなすことにより $\mathbb{Q}_p$ の元とみなせ, これにより $\mathbb{Q} \subseteq \mathbb{Q}_p$ となります. p 進数 $a := [(a_n)_n]$ に対してもその p 進絶対値 $|a|_p$ が $|a|_p = \lim_{n \to \infty} |a_n|_p$ により定まり, これは性質 (abs0), (abs1), (abs2), (abs3) を満たします. そして p 進絶対値から定まる距離 d_p に関して $\mathbb{Q}_p$ は完備な距離空間となります. $[(a_n)_n] \in \mathbb{Q}_p$ は有理数列 $(a_n)_n$ の $\mathbb{Q}_p$ における極限となりますので, 以下 $\lim_{n \to \infty} a_n$ とも書くことにします.

ここまでの構成を見て気づいた人も多いと思いますが, p 進絶対値 $|\ |_p$ の代わりに通常の絶対値 $|\ |$ を用いて同様の構成をすると実数体 $\mathbb{R}$ が得られます. では他の絶対値から始めたらさらに別の体ができるのではないかと思うかもしれませんが, 実はそうはいきません：次の定理が**オストロフスキーの定理** (Ostrowski's theorem) として知られています.

定理 1 関数 $\|\ \| : \mathbb{Q} \to \mathbb{R}$ が次の 4 条件を満たすとする.
(abs0) $\|a\| \neq 0, 1$ を満たす a が存在する.
(abs1) 常に $\|a\| \geq 0$ であり, また $\|a\| = 0 \iff a = 0$.
(abs2) $\|ab\| = \|a\| \|b\|$.
(abs3)′ $\|a + b\| \leq \|a\| + \|b\|$.
このとき $\|\ \| = |\ |^r \, (0 < r \leq 1)$, $\|\ \| = |\ |_p^r \, (r > 0)$ のいずれかが成り立つ.

定理の中の r 乗の違いは完備化の構成に影響を与えませんので, 結局, 絶対値から定まる距離に関して完備化することによって $\mathbb{Q}$ から得られるのは, 実数体 $\mathbb{R}$ と各素数 p に対する p 進数体 $\mathbb{Q}_p$ だけであることがわかります.

実数 a が 10 進表示 $a = \sum_{i \in \mathbb{Z}} a_i 10^{-i}$ $(0 \leq a_i \leq 9, i \ll 0$ のとき $a_i = 0)$ によって表せるように, p 進数も級数による表示を持ちます.

$$S := \{(a_i)_{i \in \mathbb{Z}} \in \mathbb{N}^{\mathbb{Z}} \, | \, 0 \leq a_i \leq p-1, i \ll 0 \text{ のとき } a_i = 0\}$$

とおきます. すると $(a_i)_{i \in \mathbb{Z}} \in S$ に対して有理数列 $(\sum_{i \leq n} a_i p^i)_n$ は距離 d_p に関するコーシー列となりますので, その極限 $\sum_{i \in \mathbb{Z}} a_i p^i := \lim_{n \to \infty} \sum_{i \leq n} a_i p^i$

が $\mathbb{Q}_p$ の元として定まります．逆に $a = [(a_n)_n] \in \mathbb{Q}_p$ を任意にとるとき，$(a_n)_n$ の適当な部分列を改めて $(a_n)_n$ とすることにより任意の $m \geq n$ に対して $|a_n - a_m|_p \leq p^{-n}$ が成り立つようにできます．すると $|b_n - a_n|_p \leq p^{-n}$ となる b_n で $b_n = \sum_{i \leq n} c_{n,i} p^i$ ($0 \leq c_{n,i} \leq p-1$, $i \ll 0$ のとき $c_{n,i} = 0$) を満たすものが一意的にとれ，さらに一意性より各 i に対して $n \geq i$ のとき定まる $c_{n,i}$ が n に依存しないことがわかります．それを c_i と書くと，$(c_i)_{i \in \mathbb{Z}} \in S$ で，$a = \sum_{i \in \mathbb{Z}} c_i p^i$ となることが言えます．そして以上の対応により S の元と $\mathbb{Q}_p$ の元が1対1に対応し，したがって任意の $a \in \mathbb{Q}_p$ が $\sum_{i \in \mathbb{Z}} a_i p^i$ ($(a_i)_{i \in \mathbb{Z}} \in S$) の形の級数表示を一意的に持つことがわかります．この級数は p の負冪の方向には有限で止まっており，p の正冪の方向には無限に続いているということに注意してください．級数表示を用いると，p 進数 $a = \sum_{i \in \mathbb{Z}} a_i p^i$ ($(a_i)_{i \in \mathbb{Z}} \in S$) の p 進絶対値は $|a|_p = p^{-\min\{i \mid a_i \neq 0\}}$ と書けます．

$\mathbb{Q}_p$ の部分集合 $\mathbb{Z}_p$ を $\mathbb{Z}_p := \{a \in \mathbb{Q}_p \mid |a|_p \leq 1\}$ と定義します．このとき，p 進絶対値の性質により，$\mathbb{Z}_p$ が $\mathbb{Q}_p$ の部分環であることがわかります．$\mathbb{Z}_p$ を **p 進整数環** (the ring of p-adic integers) といい，$\mathbb{Z}_p$ の元を **p 進整数** (p-adic integer) といいます．$\mathbb{Z}_p$ の元は p の非負冪のみからなる級数表示 $a = \sum_{i \in \mathbb{N}} a_i p^i$ ($a_i \in \mathbb{N}, 0 \leq a_i \leq p-1$) を持ちます．また，$p$ **元体** $\mathbb{F}_p = \{\overline{0}, \overline{1}, ..., \overline{p-1}\}$ を考えると，$a = \sum_{i \in \mathbb{N}} a_i p^i \in \mathbb{Z}_p$ を $\overline{a_0}$ に移すことにより環の全射**準同型写像** $\mathbb{Z}_p \to \mathbb{F}_p$ が得られます．この写像による $a \in \mathbb{Z}_p$ の像を a の**法 p 還元** (mod p reduction) といいます．逆に，この写像により $\overline{a} \in \mathbb{F}_p$ に移る $\mathbb{Z}_p$ の元たちのことを $\overline{a}$ の**標数** 0 への持ち上げといいます．($\mathbb{Q}_p$ は $\mathbb{Q}$ を含む体なのでその標数は 0 であることに注意してください．) 以上の議論により，図式

$$(*) \quad \mathbb{Q}_p \xleftarrow{\supset} \mathbb{Z}_p \longrightarrow \mathbb{F}_p$$

が得られたことになります．この図式は標数 0 である p 進数体の世界と標数 p である p 元体の世界をつなぐ基本的な図式です．

p 進数体 $\mathbb{Q}_p$ の**代数閉包** $\overline{\mathbb{Q}}_p$ の元 a に対してその p 進絶対値を $|a|_p := |N_{\mathbb{Q}_p(a)/\mathbb{Q}_p}(a)|_p^{\frac{1}{[\mathbb{Q}_p(a):\mathbb{Q}_p]}}$ ($N_{\mathbb{Q}_p(a)/\mathbb{Q}_p}$ は**ノルム**，$[\mathbb{Q}_p(a) : \mathbb{Q}_p]$ は体の**拡大次数**) と定めることにより，p 進絶対値 $|\ |_p$ を $\overline{\mathbb{Q}}_p$ の元に対しても定義できることが知られています．

問題 1 $\dfrac{1}{2}$ および $\dfrac{1}{5}$ の 3 進数体 $\mathbb{Q}_3$ における級数表示を求めよ．

2　p 進微分方程式

この節では，p 進数の世界での斉次形連立 1 階常微分方程式を考えます．その前に複素数の世界で復習しましょう．斉次形連立 1 階常微分方程式とは，正則関数 $a_{ij}(x)\,(1 \leq i,j \leq n)$ が与えられたときの，未知関数 $f_1(x),...,f_n(x)$ に対する

$$\begin{pmatrix} f_1'(x) \\ f_2'(x) \\ \vdots \\ f_n'(x) \end{pmatrix} = \begin{pmatrix} a_{11}(x) & \cdots & a_{1n}(x) \\ a_{21}(x) & \cdots & a_{2n}(x) \\ \vdots & & \vdots \\ a_{n1}(x) & \cdots & a_{nn}(x) \end{pmatrix} \begin{pmatrix} f_1(x) \\ f_2(x) \\ \vdots \\ f_n(x) \end{pmatrix}$$

という形の方程式でした．以下では，ベクトルと行列を使って，上の微分方程式を $\mathbf{f}'(x) = A(x)\mathbf{f}(x)$ と書くことにします．また，$n = 1$ のとき（斉次形の連立ではない 1 階常微分方程式の場合）は $f'(x) = a(x)f(x)$ と書くことにします．$D = \{x \in \mathbb{C}\,|\,|x| < 1\}$ 上定義された微分方程式 $\mathbf{f}'(x) = A(x)\mathbf{f}(x)$ は，D 上の $\mathbb{C}^n$ 値正則関数となる 1 次独立な n 個の解を持ちます．

では p 進数の世界で微分方程式を，まずは p 進数の世界における $D = \{x \in \mathbb{C}\,|\,|x| < 1\}$ の類似である $D_p = \{x \in \overline{\mathbb{Q}}_p\,|\,|x|_p < 1\}$ 上で考えましょう．D_p は半径 1 の p 進開円板 (p-adic open disc) と呼ばれています．「D_p 上の関数」としては

$$f(x) = f_0 + f_1 x + f_2 x^2 + \cdots + f_n x^n + \cdots \quad (f_i \in \mathbb{Q}_p)$$

という冪級数で，任意の $0 \leq \rho < 1$ に対して $|f_n|_p \rho^n \to 0\,(n \to \infty)$ を満たすものを考えます．この意味での D_p 上の関数全体のなす集合を $\mathcal{A}$ とおきます．$\mathcal{A}$ に属する関数

$$f(x) = f_0 + f_1 x + f_2 x^2 + \cdots + f_n x^n + \cdots$$

に対してその微分 $f'(x)$ を

$$f'(x) := f_1 + 2f_2 x + \cdots + nf_n x^{n-1} + \cdots$$

と定めます．任意の $0 \leq \rho < 1$ に対して

$$|nf_n|_p \rho^{n-1} \leq (|f_n|_p \rho^n)\rho^{-1} \to 0 \quad (n \to \infty)$$

ですので，微分 $f'(x)$ も D_p 上の関数となっています．

最初に，簡単な微分方程式 $f'(x) = f(x)$ を考えましょう．解を

$$f(x) = f_0 + f_1 x + f_2 x^2 + \cdots + f_n x^n + \cdots$$

と形式的におきます．微分方程式の両辺の x^{n-1} の係数を比べることにより $nf_n = f_{n-1}$ $(n \geq 1)$ を得ます．$c := f_0$ とおくと $f_n = \dfrac{c}{n!}$ となりますので，

$$f(x) = c\left(1 + x + \frac{x^2}{2!} + \cdots + \frac{x^n}{n!} + \cdots\right) =: ce^x \quad (\text{指数関数})$$

が解となるのではないか，と思われます．でも $ce^x \in \mathcal{A}$ となるのでしょうか？

指数関数 e^x の係数として現れる $\dfrac{1}{n!}$ の p 進絶対値 $\left|\dfrac{1}{n!}\right|_p$ を計算します．$n!$ が p でちょうど s 回割り切れるとすると $\left|\dfrac{1}{n!}\right|_p = p^s$ ですので，s を求めます．$n = \sum_{i=0}^{m} a_i p^i$ $(0 \leq a_i \leq p-1)$ と書くと

$$s = \left[\frac{n}{p}\right] + \left[\frac{n}{p^2}\right] + \cdots + \left[\frac{n}{p^m}\right], \quad \left[\frac{n}{p^i}\right] = a_i + a_{i+1}p + \cdots + a_m p^{m-i}$$

です．よって

$$s = (a_1 + a_2 p + \cdots + a_m p^{m-1}) + (a_2 + a_3 p + \cdots + a_m p^{m-2})$$
$$+ \cdots + (a_{m-1} + a_m p) + a_m$$
$$= a_1 + a_2(p+1) + a_3(p^2 + p + 1) + \cdots + a_m(p^{m-1} + \cdots + 1)$$
$$= \sum_{i=0}^{m} a_i \frac{p^i - 1}{p - 1} = \frac{n - \sum_{i=0}^{m} a_i}{p - 1}$$

と計算され，したがって $\left|\dfrac{1}{n!}\right|_p = p^{\frac{n - \sum_{i=0}^{m} a_i}{p-1}} = p^{\frac{n}{p-1} - O(\log n)}$ $(n \to \infty)$ となります．

この結果より，$p^{-\frac{1}{p-1}} < \rho < 1$ のとき

$$\left|\frac{1}{n!}\right|_p \rho^n = (p^{\frac{1}{p-1}} \rho)^n p^{-O(\log n)} \to \infty \quad (n \to \infty)$$

です．したがって $c \neq 0$ のとき ce^x は $\mathcal{A}$ に属さず，よって D_p 上の微分方程式 $f'(x) = f(x)$ は 0 でない解を持たないことになります．つまり，p 進数の世界では指数関数 e^x は充分な収束性を持たない関数であり，微分方程式 $f'(x) = f(x)$ はあまりよくない方程式であるということになります．

どのような D_p 上の微分方程式 $\mathbf{f}'(x) = A(x)\mathbf{f}(x)$ が n 個の 1 次独立な解を持つのか，について考えます．実数 $0 \leq \rho < 1$ に対し，$\mathcal{A}$ の元

$$f(x) = f_0 + f_1 x + f_2 x^2 + \cdots + f_n x^n + \cdots$$

の ρ-ガウスノルム (ρ-Gausss norm) $\|f(x)\|_\rho$ を $\|f(x)\|_\rho := \sup_n(|f_n|_p \rho^n)$ と定義します．定義より，$f(x) \in \mathcal{A}$, $0 \leq \rho \leq \rho' < 1$ のとき $\|f(x)\|_\rho \leq \|f(x)\|_{\rho'}$ となります．$\mathcal{A}$ の元を成分とする行列 $A(x)$ に対してはその ρ-ガウスノルム $\|A(x)\|_\rho$ を成分の ρ-ガウスノルムたちの最大値として定義します．D_p 上の微分方程式 $\mathbf{f}'(x) = A(x)\mathbf{f}(x)$ が与えられたとき，$\mathcal{A}$ の元を成分とする行列 $A_n(x)$ を

$$A_0(x) := I_n \ (n \text{ 次単位行列}), \quad A_{n+1}(x) := A'_n(x) - A(x)A_n(x)$$

により定め，$0 \leq \rho < 1$ に対して $R(\rho)$ を

$$R(\rho) := \min(\rho, \varliminf_{n \to \infty} \|A_n(x)/n!\|_\rho^{-1/n})$$

と定めます．そして，$\lim_{\rho \to 1} R(\rho) = 1$ となっているとき，微分方程式 $f'(x) = a(x)f(x)$ は**可解** (solvable) である，といいます．このとき，**ドウォルクの移送定理** (Dwork's transfer theorem) と呼ばれる次の定理が成り立ちます．

定理 2 D_p 上の微分方程式 $\mathbf{f}'(x) = A(x)\mathbf{f}(x)$ が可解ならば，これは $\mathcal{A}^n$ に属する n 個の 1 次独立な解を持つ．

証明の概略は次の通りです．$F(x) = \sum_{n=0}^\infty \dfrac{A_n(x)(-x)^n}{n!}$ とおくと $F(0) = I_n$ で，また

$$F'(x) - A(x)F(x) = -\sum_{n=1}^\infty \frac{A_n(x)(-x)^{n-1}}{(n-1)!} + \sum_{n=0}^\infty \frac{(A'_n(x) - A(x)A_n(x))(-x)^n}{n!}$$

$$= -\sum_{n=1}^\infty \frac{A_n(x)(-x)^{n-1}}{(n-1)!} + \sum_{n=0}^\infty \frac{A_{n+1}(x)(-x)^n}{n!} = O$$

を満たします．よって，$F(x)$ の各成分が $\mathcal{A}$ に属することを示せばよいことになりますが，$0 \leq \rho < 1$ を任意にとり，$R(\rho') > \rho$ となる $\rho' > \rho$ をとったときに

$$\left\| \frac{A_n(x)(-x)^n}{n!} \right\|_\rho = \left\| \frac{A_n(x)}{n!} \right\|_\rho \rho^n \leq \left\| \frac{A_n(x)}{n!} \right\|_{\rho'} \rho^n \to 0 \ (n \to \infty)$$

となることから，それが示されます．

注 1 $R(\rho)$ は微分方程式の半径 ρ での**生成収束半径** (generic radius of convergence) と呼ばれています．これは，以下に説明する意味で名前の通り「絶対値 ρ の一般の点のまわりでの局所解の収束半径」を表わしています．

Ω を $\mathbb{Q}_p$ を含む体で，さらに $|\ |_p$ を延長する Ω 上の絶対値 $|\ |_\Omega$ が与えられ，この絶対値が定める距離に関して完備であると仮定します．また，Ω の元 a_ρ が $|a_\rho|_\Omega = \rho$ を満たし，かつ，任意の $\mathbb{Q}_p$ 上代数的な Ω の元 a に対して $|a_\rho - a|_\Omega = \rho$ が成り立つと仮定します．（直観的には，a_ρ は $\mathbb{Q}_p$ の元とまったく独立した元という感じです．）このとき，単射 $\mathcal{A} \hookrightarrow \Omega[[x - a_\rho]]$ が $f \mapsto \sum_{n \in \mathbb{N}} f^{(n)}(a_\rho)(x - a_\rho)^n/n!$ により定義されます．これは $\mathcal{A}$ に属する関数を $x = a_\rho$ のまわりでテイラー展開することに相当します．さて，$\Omega[[x - a_\rho]]$ においては微分方程式の 1 次独立な n 個の解がいつも存在しますが，その収束半径（のうち最小のもの）と ρ の小さい方が $R(\rho)$ と一致しています．

ドゥオルクの移送定理は，原点のまわりでの解の収束半径が，絶対値 ρ の一般の点のまわりでの局所解の収束半径以上であることを主張したもので，この中心の点の移動が「移送」なる言葉の意味合いであるようです．

例 1 $a \in \mathbb{Q}_p$ とします．D_p 上の微分方程式 $f'(x) = af(x)$ に対して $a_0(x) := 1, a_{n+1}(x) := a'_n(x) - aa_n(x)$ とおくと $a_n(x) = (-a)^n$ となります．

$$\left\| \frac{(-a)^n}{n!} \right\|_\rho r^n \to 0 \ (n \to \infty) \iff r < p^{-\frac{1}{p-1}} |a|_p^{-1}$$

なので $R(\rho) = \min(p^{-\frac{1}{p-1}} |a|_p^{-1}, \rho)$ です．したがって $f'(x) = af(x)$ が可解であることと $|a|_p \leq p^{-\frac{1}{p-1}}$ であることは同値です．これが成り立っているとき，$e^{ax} \in \mathcal{A}$ となりますので $f'(x) = af(x)$ は 0 でない解を持ちます．

$D_p = \{x \in \overline{\mathbb{Q}}_p \,|\, |x|_p < 1\}$ 以外の簡単な領域でも微分方程式を考えましょ

う. $0 \leq r < 1$ に対して $D_{p,r} := \{x \in \overline{\mathbb{Q}}_p \mid r \leq |x|_p < 1\}$ とおきます．これは半径 $[r, 1)$ の p **進穴あき円板** (p-adic annulus) と呼ばれます．「$D_{p,r}$ 上の関数」としては，両側に続く冪級数

$$f(x) = \cdots + f_{-n}x^{-n} + \cdots + f_0 + f_1 x + f_2 x^2 + \cdots + f_n x^n + \cdots \quad (f_i \in \mathbb{Q}_p)$$

で，任意の $r \leq \rho < 1$ に対して $|f_n|_p \rho^n \to 0 \, (n \to \pm\infty)$ を満たすものを考えます．$D_{p,r}$ 上の関数全体のなす集合を $\mathcal{A}_r$ とおき，$\mathcal{R} := \bigcup_{r<1} \mathcal{A}_r$ とおきます．$\mathcal{R}$ は**ロバ環** (Robba ring) と呼ばれています．成分が $\mathcal{R}$ に属する n 次正方行列 $A(x)$ をとり，微分方程式 $\mathbf{f}'(x) = A(x)\mathbf{f}(x)$ を考えます．

$\mathcal{R}$ の元

$$f(x) = \cdots + f_{-n}x^{-n} + \cdots + f_0 + f_1 x + f_2 x^2 + \cdots + f_n x^n + \cdots$$

の ρ-ガウスノルム $\|f(x)\|_\rho := \max_n(|f_n|_p \rho^n)$ は ρ が充分 1 に近いときには定義されます．$\mathcal{R}$ の元を成分とする行列に対しても同様です．したがって，成分が $\mathcal{R}$ に属する n 次正方行列 $A(x)$ に対して微分方程式 $\mathbf{f}'(x) = A(x)\mathbf{f}(x)$ が与えられたとき，その半径 ρ での生成収束半径 $R(\rho)$ が，ρ が充分 1 に近いときにはさきほどと同じ方法により定義されます．そして，$\lim_{\rho \to 1} R(\rho) = 1$ となっているとき，上の微分方程式は可解であるといいます．

ロバ環 $\mathcal{R}$ 上で考えているときには，可解な微分方程式であっても $\mathcal{R}^n$ 内に n 個の 1 次独立な解を持つとは限りません．どのような微分方程式があるのかを考えるため，まず，微分方程式の解けなさを表す量を定義します．次の定理がクリストルとドウォルクにより知られています．

定理 3 微分方程式が可解ならば，ある 0 以上の有理数 b で，ρ が充分 1 に近いときに $R(\rho) = \rho^{b+1}$ を満たすものがある．

上の定理における有理数 b のことを微分方程式 $\mathbf{f}'(x) = A(x)\mathbf{f}(x)$ の**微分スロープ** (differential slope) といいます．これが微分方程式の解けなさを表す量で，大きいほど解けなさの強い方程式であると言えます．

次に，ロバ環 $\mathcal{R}$ を適当に拡大することにより微分方程式が解けるかを考えます．これについては，まずクリストルとメブクが次の p **進フックス定理** (p-adic Fuchs theorem) を証明しました．

定理 4　微分スロープが 0 の微分方程式 $\mathbf{f}'(x) = A(x)\mathbf{f}(x)$ は，さらにある技術的仮定の下で，適当な変換をすると $f'(x) = ax^{-1}f(x)\,(a \in \mathbb{Z}_p)$ の形の微分方程式の積み重ねで書ける．

系 1　微分スロープが 0 の微分方程式 $\mathbf{f}'(x) = A(x)\mathbf{f}(x)$ の解は，ある技術的仮定の下で，$\mathcal{R}$ に属する関数，$\log x,\,x^a\,(a \in \mathbb{Z}_p)$ を用いて書ける．

さらに次の p **進局所モノドロミー定理** (p-adic local monodromy theorem) がアンドレ，メブク，ケドラヤにより独立に証明されました．（下記ではケドラヤにより最近証明された，より強い主張を書いています．）

定理 5　可解な微分方程式 $\mathbf{f}'(x) = A(x)\mathbf{f}(x)$ は，適当なロバ環の拡大 $\mathcal{R} \subseteq \mathcal{R}'$ をとって考えると，微分スロープを 0 にできる．したがって，ある技術的仮定の下で，解は $\mathcal{R}'$ に属する関数と，拡大したロバ環 $\mathcal{R}'$ における $\log x,\,x^a\,(a \in \mathbb{Z}_p)$ を用いて書ける．

なぜ，このようにロバ環 $\mathcal{R}$ 上で微分方程式が研究され，上記の定理が得られたのでしょうか？　ここでは，不思議な類似関係について述べたいと思います．
 (1) 複素数の世界での微分方程式の理論
 (2) p 進数の世界での微分方程式の理論
 (3) **ガロア群の表現の理論**
の間には（指数関数の性質で見たように）いろいろな違いがありますが，一方で，驚くほど類似した定理が成り立つことがあります．実はこの節で挙げた定理は複素数の世界における形式的穴あき円板上の微分方程式の理論や p **進体のガロア群の l 進表現**（l は p と異なる素数）の理論における定理の p 進微分方程式論における類似と考えられる定理なのです．このような不思議な類似関係は p 進数の世界における数学を発展させるひとつの源泉となっていると思います．

問題 2　$a \in \mathbb{Q}_p$ とし，微分方程式 $f'(x) = ax^{-1}f(x)$ を考える．
(1) $0 < \rho < 1$ とする．この微分方程式に対する $R(\rho)$ を求めよ．
(2) この微分方程式が可解であるための a についての必要充分条件を求めよ．
(3) (2) の条件が成り立つときの，この微分方程式の微分スロープを求めよ．

(4) この微分方程式が $\mathcal{R}$ 内に 0 でない解を持つための a についての必要充分条件を求めよ.

問題 3 $a(x) = \sum_{n \in \mathbb{Z}} a_n x^n \in \mathcal{R}$ とする.
(1) 任意の $n \geq -1$ に対して $a_n = 0$ ならば, ある正の整数 N に対して微分方程式 $f'(x) = Na(x)f(x)$ は $\mathcal{R}$ 内に 0 でない解を持つことを示せ.
(2) $a_+(x) := \sum_{n \geq 0} a_n x^n$ とおく. 微分方程式 $f'(x) = a_+(x)f(x)$ が可解で $a_{-1} \in \mathbb{Q}$ ならば, ある正の整数 N に対して微分方程式 $f'(x) = Na(x)f(x)$ は $\mathcal{R}$ 内に 0 でない解を持つことを示せ.

3 アイソクリスタル

　前節では p 進円板や p 進穴あき円板上の p 進微分方程式を考察しました. これはドウォルク, ロバ, クリストル, メブク, ケドラヤ等による結果で, 議論は p 進解析的なものです. 一方で, p 進微分方程式はその発展の初期から数論幾何学とのつながりも持っています. それはドウォルクが標数 p の**有限体上の代数多様体のゼータ関数の有理性**（**ヴェイユ予想** (Weil conjecture) の一部）を証明する際に p 進微分方程式を用いたことに始まるものです.

　ヴェイユ予想は最終的にはグロタンディークの構成した**エタールコホモロジー** (étale cohomology) の理論を基にした手法でドゥリーニュにより解決されました. しかしながら, その手法は代数多様体の標数である p とは異なる素数 l をとって l 進数の世界の対象である l 進エタールコホモロジーを使うものであり, p 進微分方程式を使わないものでした. p 進エタールコホモロジーの概念も定義できますが, その振る舞いが通常のコホモロジー理論とは異なるものになってしまうので, ヴェイユ予想の証明には使えないのです.

　序文でも述べましたように, すべての素数 p に対して p 進数の世界があり, それらの調和が整数論において重要です. したがって, 通常のコホモロジー理論と同様に振る舞う p 進コホモロジー理論が存在するべきであると考えるのが自然なことです. グロタンディークはそのような p 進コホモロジー理論の構成も構想しており, それがベルテロにより実行され, **クリスタリンコホモロジー** (crystalline cohomology) が定義されました. ベルテロはさらにその

拡張として**リジッドコホモロジー** (rigid cohomology) を定義しました．この
リジッドコホモロジーの係数として自然に現れるのが**収束アイソクリスタル**
(convergent isocrystal)，**過収束アイソクリスタル** (overconvergent isocrystal)
といったアイソクリスタルたちです．これらは前節の p 進微分方程式の概念
をある意味で大域化，高次元化したもので，収束アイソクリスタルは有限体
上の閉じた代数多様体の上のよい p 進微分方程式，過収束アイソクリスタル
は有限体上の閉じているとは限らない代数多様体上のよい p 進微分方程式の
概念となっています．また，現在ではリジッドコホモロジーを用いた，p 進
微分方程式論的なヴェイユ予想の証明も知られています．

前節で述べた p 進フックス定理の過収束アイソクリスタルに対する類似は
ケドラヤおよび筆者により証明されました．これは複素数体上の代数多様体
上ではドゥリーニュが証明した定理です．また，p 進局所モノドロミー定理
の過収束アイソクリスタルに対する類似は，過収束アイソクリスタルが**フロ
ベニウス構造** (Frobenius structure) というさらなる構造を持つ場合に筆者が
予想したものがケドラヤにより証明されました．現在では**過収束 F アイソク
リスタルの半安定還元定理** (semistable reduction theorem for overconvergent
F-isocrystals) と呼ばれています．フロベニウス構造を持たない場合はまだ知
られていません．複素数体上の代数多様体上の場合はサバーにより予想され，
望月拓郎とケドラヤにより証明された定理です．

アイソクリスタルの「アイソ」とは p 倍写像が可逆となる $\mathbb{Q}_p$ 線型なものを
考えるという意味合いです．では「クリスタル」とは何でしょうか？　前節
の p 進微分方程式たちは p 進（穴あき）円板という**リジッド解析空間** (rigid
analytic space)（$\mathbb{Q}_p$ 上の解析空間）上に定義されているのですが，上に挙げ
たアイソクリスタルたちは，局所的には $\mathbb{F}_p$ 上の代数多様体を $\mathbb{Z}_p$ に持ち上げ，
$\mathbb{Q}_p$ 上に移してできるリジッド解析空間上に定義されています（第 1 節の図式
(∗) 参照）．ところがそれがうまく貼りあわさった結果，実は $\mathbb{F}_p$ 上の代数多
様体の上で定義されていることになっているのです．リジッド解析空間たち
が大域的に矛盾なく貼りあわさるとは限らず，また 2 通り以上の異なる貼り
あわせかたがあるかもしれないのに，アイソクリスタルたちの貼りあわせを
自然に考えることができるのです．この不思議な貼りあわせ性質が「クリス
タル」の概念の本質です．「クリスタル」とは「結晶」のことですが，それは

標数 p の代数多様体を幾何学的に標数 0 のものへと持ち上げたものであるリジッド解析空間の貼りあわせのうまくいかなさにもかかわらず，標数 0 の方向へと固く成長しているという性質から命名されたものです．

収束アイソクリスタル，過収束アイソクリスタルの定義を一般に与えるのは難しいので，ここでは $\mathbb{F}_p$ 上の**アフィン直線** (affine line) 上のときに限って定義を与え，クリスタルの貼りあわせ性質の一端を示す命題を紹介したいと思います．

まず p **進閉円板** (p-adic closed disc) $\overline{D}_p := \{x \in \overline{\mathbb{Q}}_p \,|\, |x|_p \leq 1\}$ を考えます．$\overline{D}_p$ 上の関数は

$$f(x) = f_0 + f_1 x + f_2 x^2 + \cdots + f_n x^n + \cdots \quad (f_i \in \mathbb{Q}_p)$$

という冪級数で $|f_n|_p \to 0 \, (n \to \infty)$ を満たすものです．$\overline{D}_p$ 上の関数全体の集合を $\overline{\mathcal{A}}$ とおきます．$\overline{\mathcal{A}}$ の元 $f(x)$ に対しては，$0 \leq \rho \leq 1$ に対して ρ-ガウスノルム $\|f\|_\rho$ を考えることができます．また，$\overline{D}_p$ 上の微分方程式 $\mathbf{f}'(x) = A(x)\mathbf{f}(x)$ が与えられたとき，$0 \leq \rho \leq 1$ に対して半径 ρ での生成収束半径 $R(\rho)$ を定義することができます．$\mathbb{F}_p$ 上のアフィン直線上の収束アイソクリスタルとは $R(1) = 1$ を満たす $\overline{D}_p$ 上の微分方程式 $\mathbf{f}'(x) = A(x)\mathbf{f}(x)$ のことです．

実は $R(\rho)$ は ρ の関数として連続になっています．したがって $\lim_{\rho \to 1} R(\rho) = R(1)$ なので，「$R(1) = 1$」という条件は，微分方程式 $\mathbf{f}'(x) = A(x)\mathbf{f}(x)$ の D_p への制限が可解であることと同値です．

なお，p 進開円板 $D_p = \{x \in \overline{\mathbb{Q}}_p \,|\, |x|_p < 1\}$ と p 進閉円板 $\overline{D}_p = \{x \in \overline{\mathbb{Q}}_p \,|\, |x|_p \leq 1\}$ は定義における不等号が等号になっただけであまり変わらないのではないかと思うかもしれませんが，そうではありません．例えば p で割り切れない $\mathbb{Z}_p$ の元はすべて $\overline{D}_p \setminus D_p$ に属するので，実は $\overline{D}_p$ は D_p よりもかなり大きいと言えるのです．

次に $r > 1$ に対して $\overline{D}_{p,r} := \{x \in \overline{\mathbb{Q}}_p \,|\, |x|_p \leq r\}$ とおき，$\overline{D}_{p,r}$ 上の関数を

$$f(x) = f_0 + f_1 x + f_2 x^2 + \cdots + f_n x^n + \cdots \quad (f_i \in \mathbb{Q}_p)$$

という冪級数で $|f_n|_p r^n \to 0 \, (n \to \infty)$ を満たすものとして定義します．$\overline{D}_{p,r}$ 上の関数全体の集合を $\overline{\mathcal{A}}_r$ とおき，$\overline{\mathcal{A}}^\dagger := \bigcup_{r > 1} \overline{\mathcal{A}}_r$ とおきます．$\mathbb{F}_p$ 上のアフィン直線上の過収束アイソクリスタルとは成分が $\overline{\mathcal{A}}^\dagger$ に属する行列 $A(x)$ を用い

てできる微分方程式 $\mathbf{f}'(x) = A(x)\mathbf{f}(x)$ で，$R(1) = 1$ を満たすもののことです．

クリスタルの貼りあわせ性質の一端を示す命題を述べるため，微分方程式の座標変換と変数変換について説明します．以下，A は $\overline{\mathcal{A}}, \overline{\mathcal{A}}^\dagger$ のいずれかとします．$X(x)$ を A の元を成分とする n 次可逆行列とします．このとき，$\mathbf{f}(x)$ が微分方程式 $\mathbf{f}'(x) = A(x)\mathbf{f}(x)$（$A(x)$ は A の元を成分とする n 次正方行列）の解ならば，

$$(X(x)\mathbf{f}(x))' = X'(x)\mathbf{f}(x) + X(x)\mathbf{f}'(x) = (X'(x) + X(x)A(x))\mathbf{f}(x)$$
$$= (X'(x)X(x)^{-1} + X(x)A(x)X(x)^{-1})(X(x)\mathbf{f}(x))$$

となります．したがって，$B(x)$ が A の元を成分とする n 次正方行列で

$$X'(x) = B(x)X(x) - X(x)A(x)$$

を満たすとき，$\mathbf{f}'(x) = A(x)\mathbf{f}(x)$ と $\mathbf{f}'(x) = B(x)\mathbf{f}(x)$ は同値になります．（前者の解の $X(x)$ 倍が後者の解です．）よってこの 2 つの微分方程式は同型なものと言えます．これが座標変換です．

一方，$\varphi : \mathsf{A} \to \mathsf{A}$ を $f(x) \mapsto f(\varphi(x))$ ($\varphi(x) \in \mathsf{A}, \|\varphi(x) - x\|_1 < 1$) の形で定義される同型とします．$A(x)$ を A の元を成分とする n 次正方行列とするとき，微分方程式 $\mathbf{f}'(x) = A(x)\mathbf{f}(x)$ の解 $\mathbf{f}(x)$ は $(\mathbf{f} \circ \varphi)'(x) = \varphi'(x)A(\varphi(x))(\mathbf{f} \circ \varphi)(x)$ を満たします．したがって，微分方程式 $\mathbf{f}'(x) = A(x)\mathbf{f}(x)$ は φ により微分方程式 $\mathbf{f}'(x) = \varphi'(x)A(\varphi(x))\mathbf{f}(x)$ に引き戻されます．これが変数変換です．

以上の準備の下で，次の命題が成り立ちます．これがクリスタルの貼りあわせ性質の一端です．

命題 1 A を $\overline{\mathcal{A}}, \overline{\mathcal{A}}^\dagger$ のいずれかとし，$\varphi_i : \mathsf{A} \to \mathsf{A}$ ($i = 1, 2$) を上の φ と同様の条件を満たす同型とする．このとき，A の元を成分とする行列 $A(x)$ を用いて定義される，$R(1) = 1$ を満たす微分方程式 $\mathbf{f}'(x) = A(x)\mathbf{f}(x)$（つまりアフィン直線上の（過）収束アイソクリスタル）の φ_1, φ_2 による引き戻し

$$\mathbf{f}'(x) = \varphi_1'(x)A(\varphi_1(x))\mathbf{f}(x), \quad \mathbf{f}'(x) = \varphi_2'(x)A(\varphi_2(x))\mathbf{f}(x)$$

は，元の微分方程式から自然に定まる座標変換により同型となる．

座標変換の行列 $X(x)$ は

$$X(x) = \sum_{n=0}^{\infty} \frac{A_n(\varphi_2(x))}{n!}(\varphi_1(x) - \varphi_2(x))^n$$

によって与えられます．

　上の命題は，局所的に定義された（過）収束アイソクリスタルのある条件を満たす 2 通りの引き戻しが自然に同型であることを示唆しており，これ（の一般化）を利用することにより，有限体上の一般の代数多様体上に大域的に（過）収束アイソクリスタルの概念を定義することができます．（過）収束アイソクリスタルは複素多様体上の**局所系** (local system)，標数 0 の体上の代数多様体上の**可積分接続付加群** (module with integrable connection)，標数が l でない体上の代数多様体上の**スムース l 進層** (smooth l-adic sheaf) の概念の p 進数世界における類似であり，前節最後に述べたような不思議な類似関係に基づいて様々な予想がたてられ，定理が証明されてきています．

用語集

代数学

- **体**：可換環で，その零元以外の集合が乗法に関して可逆な元全体の集合と一致するようなもののこと．
- **環**：可換群で，さらに結合則，交換則，単位元の存在を満たす乗法を持ち，かつ加法と乗法に関する分配則を満たすもののこと．
- **p 元体**：p を素数とするとき，集合 $\{\overline{0}, \overline{1}, ..., \overline{p-1}\}$ に $\overline{a}$ と $\overline{b}$ の和（積）を $a+b(ab)$ を p で割った余りを c とするときの $\overline{c}$ と定めてできる体．
- **標数**：体 K に対して，$\mathbb{Z}$ から K への唯一の環準同型写像の核は $p\mathbb{Z}$（p は 0 または素数）と書けるが，この p のこと．
- **（環の）準同型写像**：環の間の写像 $f: A \to B$ で $f(x+y) = f(x) + f(y), f(xy) = f(x)f(y), f(1) = 1$ を満たすもののこと．
- **代数閉包**：体 K の拡大体 L の元がすべて K 上代数的で，かつ 0 でない任意の L 係数多項式が L 内に根を持つとき，L を K の代数閉包という．
- **ノルム**：体の有限次拡大 $K \subseteq L$ と $a \in L$ に対して a 倍写像 $L \to L$ は K

線形写像であるが，その行列式を a のノルムといい，$\mathrm{N}_{L/K}(a)$ と書く．
- 拡大次数：体の拡大 $K \subseteq L$ に対して，L の K 線形空間としての次元を拡大次数といい，$[L:K]$ と書く．これが有限のとき，有限次拡大という．
- 代数的：体の拡大 $K \subseteq L$ があるとき，L の元 a が K 上代数的であるとは，a がある 0 でない K 係数多項式の根となること．
- ガロア群：(有限次とは限らない) ガロア拡大 $K \subseteq L$ に対して定まる，K 上で恒等写像となる L の自己同型全体からなる群．
- p 進体：文献によって定義が異なるが，本講では $\mathbb{Q}_p$ の有限次拡大のこととする．
- l 進表現：位相群から $GL_n(\mathbb{Q}_l)$ への連続性を満たす群準同型写像のこと．
- 有限体：位数（元の個数）が有限の体のこと．位数は素数の冪となる．

参考書

p 進数および p 進数の整数論における有用性については
- J.-P. Serre（彌永健一訳）『数論講義』岩波書店（2002 年）
- J.W.S. Cassels and A. Fröhlich (eds.), *Algebraic Number Theory*, London Mathematical Society, 2nd Revised Edition (2010)

p 進微分方程式については
- K.S. Kedlaya, *p-adic Differential Equations*, Cambridge University Press (2010)

リジッド解析空間については
- 加藤文元『リジッド幾何学入門』岩波書店（2013 年）

クリスタリンコホモロジー，リジッドコホモロジー，(過) 収束アイソクリスタルについては
- P. Berthelot, A. Ogus, *Notes on Crystalline Cohomology*, Princeton University Press (2015)
- B. Le Stum, *Rigid Cohomology*, Cambridge University Press (2007)

リジッド解析空間，クリスタリンコホモロジー等の勉強を始める前にある程度勉強するとよいと思われるスキーム論については

・Q. Liu, *Algebraic Geometry and Arithmetic Curves*, Oxford University Press (2006)

問題の解答

1 $\dfrac{1}{2} = 1 + \dfrac{1}{1-3} = 2 + 3 + 3^2 + \cdots$. また, $(1-3^4)\left(\dfrac{1}{5} - 1\right) = \dfrac{80 \cdot 4}{5} = 64$ より

$$\dfrac{1}{5} = 1 + \dfrac{64}{1-3^4}$$
$$= 1 + (1 + 3^2 + 2\cdot 3^3)(1 + 3^4 + 3^8 + \cdots)$$
$$= 2 + 3^2 + 2\cdot 3^3 + 3^4 + 3^6 + 2\cdot 3^7 + 3^8 + 3^{10} + 2\cdot 3^{11} + \cdots.$$

2 (1) $a_n(x)$ を $a_0(x) = 1, a_{n+1}(x) = a'_n(x) - a(x)a_n(x)$ により定めると $a_n(x) = -a(a-1)\cdots(a-n+1)x^{-n}$. したがって

$$\left\|\dfrac{a_n(x)}{n!}\right\|_\rho^{-\frac{1}{n}} = \left|\dfrac{a(a-1)\cdots(a-n+1)}{n!}\right|_p^{-\frac{1}{n}} \rho. \tag{1}$$

$a \in \mathbb{Z}_p$ のときは, 上式中の $\dfrac{a(a-1)\cdots(a-n+1)}{n!}$ は通常の 2 項係数により p 進的に近似されるので $\left|\dfrac{a(a-1)\cdots(a-n+1)}{n!}\right|_p \leq 1$, よって (1) の右辺は ρ 以上なので, $R(\rho) = \rho$. $a \in \mathbb{Q} \setminus \mathbb{Z}_p$, $|a|_p = p^k$ $(k > 0)$ のときは,

$$\left|\dfrac{a(a-1)\cdots(a-n+1)}{n!}\right|_p^{-\frac{1}{n}} = p^{-k}\left|\dfrac{1}{n!}\right|_p^{-\frac{1}{n}} = p^{-k - \frac{1}{p-1} + \frac{O(\log n)}{n}} \quad (n \to \infty).$$

よって (1) の右辺は $n \to \infty$ のとき $p^{-k-\frac{1}{p-1}}\rho < \rho$ に収束するので $R(\rho) = p^{-k-\frac{1}{p-1}}\rho$.
(2) (1) の計算より, $a \in \mathbb{Z}_p$ であることが求める必要充分条件である.
(3) $a \in \mathbb{Z}_p$ のときは $R(\rho) = \rho$ なので微分スロープは 0.
(4) $a \in \mathbb{Z}$ のときは $f(x) = cx^a$ が解となり, そうでないときは $\mathcal{R}$ 内に 0 でない解を持たないので, 求める必要充分条件は $a \in \mathbb{Z}$.

3 (1) $a(x) = \sum_{n \leq -2} a_n x^n \in \mathcal{R}$ なので $\sup_{n \leq -2} |a_n|_p < \infty$ であることがわかる. 微分方程式 $f'(x) = Na(x)f(x)$ の解は形式的に $c\exp\left(N\sum_{n\leq -2} \dfrac{a_n}{n+1}x^{n+1}\right)$ であるが, $|N|_p$ が充分小さくなるように N をとればこれが $\mathcal{R}$ に属することがわかる.
(2) $a_+(x)$ を問題の通りとし, $a_-(x) = \sum_{n \leq -2} a_n x^n$ とおく. $|N|_p$ が充分小さいとき (1) より $f'(x) = Na_-(x)f(x)$ は $\mathcal{R}$ 内に 0 でない解を持つ. N が $a_{-1} \in \mathbb{Q}$ の分母を割るとき, **2** より $f'(x) = Na_{-1}x^{-1}f(x)$ は $\mathcal{R}$ 内に 0 でない解を持つ. また $f'(x) = a_+(x)f(x)$ は可解なのでドウォルクの移送定理より $\mathcal{R}$ 内に 0 でない解を持ち, その N 乗が $f'(x) = Na_+(x)f(x)$ の解となる. よって N を適切に選べば, 以上の 3 つの解の積が $\mathcal{R}$ における $f'(x) = Na(x)f(x)$ の 0 でない解となる.

索引

ア 行

アイゼンシュタイン級数　64
Askey-Wilson 多項式　174
アファイン座標環　143
アファイン多様体　139
アファイン平面曲線　104
アフィン・カッツ・ムーディー・リー環　55
アフィン直線　202
アフィン独立　160
アフィン・リー環　55
アーベル拡大体　108
アーベル多様体　97, 131
アーベルの定理　31
アーベル・ヤコビ写像　32
アルバネーゼ写像　131
安定曲線のモジュライ空間　126
安定写像　47
飯高ファイバー空間　135
位数　23
$(1, 0)$ 形式　26
一致の原理　19
一般型　130
一般線形群　71
因子　28, 124, 159
　——群　28
　——類群　29
ヴェイユ群　108
ヴェイユ・ドリーニュ表現　109
ヴェイユ予想　10, 200
エタール $(\cdot)$ コホモロジー　10, 105, 200
X 上空の既約因子　144
F 純閾値　163
MJ-対数的標準特異点　147
MJ-標準特異点　146
m-ジェット　149

　——空間　149
m-種数　128
m-標準形式　128
ℓ 進コホモロジー　10
l 進表現　199
エルミット内積　74
エンリケス曲面　129
オイラー積　1, 3, 9
Euler 類　40
オストロフスキーの定理　192

カ 行

解析接続　1, 20
可解　196
拡大次数　193
過収束アイソクリスタル　201
過収束 F アイソクリスタルの半安定還元定理　201
可除群　110
Castelnuovo の収縮定理　132
可積分接続付加群　204
仮想基本類　47
括弧積　52
加法群　8
可約　118
Calabi-Yau 多様体　43
ガロア群　199
ガロワ表現　11
環　193
関数体　2, 118, 119
完全障害理論　47
簡約代数群　98
軌道体構成法　65
基本補題　98
既約　118
　——表現　72
q-超幾何級数　173, 177

極　119
局所 b 関数　157
極小モデル　133
　　——・プログラム　135
　　——問題　153
局所系　204
局所座標　21
　　——系　120
局所ジャッケ・ラングランズ対応　109
局所体　104
局所大域原理　7
局所パラメータ　22
局所ベルンスタイン・佐藤多項式　157
局所ラングランズ対応　109
局所類体論　108
極大トーラス　106
虚数乗法　167
キリング形式　54
偶格子　61
クリスタリンコホモロジー　200
グレブナ基底　158
Gromov-Witten 不変量　47
群スキーム　110
K3 曲面　129
形式モデル　113
結節点　46
弧　148
交換関係　53
格子　5, 60, 88
合同部分群　87
弧空間　138, 149
コーシーの積分公式　19
コーシーの積分定理　19
コーシー・リーマンの関係式　18
小平次元　130
孤立特異点　155
コロンイデアル　163
コンウェイ群　62
コンウェイ・ノートン予想　64
コンパクト群　73, 75
コンパクト台 ℓ 進エタールコホモロジー　105
コンパクト誘導表現　112

サ 行

最大アーベル拡大　111
最大不分岐拡大体　110
佐藤–テイト予想　12
作用素　53
　　——積展開　56
Zariski 位相　142
ザリスキー閉集合　118
散在群　63
C^∞ 多様体　22
ジェット空間　138
ジーゲル上半空間　96
ジーゲルモジュラー多様体　96
次元　118, 119
自己交点数　132
次数写像　29
質量公式　62
指標　75, 105
　　——表　77
志村多様体　98
射　122, 143
射影直線　6, 22
射影的代数曲線　42
射影的代数多様体　118
主因子　28
　　——群　29
周期積分　44, 131
収束アイソクリスタル　201
収束冪級数環　159
種数　4, 25, 27, 65, 124
主モジュラー関数　65
準同型写像　193
乗数イデアル　159
上半平面　11
Singular　158
真空表現　59
随伴表現　53
数値的に正　133
スキーム　90
スムース l 進層　204
正規交差因子　120
正規積　55
正規多様体　144
整係数ホモロジー群　27

整格子　60
正準モデル　98
生成収束半径　197
正則 Euler 標数　49
正則関数　1, 18, 122, 143
（リーマン面の）正則関数　21
正則局所環　155, 162
正則写像　25
正則接束　43
正則直線束　29
正則微分形式　26
ゼータ関数　1, 3, 9
接線　140
接束　123
絶対ガロワ群　11, 104
線型代数群　106
尖点表現　105
双有理射　122, 144
双有理同値　121
双有理不変量　127
双有理モデル　121
素点　104

タ 行

体　190
大域切断　40
大域ラングランズ対応　113
代数曲線　4, 5, 110, 118
代数曲面　118
代数体　2, 113
代数多様体　9, 105, 138, 159
　　——の射　143
代数的　197
　　——ファイバー空間　131
　　——閉体　38
対数的特異点解消　159
対数的標準閾値　160
代数閉包　193
楕円曲線　5, 25, 89, 110, 125, 166
楕円曲面　131
楕円モジュラー関数　64
多重種数　128
惰性群　110
断ち切り射　151
Chern 類　40

中心的斜体　110
中心的単純環　109
超越次数　119
超関数　158
超局所解析　13
超曲面　155
超弦理論　43
超尖点表現　109
超楕円曲線　25, 125
頂点作用素　59
　　——代数　58
頂点代数　57
超特異楕円曲線　110, 166
通常楕円曲線　110, 167
$\mathcal{D}$ 加群　12, 170
ディリクレ級数　1, 3
ディンキン図形　61
ドゥオルクの移送定理　196
同型　72, 143
　　——射　122, 143
同次多項式　117
導来圏　12
特異コホモロジー　4, 40
特異点　10, 120, 155
特殊ファイバー　113
特性サイクル　13
Donaldson-Thomas 不変量　49
ドリーニュ・ルスティック理論　107
ドリーニュ・ルスティック多様体　107
ドリンフェルト曲線　106

ナ 行

滑らか　120, 139
2 次曲線　6, 38
2 重被覆　125
ニーマイヤー格子　62
ニュートン凸多面体　160
捩れ点　166
ノルム　193

ハ 行

ハイゼンベルク代数　58
ハイゼンベルク頂点代数　59
爆発　122
バーチ=スィンナートン=ダイアー予想　8

ハッセ・ミンコフスキーの定理　104
ハール測度　74
半普遍局所変形族　127
b 関数　157
p 元体　193
p 進穴あき円板　198
p 進閉円板　202
p 進開円板　194
p 進局所モノドロミー定理　199
p 進距離　103
p 進数　192
　──体　103, 190
p 進整数　193
　──環　193
p 進絶対値　190
p 進体　7, 199
p 進フックス定理　198
p 進ラングランズ対応　113
ピカール群　30
非可換ルビン・テイト理論　112
非退化　161
非特異　120, 139, 155
　──2 次曲線　38
微分加群　144
微分形式　26
微分作用素環　156
微分スロープ　198
表現　53, 71, 105
標準因子　124
標準環　130
標準形式　123
標準束　43
標数　193
ビラソロ代数　58
ヒルベルト空間　71
Hilbert スキーム　49
Fermat 超曲面　43
フェルマーの最終定理　5, 12
フェルマー予想　113
不確定点　119
不確定特異点　13
深さ 0 超尖点表現　112
複素座標　21
複素射影的代数スキーム　49
複素射影的代数多様体　42

複素積分　19
複素多様体　22, 120
複素トーラス　32
不正則数　128
不変双線型形式　54
不変量　119
フーリエ変換　13
Bridgeland 安定性条件　50
フレシェ空間　71
フレンケル・カッツ構成法　60
フロップ　135
フロベニウス作用素　10
フロベニウス構造　201
フロベニウス写像　106, 162
分岐　112
　──点　25, 125
　──被覆　25
℘ 関数　5
平坦　162
閉部分集合　118
冪単根基　106
ベクトル束　39
ベルンスタイン・佐藤多項式　157
変形空間　110
変形族　126
法 p 還元　10, 162, 193
法 p ラングランズ対応　113
豊富直線束　135
暴分岐　13
保型形式　11, 94
保型表現　98
ボレル部分群　106

マ 行

(-1)-曲線　132
Macaulay2　158
マクドナルド対応　106
Macdonald 多項式　173
Mather イデアル　146
Mather 食い違い数　146
Mather-Jacobian 対数的食い違い数　146
マッカイ・トンプソン級数　64
末端特異点　135
ミラー対称性　43

ミルナーファイバー　159
向き付け可能な多様体　22
ムーンシャイン加群　65
ムーンシャイン予想　64
モジュラー曲線　11, 88
モジュライ空間　39, 90, 126
モデルの定理　8
モデル予想　9
モノドロミー　159
森ファイバー空間　135
モンスター　63

ヤ　行

ヤコビアン　31
ヤコビイデアル　142
Jacobi 食い違い数　146
ヤコビ恒等式　52
有限体　200
有限単純群　62
誘導表現　112
有理型関数　23
有理関数　119
有理曲線　135
有理切断　123
有理多様体　128
有理点　5
ユニモジュラー格子　61
余接束　13, 123

ラ　行

ラマヌジャンのデルタ関数　11
ラマヌジャン予想　11
ラングランズ対応　12, 95

リー環　52
Risa/Asir　158
離散系列表現　109
リー代数　53
リーチ格子　62
リジッド解析空間　110, 201
リジッドコホモロジー　201
リーマン (Riemann) 面　4, 21, 42
リーマン予想　2, 4, 10, 11
量子群　75
類体論　12
ルート　60
　――系　61
　――格子　61
ルビン・テイト空間　111
ルビン・テイト塔　111
例外因子　132
レフシェッツ跡公式　10, 105
レベル　55
　――構造　111
連結簡約代数群　107
連接層の導来圏　50
ρ-ガウスノルム　196
六則演算　12
ロバ環　198
ローラン級数　23
ローラン多項式　54

ワ　行

ワイル群　106
ワイル代数　156
ワイルの指標公式　78

▶▶▶ よこがお (講義順) ◀◀◀

斎藤　毅 (さいとう・たけし)
[現職]　東京大学大学院数理科学研究科教授
[主要著書]　『数論 1・2』(共著, 岩波書店, 2005),『フェルマー予想』(岩波書店, 2009),『集合と位相』(東京大学出版会, 2009),『微積分』(東京大学出版会, 2013) ほか
[ひとこと]　鉄ちゃん, 鉄女ということばをよく聞くようになった. 子どもの頃は今でいう読み鉄で, 学校から帰ると時刻表を読みふけっていました. 国鉄 (今の JR です) だけを乗り継いで全国の県庁所在地 (沖縄県をのぞいて) を早回りするのが, ダイヤ改正号のクイズの定番でした. この駅でこの特急に乗るにはこの急行に乗ればよくてそのためには……, とページに指をいくつもはさんで考えたものだった. 特急を定理で, 急行を命題でと置き換えれば, 今やっていることと大差ないような気がしてならない. 数学以外のことを, という注文だったはずだが……

寺杣友秀 (てらそま・ともひで)
[現職]　東京大学大学院数理科学研究科教授
[ひとこと]　新聞に耶馬渓の写真があるのを見た. 青の洞門はそこにある洞穴道の名前で菊池寛の「恩讐の彼方に」のモデルにもなった. 現在は重機を使って掘削するトンネルも, そのころは掘りぬくことは大変な事だったことだろう. 数学をするのもトンネル掘削に似ている. 証明したいことと, わかっていることに論理のトンネルが開通すれば, 証明の完成となる. 子供のころはよく砂場で山を作ってトンネルを掘ったものだが, 両方から掘り進んで開通したときに, 手と手がつながったときには何ともいえない喜びがあった. 証明ができたときの喜びもそれに似ている. 砂山のトンネルなら開通したあとに水を流して遊ぶのも定番である.

戸田幸伸 (とだ・ゆきのぶ)
[現職]　東京大学国際高等研究所カブリ数物連携宇宙研究機構准教授
[ひとこと]　筆者は文科省の世界トップレベル研究拠点プログラムの一環として 2007 年に東京大学柏キャンパスに設立された数物連携宇宙研究機構という研究所で数学の研究をしています. この研究所は数学, 理論物理, 実験物理, 天文学の研究者が一つの建物で研究を行うという, 大変ユニークな研究所です. 2008 年 1 月に赴任してきた時はまだ人も少なく, 専用の建物もなかったのですが, 現在では多くの外国人研究者が訪れる研究拠点と成長しました. 今後も, より多くの数学研究者がこの研究所に関心を持つことを期待しています.

松尾　厚 (まつお・あつし)
[現職]　東京大学大学院数理科学研究科准教授
[ひとこと]　高校生のころまでは, どちらかといえば理科少年で, とりわけ化学の実験が好きでした. 大学受験のときには, 合格したら化学をやろうと思っていましたが, 入学後は, ちょっとしたきっかけで数学を専攻することになり, それどころか数学の教員として教育・研究に携わることになりました. 一寸先は闇ですね. 単純リー環や有限単純群の分類表は, 元素の周期表 (periodic table) に似ているので, 気持ちの上では何となく化学をやっているつもりなのかもしれません. 休日には, 訪れる人があまりいないようなところをのんびりと旅するのが好きなのですが, そんな余裕のない日々がずっと続いています.

松本久義（まつもと・ひさよし）

[現職]　東京大学大学院数理科学研究科准教授
[ひとこと]　この原稿を準備し出して指標のことを書いていたらあるユニポテント表現の指標が計算できるかもということが気になって，原稿のことがおろそかになってしまいました．あと私は猫が好きで飼っているのですが原稿を書いていると遊んでくれとせがみに来ます．完全室内飼いなので遊んでやらないとかわいそうです．そんなこんなで今は9月30日の締め切りの日の26時です．なんとか間に合ったでしょうか？　編集者の方すみませんでした．

三枝洋一（みえだ・よういち）

[現職]　東京大学大学院数理科学研究科准教授
[ひとこと]　普段はラングランズ対応と幾何学の関わりを中心に研究をしています．数学者は誰しも経験があることだと思うのですが，数学を考え始めると，なかなかやめられず，気付くとずいぶん時間が経ってしまっていたということがよくあります．そのため，気分転換も兼ねて，料理とドライブを趣味にしていました．どちらも数学をやりながらだとたいへん危険なので，数学を忘れてリフレッシュできるという共通点があるのです．最近はなかなか機会がないのですが……

今井直毅（いまい・なおき）

[現職]　東京大学大学院数理科学研究科准教授
[ひとこと]　今年度（2015年度）の「数学講究 XB」の講義内容を本にするという企画の連絡を受けたのは，今年の春でした．幸い今年度は，海外に長期出張していて，「数学講究 XB」を担当していなかったのですが，どういうわけかこのような拙文を書くことになりました．というわけで，私の原稿はフィクションです．大変申し訳ありません．

川又雄二郎（かわまた・ゆうじろう）

[現職]　東京大学大学院数理科学研究科教授
[主要著書]　『代数多様体論』（共立出版，1997），『射影空間の幾何学』（朝倉書店，2001），『高次元代数多様体論』（岩波書店，2014）ほか
[ひとこと]　代数多様体は代数的に定義された幾何学的対象です．これを代数的・幾何学的な手段のみならず解析的手段も必要ならば使って研究します．数学科で習うさまざまな手法を組み合わせて応用するところに醍醐味があります．コホモロジーの消滅定理，固定点自由化定理，半正値性定理，劣接続定理などを証明しました．

石井志保子（いしい・しほこ）

[現職]　元東京大学大学院数理科学研究科教授．2016年4月より東京女子大学特任教授
[主要著書]　『特異点入門』（丸善，1997），*Introduction to Singularities*（Springer-Verlag，2014）ほか
[ひとこと]　数学で「そうか，わかった！」という喜びは何ものにも代え難い．その喜びは豪邸での生活や満漢全席を堪能するよりもはるかに大きく，お金もかからない．でも逆に言えば，不都合な事態（ずっと分からないままに悶々としている状態）をお金で解決することが出来ないというのは，不幸なことかもしれない．その意味で「数学のみが喜びの源泉である」という生活は危険だろう．自分が数学以外から喜びを得ているかを考えてみると，…良かった，あった．水泳だ．元々はカナヅチだったのが，今は4種目（クロール，ブレスト，バック，バタフライ）何とかできるようになった．泳いでいると無心になって，終わった後は爽快だ．今後は犬かきと横泳ぎとクイックターンを目標にしよう．これもお金はかからないし，定理を証明するより易しそうだ．

髙木俊輔（たかぎ・しゅんすけ）
[現職]　東京大学大学院数理科学研究科准教授
[ひとこと]　偉い数学者は数学をしながら眠るという話をよく耳にしますが，私のような凡庸な数学者の場合，寝る直前まで数学をしていると，目が冴えて眠れなくなってしまいます．学生のときはそれでもよかったのですが，さすがに最近はそうはいきません．そこで，ベッドに入る 30 分前くらいからは数学をしないように心がけています．そして睡眠導入剤として，P・G・ウッドハウスの著作をよく読んでいるのですが，その中でも「脳みそが綿菓子」みたいなエムズワース卿の話が特に効果的です．他の数学者の方はどのようにして眠りについているのでしょうか？

白石潤一（しらいし・じゅんいち）
[現職]　東京大学大学院数理科学研究科准教授
[ひとこと]　神戸市出身です．東大の大学院生時代，江口研究室で素粒子物理学を目指しました．江口先生に選んで頂いた修論のためのテーマは，共形場の理論と量子群との関係について，でした．博士取得の後，当時六本木にあった東大物性研究所の甲元研の助手として量子ホール効果や高温超電導などについて研究しました．物理現象の背後にある幾何学的な構造へ向かって，それまでに知られていない全く新しい方向からアプローチするという甲元先生の姿勢には，新鮮で大きな魅力を感じたものです．その後東大数理に来ましたが，最近になって再び，共形場の理論と代数構造の量子変形の研究に取り組んでいます．

志甫　淳（しほ・あつし）
[現職]　東京大学大学院数理科学研究科教授
[主要著書]　*Weight Filtrations on Log Crystalline Cohomologies of Families of Open Smooth Varieties*（共著，Springer，2008），『層とコホモロジー代数』（共立出版，2016）
[ひとこと]　昔，ある先生が「数学で苦手な分野があってそれを避けたとしても，いつかはそれをすることになる」という意味のことをおっしゃっていたのを聞いたことがある．当時は代数学，幾何学，解析学の中では代数学が好きで，解析学における巧妙なイプシロン・デルタの計算にやや辟易していたのであるが，何年か前に p 進微分方程式における巧妙な級数の計算をすることになってこの言葉を実感した．だから基礎的な数学は一通りする方がよいというわけだが，逆に，はっきりした目標があると，昔避けたことへの新たな興味が持ててよいのかもしれない．

編者

斎藤　毅　東京大学大学院数理科学研究科教授
河東泰之　東京大学大学院数理科学研究科教授
小林俊行　東京大学大学院数理科学研究科教授

数学の現在　*i*

2016 年 5 月 20 日　初　版

[検印廃止]

編　者　斎藤　毅・河東　泰之・小林　俊行
　　　　（さいとうたけし　かわひがしやすゆき　こばやしとしゆき）
発行所　一般財団法人 東京大学出版会
　　　　代表者 古田元夫
　　　　153-0041 東京都目黒区駒場 4-5-29
　　　　電話 03-6407-1069　　Fax 03-6407-1991
　　　　振替 00160-6-59964
　　　　URL http://www.utp.or.jp/
印刷所　三美印刷株式会社
製本所　牧製本印刷株式会社

ⓒ2016 Takeshi Saito *et al.*
ISBN 978-4-13-065311-4 Printed in Japan

[JCOPY]〈(社) 出版者著作権管理機構 委託出版物〉
本書の無断複写は著作権法上での例外を除き禁じられています．複写される場合は，そのつど事前に，(社) 出版者著作権管理機構（電話 03-3513-6969, FAX 03-3513-6979, e-mail: info@jcopy.or.jp）の許諾を得てください．

数学の現在 [全3巻]　　斎藤　毅・河東泰之・小林俊行 編

日々の発見を積み重ねて理論が生み出されていくようすを，東大数理のスタッフがいきいきと描く．広大な数学の世界を一望するシリーズ，全3巻同時刊行！

π　　A5判／208頁／本体2800円＋税

第1講	対称性と大域解析——リー群・表現論・不連続群の風景	小林俊行
第2講	積分幾何学と表現論——Radon から Gelfand・Penrose・小林へ	関口英子
第3講	多変数複素解析——正則関数が住む領域の形について	平地健吾
第4講	物理学と幾何学——自然の幾何学的な理解に向けて	植田一石
第5講	位相幾何学と数理物理——組みひも群と KZ 方程式	河野俊丈
第6講	トポロジーとリー代数——曲線を曲線で微分する	河澄響矢
第7講	微分位相幾何学・力学系——複素解析的なベクトル場と葉層構造	足助太郎
第8講	微分位相幾何学——多様体の微分同相群について	坪井　俊
第9講	閉曲面上の力学系——双曲性から非双曲性へ	林　修平
第10講	複素微分幾何——ケーラー多様体の標準計量	二木昭人

e　　A5判／288頁／本体3000円＋税

第1講	作用素環論——モンスターと共形場理論	河東泰之
第2講	微分方程式——非線形拡散とチューリング不安定	俣野　博
第3講	確率統計——ランダムウォークと拡散現象	佐々田槙子
第4講	微分方程式——安定パターンと非線形ホットスポット予想	宮本安人
第5講	形態変動解析——平均曲率流方程式をめぐって	儀我美一
第6講	可積分系——離散可積分系とは何か	ウィロックス ラルフ
第7講	Painlevé 方程式——非線型微分方程式の定める新しい特殊関数	坂井秀隆
第8講	数値解析——偏微分方程式の解を"見る"	齊藤宣一
第9講	応用数理，解析学——ウェーブレットから視覚情報処理へ	新井仁之
第10講	応用数理——血管新生の数理モデル	時弘哲治
第11講	線形と非線形の偏微分方程式——超局所解析と代数解析	片岡清臣
第12講	応用解析——非整数階偏微分方程式の新理論とその応用	山本昌宏
第13講	数理人口学——基本再生産数 R_0，100年の物語	稲葉　寿
第14講	確率解析——確率（偏）微分方程式，伊藤からハイラーへ	舟木直久
第15講	理論統計学と確率論——確率過程と極限定理	吉田朋広